全国各类高等院校食品加工工艺专业"十二五"规划与创新系列教材

粮油食品加工学

主　编　张海臣

副主编　苏志平　袁晓晴

参　编　曲　波　张　雪

张长平　尤福胜

李春宝

中国商业出版社

图书在版编目(CIP)数据

粮油食品加工学／张海臣主编. —北京：中国商业出版社，2015.8

ISBN 978 - 7 - 5044 - 8930 - 2

Ⅰ. ①粮… Ⅱ. ①张… Ⅲ. ①粮食加工②食用油 - 油料加工 Ⅳ. ①TS2

中国版本图书馆 CIP 数据核字(2015)第 064918 号

责任编辑：蔡凯

中国商业出版社出版发行

010 - 63180647　www.c - cbook.com

(100053　北京广安门内报国寺 1 号)

新华书店总店北京发行所经销

涿州市华建印刷有限公司印刷

＊　＊　＊　＊　＊

787×1092 毫米　1/16 开　15.5 印张　字数 350 千字

2015 年 8 月第 1 版　2015 年 8 月第 1 次印刷

＊　＊　＊　＊　＊

定价:36.80 元

(如有印装质量问题可更换)

前　言

民以食为天，我们每天都摄取各种食品，随着经济社会的发展，人们越来越重视食品的营养健康、工艺设计、食品安全工程等问题。2015年4月24日国家颁布新修订的《中国人民共和国食品安全法》并于2015年10月1日起施行，这对食品生产、食品检测、食品工程设计与研发、食品加工储藏与运输、食品质量管理等各个环节都有更高要求。为此我们结合食品加工工艺专业教学情况，特邀请一批具有丰富经验校院老师编写本套教材，以适应本领域创新应用型、技能型人才培养需求，整套教材具有突出应用创新、技能过硬、注重情境环节、理论系统全面等特点。

《粮油食品加工学》一书是针对国内高等职业院校农产品类、食品类和粮食类专业学生而编写的一本教材，目的是进一步普及和推广粮油食品加工的工艺技术。本书是作者根据我国传统的技术和经验，在吸收了国内外先进生产和研究成果的基础上编写而成的。为了加强高等职业院校粮油食品加工的教学和科研，进一步规范粮油食品加工学的教学内容，在拟定粮油食品加工学教材编写大纲时本着课程内容与行业标准对接，服务于企业的原则，邀请行业、企业专家参加。由多年主讲粮油食品加工学课程的专业教师共同编写了这本《粮油食品加工学》教材。教材共分七个项目，主要内容包括米制食品、面制食品、植物油脂、大豆食品、杂粮食品、功能性粮油食品加工和植物淀粉等。每个项目包括几个完整的典型工作任务，融入了现代行业、企业所采用的新技术和新成果。为方便学生学习和进一步研究探讨，每个项目都列出学习目标、同步练习和实习实训项目。

本教材由吉林工程职业学院张海臣主编，副主编由河南牧业经济学院（食品工程学院）苏志平、河南牧业经济学院（食品工程学院）袁晓晴担任，参加编写的还有吉林工程职业学院曲波、吉林工程职业学院张雪、吉林工程职业学院张长平、吉林省四平叶赫粮库尤福胜、沈阳好利来食品有限公司李春宝等。编写分工如下：前导知识、项目一由张海臣编写，项目五由袁晓晴编写，项目三由苏志平编写，项目二和项目七中任务1曲波编写，项目四和项目七任务2、3、4由张雪编写，项目六由张长平编写，尤福胜、李春宝参与了全书图表绘制和技术参数的确认工作。全书由张海臣负责统稿。

本教材编写过程中得到吉林省粮食行业协会、吉林省食品学会及部分企业工程技术人员的鼎力帮助和指导，在此一并表示谢意。

　　本书可作为应用型本科院校、高职高专院校、成人教育食品类专业教学用书，也可供粮油食品工程技术人员、粮油食品企业管理人员阅读和参考。本教材编写过程中参考了相关书籍和资料，在此向有关编者深表谢意。

　　由于作者水平有限，书中不妥之处在所难免，敬请广大读者批评指正。

编者

2015 年 8 月

目　录

前导知识

我国不仅是人口大国，粮油食品消费大国，同时也是粮油食品生产大国。民以食为天，不断发展粮油食品加工技术，提高粮油食品加工水平是农民增收、农业生产和农业经济可持续发展的战略问题。

一、粮油食品加工技术的概念

粮油食品加工是指对原粮食和油料进行工业化处理，制成粮油食品半成品、粮油成品、粮油食品以及其他产品的过程。粮油食品加工业主要包括米制品加工、面制品加工、植物油脂加工、大豆制品加工、杂粮食品加工、功能食品加工和植物淀粉加工等工艺以及相关机械装备和检测仪器的制造。

随着人们追求营养、健康、保健等饮食观念的转变，饮食方式的改变，以及现代加工技术的引入和科学研究的不断深入，粮油食品加工正逐渐向着生产社会化、食用方便化、科学营养化和卫生健康化的方向发展。

二、粮油食品加工的分类

(一) 按照原料的种类划分

在实际生产中，粮油食品原料的种类很多，范围很广，大致可分为以下几类：

1. 谷物类

包括稻谷、小麦、玉米等。它们的共同特点是种子含有发达的胚乳，主要由淀粉构成，含量为70% ~80%；其次为蛋白质（10% ~16%），脂肪（2% ~5%）。因此，谷物是日常膳食的主要来源，并提供人体所需的大部分能量。从稻谷制取的大米，可制作米饭、年糕、米粉、汤圆粉、淀粉、制糖等；小麦经过碾磨筛理，可制取面粉、麸皮、小麦胚芽等。面粉可制作馒头、面条、面包、点心、面筋、淀粉等。嫩玉米可制罐头，玉米可加工玉米渣、玉米面、玉米膨化食品、油炸玉米片、玉米淀粉、淀粉糖、酒、酒精、饲料、氨基酸等。

2. 油料类

包括大豆、花生、菜籽、棉籽、芝麻还有米糠等。它们的特点是种子的胚部与子叶中含有丰富的脂肪（25% ~50%），其次是蛋白质（20% ~40%），可以作为提取食用植物油的原料。提取后的油饼中含有较多的蛋白质，可生产高蛋白饲料和食用蛋白等。

3. 豆类

包括大豆、豌豆、绿豆、蚕豆、赤豆等。它们的特点是种子无胚乳，却有两片发达的子叶，子叶中含有丰富的蛋白质(20%～40%)和脂肪,如花生与大豆;有的含脂肪不多,却含有较多的淀粉,例如豌豆、蚕豆、绿豆与赤豆等。大豆可煮食、炒食,制作酱油、酱、豆腐、豆干制品、豆乳、豆浆;提取油脂和分离蛋白、浓缩蛋白;豆油下脚料和副产品可提取磷脂、维生素E以及脂肪酸等。绿豆、豌豆、赤豆可作蔬食、罐头、糕饼、粉丝、豆沙等原料。

4.薯类

包括甘薯、马铃薯、木薯等。它们的特点是块根或块茎中含有大量的淀粉。如甘薯可生食、煮食、烤食、蒸食,制薯干、淀粉、食醋、饴糖、粉条、酒精、味精、赖氨酸等。马铃薯也可供蔬食、煮食和烤食,可制土豆粉、土豆泥、油炸土豆片、淀粉、淀粉糖、淀粉衍生物及有机酸、氨基酸等。木薯含有氢氰酸毒素,不能生食,可制取淀粉以及其他产品。

(二)按照加工工艺划分

1.烘烤食品 如饼干、面包、烤蛋糕、米饼等。

2.蒸煮食品 如馒头、蒸蛋糕、米饭等。

3.酿造食品 如酱油、食醋等。

4.油炸食品 如油条、油炸面筋、方便面等。

5.膨化食品 如组织蛋白、薯片、薯条等小食品。

6.干燥食品 如挂面、方便面等。

此外,粮油食品产品按用途划分,可分为旅游食品(如盒饭)、营养食品(如强化豆奶)、饮料(如酒类)、疗效食品(如纤维食品)、运动员食品、婴儿食品、老年食品等。

三、食品加工的发展现状

(一)国外粮油食品加工的发展现状

目前,世界粮油食品加工业发展现状及趋势呈现五大特点:

1.规模化生产和集约化经营

稻米、小麦、玉米、大豆、双低油菜加工业的规模化生产、集约化经营是发达国家发展粮油食品加工业的成功经验。美国年产面粉1800万吨左右,面粉企业仅有195家,目前美国最大的四家面粉公司的日产能力占全国总日产能力的22%,生产能力占全国面粉生产能力的63%。美国粉厂的开工率:1986年90%,1993年91.7%,1994年92.7%,比起20世纪70年代开工率不足80%,更早些时候甚至不到70%来说,有很大提高。法国近10年面粉的年产量均在550万吨左右,有三大面粉集团公司,前二者所生产的面粉占市场份额的31%,后者拥有39家粉厂,所生产的面包粉占市场份额13%,整个制粉行业的产能利用率达到80%。日本的年面粉生产量在500万吨左右,面粉加工企业从20世纪60年代的850家,到1996年仅存170余家,日清公司、日本公司、昭和产业公司和日东公司拥有35家粉厂,其产量占总产量的66%。稻米加工业,日本、美国及大米出口量世界第一的泰国大米加工企业的规模都在日产500～1000吨左右。

为了增强企业的实力,降低生产成本,积极参与市场竞争,规模化生产、集约化经营、走联合之路已是国外企业发展的必然趋势。大豆是世界最重要的油料作物,2000年大豆占世界油料总产量的56%,全球制油工业消耗大豆占总量的84.91%。美国和巴西油厂的规模多在1000～3000t/d,在传统的制油工业中,美国等发达国家的大型加工企业已发展到每天处理1万吨以上。

2.不断采用新技术,提高资源利用率

稻米加工在美国、日本等发达国家具有很高的技术水平,其中日本以稻米加工技术和装备称雄世界。

目前世界发达国家把稻米深加工的生物技术、膜分离技术、离子交换技术、高效干燥技术、超微技术、自动化工艺控制技术等高新技术作为稻米加工业产品市场竞争力和行业发展及获得高额利润的关键因素。在小麦制粉生产过程中,应用计算机管理和智能控制技术,应用各种传感装置,实现生产过程的计算机管理,最大限度地利用小麦资源,使生产过程平稳、高效地运行。利用生物技术的研究成果,采用安全、高效的生物添加剂改善面粉食用品质,替代现在使用的化学添加剂,使传统的小麦加工业生机蓬勃。玉米加工采用大型湿磨、密封循环工艺,采用电子计算机对生产过程进行控制,使工艺过程具有很高的透明度,随时变换和调节工艺条件,玉米淀粉、蛋白质、纤维和玉米油等玉米加工的综合利用率达到99%以上。油脂加工业把新的提取分离技术、酶技术、发酵技术、膜分离技术用于大豆加工业。启用超临界CO_2气体萃取制油工艺,采用酶技术提高蛋白和油脂提取率。应用生物技术对油脂改性或结构脂质制备。

3.营养、卫生、安全和绿色成为加工产品的主流

从全球范围来看,营养、卫生、安全、绿色成为稻米、小麦、玉米和油料加工的主流和方向。卫生和安全成为新世纪稻谷、小麦、玉米厂油脂和油料蛋白加工企业的首要任务。美国早在20世纪70年代就建立了各谷物、油料的营养、卫生和安全的标准体系,规定了谷物的各种营养成分和卫生、安全的标准。联合国食品卫生法典委员会(CAC)已将GMP和HACCP作为国际规范推荐给各成员国。为防止出现食品安全危机,世界加速进入绿色食品时代,许多国家对农产品的化肥、农药使用都作了严格限制,生态农业、回归自然、绿色农产品迅速发展,确保稻米、小麦、玉米、油料及其产品安全已成为粮油食品加工业的共识。

4.深加工、多产品是高效增值的重要途径

稻米的综合利用是国外技术力量雄厚企业集团发展的重点。其产品有备受消费者钟爱的米酒、米饼、米粉、米糕、速煮米、方便米饭、冷冻米饭、调味品等品种繁多的米制食品;高纯度米淀粉、抗性淀粉、多孔淀粉、缓慢消化淀粉、淀粉基脂肪替代物等更具特色和新用途的产品;不同蛋白质含量和不同性能的大米蛋白产品;具有营养和生理功能的发芽糙米、米胚芽健康食品、米糠营养素和营养纤维、米糠多糖等;米糠为原料的日化产品、米糠高强度材料、脂肪酶抑制剂、稻壳白炭黑、活性炭和高模数硅酸钾。稻米深加工使稻米的附加值提高了5~10倍。玉米是重要的工业原料,有工业黄金原料之称,世界上发达国家玉米加工,特别是深加工可生产2000~3000种产品,种类繁多的产品应用在食品、化工、发酵、医药、纺织、造纸等工业领域。美国玉米深加工比例目前是15%左右,到2010年末提高到18%。

大豆和油菜籽的高效增值转化利用是世界发达国家的主要研究方向,大豆、油菜籽除了应用新技术大规模制备食用植物油外,还研发多样化、营养化、方便化、安全化、优质化大豆制品。

5.产品标准体系和质量控制体系越来越完善

发达国家农产品加工企业大都有科学的产品标准体系和全程质量控制体系,多采用GMP(良好生产操作规程)进行厂房、车间设计,对管理人员和操作人员进行HACCP(危害分析及关键控制点)上岗培训,并在加工生产中实施GMP,HACCP及ISO(国际标准组织)9000体系管理规范。国际上对食品的卫生与安全问题越来越重视,世界卫生组织(WHO)、联合国粮农组织(FAO)和各国都为食品的营养、卫生等制定了严格的标准,旨在建立一个现代化的科学食品安全体系,以加强食品的监督、监测和公众教育等。

(二)国内粮油食品产品加工的发展现状及今后发展目标

1.国内粮油食品产品加工的发展现状

据中国粮食行业协会统计资料显示:2005年全国入统粮油食品加工企业11118个,比2004年增加2572个。其中:日加工能力100吨以下的8321个,占74.8%;100~200吨的1762个,占15.8%;200~400吨的670个,占6%;400~1000吨的264个,占2.4%;1000吨以上的101个,占1%;在全部入统企业中,国有及国有控股企业454个,占13.1%;外商及港澳台商投资企业120个,占1.1%;民营企业9544个,占85.8%。

2005年入统企业现价工业总产值3011.2亿元,产品销售收入2995.3亿元,利润总额42亿元,年末从业人数37.8万人,分别比2004年增长22.5%、22.5%、140.8%和8.7%。按现价工业总产值排序,前10位的省区依次是:山东、江苏、河南、广东、黑龙江、河北、安徽、湖北、福建和广西。总产值超过100亿元的有9个省,其中山东省达506.4亿元,江苏省达418.8亿元,河南省达230.7亿元。

综合近几年我国粮油食品加工的发展,可归结为以下几个特点:

(1)企业规模继续扩大,生产集中度进一步提高

在2005年入统企业中,日生产能力400吨以上的大型企业达365个,比2004年增加86个,其中1000吨以上的企业达101个,比2004年增加29个。从产品产量来看,年产量达到10万吨以上的企业达103个,比上年增加29个。

目前,全世界有11家日处理油料6000吨以上的大型油厂,其中5家在中国。这充分说明,中国粮油食品加工工业的生产规模正在日趋大型化。

(2)粮油食品工业企业的品牌意识进一步增强

2004年和2005年,全国粮油食品行业共获得30个中国名牌。其中大米7个、面粉13个、食用油脂10个。2005年,粮油食品产品结构继续向优质和高档方向调整,特粉在小麦粉中所占比重达到42.6%,比上年提高1.2%;二级油在食用植物油中所占比重达到52.3%,比上年提高15.9%。

只有实施名牌战略,创立在全国有影响、有声望的品牌,才有可能像油脂行业的"金龙鱼"、"福临门"和"鲁花"一样在全国市场上有相当的占有率。今后,粮油食品工业企业将进一步强化质量意识和品牌意识。

(3)中国粮油食品行业逐步开始重新布局

这一点从粮油食品工业总产值前10名的排序来看十分明显。总产值排序前10位的省份依次是:河南、江苏、山东、河北、安徽、黑龙江、湖北、广东、福建和辽宁。其中,河南、江苏、山东的工业总产值超过300亿元。多少年来,一直是江苏稳居第一,现在河南位列第一;另外,河北、安徽、黑龙江、湖北等粮油食品大省排序也大大提前;过去粮油食品工业产值中等偏后的广东和福建,现在已经挤进了前10名,充分说明了东南沿海地区正在充分利用沿海港口的优势发展粮油食品工业,尤其是油脂工业发展迅猛。反之,原来排序较前的吉林、湖南、四川、内蒙古等省区的排序后退了。

这种变化说明:中国粮油食品行业逐步开始重新布局,粮油食品加工企业开始向主产区靠拢,而沿海地区也通过地理位置优势,通过国际廉价粮源的补充,大力发展粮油食品加工

业。据了解，目前除压榨行业完成沿海建厂的布局外，玉米深加工企业也开始了跑马圈地的行动。同时，根据国家发布的粮油食品加工业发展"十二五"规划，当前的这种布局调整仍将继续。

(4)部分加工技术与国外先进水平接近

目前，我国碾米、制粉和油脂制备工艺与国外先进水平接近，如面粉加工中的光辊碾磨制粉技术、小麦剥皮制粉技术；大米加工中的稻谷低温烘干、精选调质技术；油脂加工中的膨化浸出、负压蒸发及散级蒸汽利用技术、低温脱溶技术等新技术的应用，促进了技术水平的提高和产品的升级换代。与此同时，加工装备也完成了更新换代，实现了国产化，改变了过去主要设备依赖进口的局面，部分设备制造达到了国际先进水平。

同时，我们也应看到，目前，我国粮油食品企业从总体上看，仍存在着"小、散、弱"的普遍性问题，缺少优势企业、强势企业，大企业生产能力和利用率偏低，开工率不足，大米加工厂的开工率仅为25.6%；面粉加工厂的开工率仅为38.5%；油脂加工厂的开工率也仅为51.5%。

2.国内粮油食品产品加工的今后发展目标

发展优势企业和企业集团，进一步促进行业优势整合和总体水平的提升。根据国家发布的粮油食品加工业发展"十二五"规划，到2010年，统计规模以上企业中，日处理稻谷100吨以上的碾米企业加工量占总加工量的比例由现在的33%增加到45%；日处理心麦200吨以上的面粉企业加工量占总加工量的比例由现在的42%增加到50%以上；日处理油料300吨以上的制油企业加工量占总加工量的比例由现在的40%增加到50%。

培育一批国家级粮食产业化龙头企业和名牌产品，并创立若干国际名牌，形成一批国内外有影响的粮油食品加工产业集群。

根据资源优势和区域特色，运用市场机制和政策导向，促进生产要素优化组合，形成区域明显、优势突出的粮油食品加工业布局。主产区要发挥粮油食品资源优势，以现有骨干企业依托，通过技术改造和结构调整，达到合理经济规模，形成资源合理配置。在粮油食品主销区，重点培植生产规模大、联动作用强、辐射区域广、拳头产品多的大型企业和企业集团。

提高产品质量和档次，加大粮油食品精深加工的力度。注重对粮油食品加工及资源综合利用技术开发；注重对植物油及植物蛋白的开发；注重对杂粮开发技术的研究；大力推广粮油食品高新技术；注重对粮油食品添加剂的开发；进一步完善粮油食品标准质量检测技术体系建设。

❖ 复习与思考

1.粮油食品加工的概念和主要内容是什么？

2.国外粮油食品产品加工的发展特点是什么？我国粮油食品加工的现状和存在问题是什么？

项目一 米制品加工

【学习目标】

1. 了解稻谷的分类、稻谷的籽粒结构和理化特性。
2. 了解稻谷制米、方便米线和米粉加工的基本原理。
3. 掌握稻谷制米、免淘米、强化米生产工艺和操作要点。

项目基础知识

稻谷加工是我国粮油食品工业的一个重要组成部分。稻谷加工得到的大米，既是我国2/3人口的主要食粮，又是食品工业主要基础原料之一。根据稻谷籽粒的结构，稻谷加工主要由稻谷清理、砻谷及砻下物分离、碾米及成品整理三大部分组成。

一、稻谷的分类、籽粒结构和化学构成

1. 稻谷的分类

普通栽培稻谷可分为籼稻谷和粳稻谷两个品种。在籼稻谷和粳稻谷中，又可分为早稻谷和晚稻谷两类。根据其淀粉性质的不同又可分为糯性稻谷和非糯性稻谷两类。糯性稻谷米质黏性较大而胀性较小，非糯性稻谷黏性较小而胀性较大。根据栽培地区土壤水分的不同，稻谷又可分为水稻和陆稻(旱稻)两类。

2. 稻谷籽粒的形态结构

稻谷籽粒的外形结构主要由颖(稻壳)和颖果(糙米)两部分组成，其形态结构如图1-1所示。

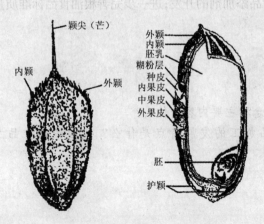

图1-1 稻谷籽粒的形态结构

（1）颖

稻谷的外壳称为颖，包括内颖、外颖、护颖和颖尖（俗称芒）四部分组成。外颖比内颖略长而大，呈船底形；内颖、外颖沿边缘卷起成钩状，外颖朝里，内颖朝外，二者互相钩合包住颖果。稻谷经砻谷机脱壳后，内颖、外颖即脱落，脱下来的颖通称稻壳。护颖长度约为外颖的1/5～1/4。粳稻的颖重占稻谷的18%左右，籼稻的颖重占稻谷的20%左右。

（2）颖果

稻谷脱去内颖、外颖后便是颖果（即糙米）。内颖所包裹的一侧称为颖果的背部，外颖所包裹的一侧称为腹部。未成熟的颖果呈绿色，成熟后的颜色随品种不同而异。颖果表面平滑而有光泽，它对出米率有一定的影响。颖果由皮层、胚乳和胚三部分组成，其重量占稻谷的80%左右。

①皮层：颖果的皮层包括果皮、种皮、珠心层和糊粉层。

果皮厚度约为10μm，占整个谷粒重的1%～2%。果皮又可分为外果皮，中果皮和内果皮。颖果在未成熟时呈绿色是因为此层细胞中含有叶绿素，成熟后叶绿素即消失，果皮中含有较多的纤维素。

种皮在果皮的内侧，由较小的细胞组成，故而极薄，只有2μm左右。有些稻谷的种皮内常含有色素，使糙米呈现不同的颜色。

珠心层位于种皮和糊粉层之间，与种皮和糊粉层紧密结合不易分开，极薄，为1～2μm，无明显的细胞结构。

糊粉层有1～5层细胞，与胚乳结合紧密，主要由含氮化合物组成，富含蛋白质、脂肪和维生素等。糊粉层中磷、镁、钾的含量也较高。糊粉层厚度为20～40μm，而且糙米中背部糊粉层比腹部厚，其质量约占糙米的4%～6%。

②胚乳：胚乳被皮层紧密地包裹着。碾去皮层的颖果称为大米，大米主要由胚乳构成，胚乳则主要由淀粉细胞构成，淀粉细胞的间隙中填充有部分的蛋白质。米粒中心不透明部分称为心白，而腹部不透明部分称为腹白。

③胚：胚位于颖果的下腹部，富含脂肪、蛋白质及维生素等。由于胚中含有大量易氧化酸败的脂肪，所以带胚的米粒不易储藏。胚与胚乳联结不紧密，在碾制过程中胚容易脱落。

3. 稻谷的化学成分

稻谷的主要化学成分有水分、蛋白质、脂肪、淀粉、纤维素、矿物质等，此外还含有一定量的维生素。稻谷籽粒及其各组成部分的主要化学成分含量见表1-1。

表1-1　　　　　　　　　稻谷籽粒及其各组成部分的主要化学成分含量　　　　　　　　单位:%

种类	水分	蛋白质	脂肪	碳水化物	纤维素	灰分
稻谷	11.7	8.1	1.8	64.5	8.9	5.0
糙米	12.2	9.1	2.0	74.5	1.1	1.1
胚乳	12.4	7.6	0.3	78.8	0.4	0.5
胚	12.4	21.6	20.7	29.1	7.5	8.7
皮层	13.5	14.8	18.2	35.1	9.0	9.4
稻壳	8.5	3.6	0.9	29.4	39.0	18.6

注:1. 上列数值为平均值；

　　2. 胚乳中的碳水化合物主要是淀粉，胚和皮层中一般不含淀粉；

　　3. 稻壳中的碳水化合物主要是多缩戊糖。

（1）水分

稻谷籽粒各部分的含水量是不同的。一般稻壳的含水量最低，脆性大，这对稻谷脱壳很有利。皮层含水量较高，故韧性较大，易于碾剥。胚乳含水量较低，籽粒强度大，不易碾碎。

稻谷含水量的高低对稻谷加工的影响很大。水分过高，影响清理的效果；造成脱壳困难；导致加工过程中产生较多的碎米，降低出米率；造成排糠不畅，动力消耗增加。但水分含量过低，容易产生碎米，且米粒皮层与胚乳不易碾除。

（2）蛋白质

不同品种的稻谷蛋白质的分布不均匀，胚内含量最高，且胚内其他营养成分含量也较高，因此将胚保留在大米中的留胚米比普通大米营养价值高。从营养的角度看，糙米或低精度的大米显然优于高精度大米。

虽然大米胚乳中的蛋白质含量较少，但它是谷物蛋白质中生理价值最高的一种，其氨基酸组成比较平衡，赖氨酸含量约占总蛋白的 3.5%。大米蛋白质以米谷蛋白为主要成分，约占总蛋白的 80%；其他 3 种为清蛋白、球蛋白和醇溶蛋白，其中以醇溶蛋白含量最低，仅占总蛋白的 3%~5%。

（3）淀粉

淀粉是稻谷中的重要化学成分，含量一般在 70% 左右。淀粉主要存在于胚乳中，稻壳、胚和糠层中几乎不含淀粉。稻谷中直链淀粉和支链淀粉的含量和比率影响稻米的品质，糯米淀粉几乎都是由支链淀粉组成，不含直链淀粉；粳米中直链淀粉要多一些，而籼米胚乳中的直链淀粉则更多。

（4）脂类

稻谷中脂肪含量约为 2% 左右，胚中含量最高，其次是种皮和糊粉层，胚乳中含量极少。米糠主要由糊粉层和胚芽组成，含丰富的脂类物质。一般加工精度较高的大米，其脂肪含量较低，所以也可用大米脂肪含量评定其加工精度。

（5）矿物质和维生素

稻谷的矿物质有铝、钙、铁、钾、镁、锰、硅等。灰分间接表示稻谷的矿物质含量。稻谷的矿物质含量因生长土壤及品种的不同而不同。稻谷的矿物质主要存在于稻壳，胚及皮层中，胚乳中含量极少。

稻谷的维生素主要分布于胚和糊粉层中，多属于水溶性 B 族维生素，几乎不含维生素 A 和维生素 D。

二、稻谷清理

1. 概述

稻谷在生长、收割、储藏和运输过程中，都有可能混入各种杂质，在加工过程中，需将杂质清除，提高产品纯度、大米质量，提高设备的工作效率，改善车间的环境卫生，杜绝设备事故和火灾的危险。

稻谷所含的杂质中，除稗籽杂质外，其他与小麦相近，因此除杂原理及除杂设备均相同或相近，在此不再赘述。仅就与小麦不同的除杂设备——高速除稗筛（高速振动筛）做一简单介绍。

高速振动筛主要用于除稗，也可用于清除小杂。它的主要特点是筛体振动频率高，振幅较小。物料在筛面上做小幅跳跃运动，既增加了物料接触筛面的机会，有利于小粒物料穿孔，又能防止筛孔堵塞，具有较高的筛选效率。其结构如图1-2所示。

图1-2　高速除稗筛示意图

2. 稻谷清理工艺流程

原粮→初清→计量→除稗→去石→磁选→净谷

3. 操作要点

（1）初清

初清就是清除原粮中易于清理的大、小、轻杂，并加强风选以清除大部分灰尘。初清使用的设备常为振动筛、圆筒初清筛等。

振动筛多用于清理含有大杂、小杂和轻杂的颗粒状食品原料。物料由进料斗→控料闸→第一层筛面（筛孔较大）→第二层筛面（筛孔中等，出成品）→第三层筛面（筛孔较小）。细杂三层筛的筛孔依次减小，在吸风除尘等装置的配合下，把物料中质轻的杂质也能清理出来。其工作原理如图1-3所示。

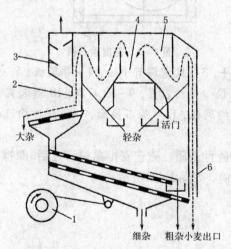

图1-3　筛选法工作原理

1-电机，2-第一层筛面，3-进料口，4-风口，5-风机，6-后吸风道。

（2）计量

计量最好设置在初清之后，因为原粮如未经初清即直接进入计量设备，将会影响计量的准确性，严重时将使称重设备无法正常工作。

（3）除稗

除稗的目的是清除原粮中所含的稗籽。如果历年加工的原粮中含稗数量很少（200 粒/kg以下），而且通过调查确认今后的原粮中含稗数量也不会再增加，少数稗籽可在其他清理工序或砻谷工段中解决时，可以不必设置除稗工序，否则应予考虑。高速振动筛是除稗的高效设备。

（4）去石

去石就是清除稻谷中所含的并肩石。去石工序一般设在清理流程的后路，这样可通过前面几个工序将稻谷中所含的大小杂、稗籽等杂质清除，避免去石工作面的孔堵塞，保证良好的工艺效果。去石设备常采用吹式比重去石机。如图 1-4 所示。

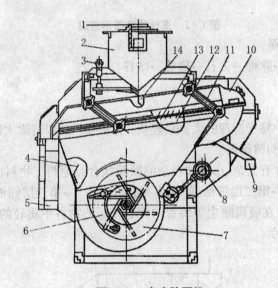

图 1-4 密度除石机

1-进料口，2-进料斗，3-风量调节手轮，4-导风板，5-出料口，6-进风口

7-风机，8-偏心传动装置，9-出石口，10 精选室，11-吊杆，

12-均风板，13-除石筛面，14-缓冲均流板。

（5）磁选

磁选就是清除稻谷中的磁性杂质。磁选安排在初清之后、摩擦或打击作用较强的设备之前，磁选设备主要是永磁滚筒，如图 1-5 所示。

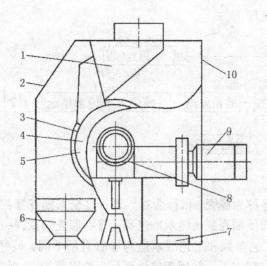

图1-5 CXY永磁滚筒结构示意图

1-进料斗，2-观察窗，3-滚筒，4-磁芯，5-隔板，6-物料出口

7-铁杂质收集箱，8-变速机构，9-电机，10-机壳

任务1 稻谷制米

本任务是用稻谷制糙加工，主要介绍碾米厂通常采用优质稻谷经过清理除杂后的稻谷先脱去颖壳制成纯净的糙米工艺流程和操作要点的确定。

任务实施

一、稻谷制糙米

在稻谷加工过程中，脱去稻谷颖壳(俗称脱壳)的工序称为砻谷。脱去稻谷颖壳的机械称为砻谷机。砻谷后的产品称为砻下物。由于砻谷机本身机械性能及稻谷籽粒强度的限制，稻谷经砻谷机一次脱壳不可能全部成为糙米，因此，砻下物是由尚未脱壳的稻谷、糙米及稻壳组成的混合物。

砻下物分离就是将脱壳后的糙米提取出来进行碾米，将未脱壳的稻谷送回砻谷机继续脱壳，副产品可根据其性质和用途不同进行分离，并加以合理利用。

砻下物分离主要是稻壳分离和谷糙分离。砻下物经稻壳分离后，是稻谷与糙米的混合物，简称谷糙混合物。根据碾米工艺的要求，谷糙混合物也必须进行分离。

1. 稻谷制糙米工艺流程

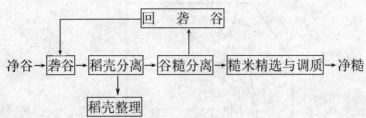

2. 操作要点

（1）砻谷

脱除稻谷颖壳的工序称为脱壳，俗称砻谷。砻谷是根据稻谷籽粒结构的特点，对其施加一定的机械力破坏稻壳而使稻壳脱离糙米的过程。净谷脱壳的流程一般较为简单，回砻谷再次进行脱壳时，所需的工艺参数和工艺要求应与净谷有所不同，最好单独设置回砻谷仓柜，利用原砻谷机定时分段进行加工。常用砻谷机可分为胶辊砻谷机、辊带式砻谷机、砂盘砻谷机和离心砻谷机四种。

（2）稻壳分离

稻壳分离是从砻下物中分离出稻壳。稻壳体积大、密度小、散落性差，如不首先从砻下物中将其分出，将会影响后续工序的工艺效果。稻壳收集采用离心沉降和重力沉降两种方法。砻下物经稻壳分离后，每100kg稻壳中含饱满粮粒不超过30粒；谷糙混合物中含稻壳量不应超过1.0%；糙米中含稻壳量不应超过0.1%。

（3）谷糙分离

谷糙分离是从谷糙混合物中分别选出净糙与稻谷，净糙送入碾白工段碾白，稻谷送回砻谷机再次进行脱壳。

经过谷糙分离所分离出的糙米，要求基本不含稻谷。经谷糙分离后所分出的稻谷，要求尽量少含糙米。谷糙分离是稻谷加工中必不可少的工序，糙米中含稻谷不超过40粒/kg，回砻谷中含糙米不超过10%。谷糙分离设备为谷糙分离平转筛和重力谷糙分离机等，为提高谷糙分离工艺效果，可将谷糙分离平转筛与重力谷糙分离机串联使用。

（4）精选与调质

稻谷经砻谷后，会产生碎米也称糙碎。糙米的胚乳碎粒称为糙粞。糙碎与糙粞的化学成分接近糙米，但结构力学性质相差很大。在同一操作条件下碾制，将使它们碾得更碎，甚至碾成粉状。这不仅影响出米率和副产品的利用，而且混入米糠后还会引起米糠出油率的降低。此外，糙米中还含有少量杂质（稗籽、石子、稻壳等）。因此，需对糙米进行精选，即利用筛选、风选等方法去除小杂、糙碎、糙粞及石子等，这对于生产高质量大米尤为重要。

糙米调质就是通过对糙米加湿（水或水蒸气），使得皮层软化，皮层与胚乳结合力降低，糙米表面摩擦系数增加，减少碎米、提高出米率、改善食味等目的。

（5）稻壳整理

稻壳分离工序中分出的稻壳常带粮，特别是带出未熟粒、糙碎和糙粞的现象。设置稻壳整理工序，把混入稻壳中的粮粒、未熟粒、大碎分选出来重新回机；同时应将瘪稻、糙粞、小碎分出，用作酿酒、制糖的原料。

二、碾米及成品整理

1. 概述

碾米是用物理（机械）或化学的方法，将糙米表面的皮层部分或全部剥除的工序。目前普遍采用物理方法碾米亦称机械碾米。碾米所使用的机械称为碾米机，简称米机。机械碾米可分为擦离碾白、碾削碾白和混合碾白三种。

（1）擦离碾白

擦离碾白是依靠米机碾白室内的米粒与米粒之间、米粒与碾白室构件之间的强烈摩擦作用，使糙米皮层沿着胚乳表面产生相对滑动，并被拉伸、断裂，从而去除糙米皮层。一般来说，这种碾白方式由于米粒在碾白室内受到较大的压力，碾米过程中容易产生碎米，故不宜用来碾制皮层干硬、籽粒松脆、强度较差的籼米。擦离碾白碾制的成品，表面光洁、色泽明亮。

（2）碾削碾白

碾削碾白是借助高速转动的金刚砂碾辊表面无数坚硬、微小、锋利的砂粒，对米粒皮层进行不断碾削，使米粒皮层破裂、剥落，从而将糙米碾白。这种碾白方式所需压力较小，产生的碎米较少，适宜碾制强度较差的粉质米粒。但是，碾削碾白会使米粒表面留下洼痕，因此成品表面光洁度和色泽都较差。此外，碾下的米糠往往含有细小的淀粉粒，如用于榨油会降低出油率。

（3）混合碾白

混合碾白是以碾削为主、擦离为辅的碾白方法，它综合了以上两种碾白方法的优点。我国目前普遍使用的碾米机大都属于混合碾白。

2. 碾米工艺流程

净糙→ 碾米 → 擦米 → 凉米 → 白米分级 → 抛光 → 色选 → 包装 →成品米
　　　　↓　　　↓
　　　糠秕分离

3. 操作要点

（1）碾米

碾米是稻谷加工中最主要的一道工序，因为碾米是对米粒直接进行碾削，所以它直接影响到成品米的质量和出米率。碾米时在保证成品精度等级的前提下，提高产品纯度，提高出米率和产量，降低成本，保证安全生产。

糙米经过多台串联的米机碾制成一定精度白米的工艺过程称为多机碾白。多机碾白因为碾白道数多，故各道碾米机的碾白作用比较缓和，加工精度均匀，米温低，米粒容易保持完整，碎米少，出米率较高；在产量相同的情况下，电耗并不增加。许多碾米厂采用三机出白或四机出白。常用的是6NS－33型碾米机如图1－6所示。

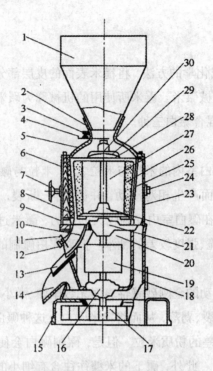

图 1-6 6NS-33 碾米机结构

1-入料口，2-料斗座，3-滚花螺钉，4-插板，5-上盖，6-胶刀，7-手轮，
8-拨米刀，9-上机体，10-出米口，11-插板，12-滚花螺钉，13-调整挡板，
14-吸糠嘴，15-下机体，16-下轴承座，17-风扇，18-风门，19-皮带轮，
20-油杯，21-上轴承座，22-砂轮座，23-铁门，24-把手，25-筛板，
26-砂轮，27-主轴，28-砂轮压盖，29-拨米针，30-反扣螺母。

（2）擦米

擦米是擦除黏附在米粒表面上的糠粉，使米粒表面光洁，提高成品米的外观色泽，也利于成品米的储藏与米糠的回收利用，保证分级效果。擦米工序应紧接碾米工序之后。随着碾米技术和设备的不断进步和更新，大多数碾米厂已不单独配置擦米设备，往往是利用双辊碾米机下方的辊筒进行擦米。

（3）凉米

凉米是降低米温。经碾米、擦米以后的白米，温度较高，且米中还含有少量的米糠、糠片，一般用室温空气吸风处理，以利长期储存。凉米设备是流化床。

（4）白米分级

白米分级的目的是从白米中分出超过质量标准规定的碎米。成品米含碎多少是各国对大米论等定价的重要依据，精度相同的大米，往往由于含碎不同而价格相差几倍。白米分级工序必须设置在擦米、凉米之后，这样才可以避免堵孔。白米分级使用的设备有白米分级平转筛和滚筒精选机等。

（5）抛光

所谓抛光实质上是湿法擦米，它是将符合一定精度的白米，经着水、润湿以后，送入专用设备（白米抛光机）内，在一定温度下，米粒表面的淀粉胶质化，使得米粒晶莹光洁、不黏附糠粉、不脱落米粉，从而改善其储存性能，提高其商品价值。

（6）色选

色选是利用光电原理，从大量散装产品中将颜色不正常的或感染病虫害的个体（球、块或颗粒）以及外来夹杂物检出并分离的工序。色选所使用的设备为色选机如图1-7所示。

光电色选机的工作原理是：贮料斗中的物料由振动喂料器送入一系列通道成单行排列。依次落入光电检测室，在电子视镜与比色板之间通过。被选颗粒对光的反射及比色板的反射在电子视镜中相比较，颜色的差异使电子视镜内部的电压改变，并经放大。如果信号差别超过自动控制水平的预置值，即被存贮延时，随即驱动气阀，高速喷射气流将物料吹送入旁路通道，而合格品流经光电检测室时，检测信号与标准信号差别微小，信号经处理判断为正常，气流喷嘴不动作，物料进入合格品通道。

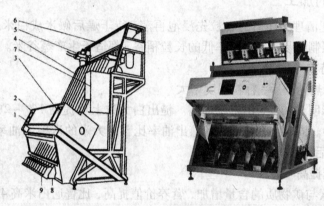

图1-7　全自动色选机外形图

1-传感器，2-指示灯，3-内部控制器，4-控制箱，5-送料滑道，

6-气动控制器，7-进料斗，8-杂物出口，9-成品出口。

（7）包装

包装的目的是保持成品米品质，便于运输和保管，提高成品米的商品价值。成品米包装方法主要有含气包装、真空包装、充气包装三种。

（8）糠秕分离

从碾米及成品整理过程中所得到的副产品是糠秕混合物，其中不仅含有米糠、米秕，而且由于米筛筛孔破裂或因操作不当等原因，往往也会含有一些完整米粒。米糠具有较高的经济价值，不仅可制取米糠油，而且还可从中提取谷维素、植酸钙等产品，也可用来作饲料等。米秕的化学成分与整米基本相同，因此可作为制糖、酿酒的原料。整米需返回米机碾制，以保证较高的出米率。碎米可用于生产高蛋白米粉、制取饮料、酿酒、制作方便粥等。为此，需将米糠、米秕、碎米和整米逐一分出，做到物尽其用，此即为副产品整理，工艺上称为糠秕分离。

为了保证连续性生产，在碾米过程及成品米包装前应设置仓柜，但由于涉及的仓柜较多（如每台碾米机前、抛光机前、色选机前、打包机前），且有一定的灵活性，不便一概而论。同时还应设置磁选设备，以利于安全生产和保证成品米质量。

任务2　特种米加工

本任务是将稻米按一定的工艺加工成满足工业和食用要求的各种用途的制品。稻谷精深加工不仅可以推动碾米工业的技术改造和技术革新，而且可以多层次地开发利用稻谷加工的各种副产品，提高稻米制品的附加值。

任务实施

一、蒸谷米的加工

蒸谷米就是把清理干净后的谷粒先浸泡再蒸，待干燥后碾米成白米。胚乳质地较软、较脆的大米品种，碾制时易碎，出米率低的长粒稻谷，都适于生产蒸谷米。

1. 蒸谷米的特点

(1) 稻谷经水热处理后，籽粒强度增大

加工时，碎米明显减少，出米率提高。糙出白大致上可提高1%~2%，脱壳容易，砻谷机效能可提高1/3。同时，蒸谷米的米糠出油率比普通大米的米糠出油率高。籽粒结构变得紧密、坚实，加工后米粒透明、有光泽。

(2) 营养价值提高

胚乳内维生素与矿物质的含量增加，营养价值提高，比普通白米高4倍，尼克酸高8倍。

(3) 出饭率高

蒸谷米做成的米饭易于消化、出饭率高，蒸谷后粳米较普通白米可提高出饭率4%左右，籼米可提高4.5%，蒸煮时留在水中的固形物少。

(4) 易于保存

蒸谷米有利于保存，这是由于稻谷在水热处理过程中，杀死了微生物和害虫，同时也使米粒丧失了发芽能力，所以储藏时可防止发芽、霉变，易于保存。

但是，在米饭的色、香、味上，蒸谷米有它不足之处。如米色较深；带有一种特殊的风味；米饭黏性差，不适宜煮稀饭。

2. 蒸谷米的生产工艺流程

原粮—清理—浸泡—汽蒸—干燥与冷却—砻谷—碾米—色选—蒸谷米

3. 操作要点

(1) 清理分级

稻谷中杂质的种类很多，如不除掉，浸泡时杂质分解发酵，污染水质，谷粒吸收污水会变味、变色，严重时甚至使营养价值减少到无法食用的程度。虫蚀粒、病斑粒、损伤等不完善粒汽蒸时将变黑，使蒸谷米质量下降。因此，在做好除杂、除稗、去石的同时，应尽量清除稻谷中的不完善粒，可采用洗谷机进行湿法清理。稻谷表面上的茸毛所引起的小气泡，将使稻谷浮于水面。为此，水洗时把稻谷放入水中后使水旋转，消除气泡，以保证清理效果。

(2) 浸泡

浸泡是使稻谷充分吸收水分，为淀粉糊化创造必要条件。浸泡处理必须迅速，淀粉全部糊化时,水分必须在30%以上。水分低于30%,则汽蒸过程中稻谷蒸不透,影响蒸谷米质量。浸泡方法为常温浸泡和高温浸泡。

①常温浸泡中,有的是将稻谷倒入水槽中,浸湿后随即捞起,将湿谷堆起,进行闷谷,使水分逐渐向稻谷内部渗透,被籽粒吸收;有的是将稻谷置于水泥池内浸泡2~3d,然后进行汽蒸。值得注意的是浸泡1d后稻谷开始发酵,2~3d后释放出难闻的气味,影响蒸谷米品质。

②高温浸泡法为常用的方法,是预先将水加热到80℃~90℃,然后放入稻谷进行浸泡,浸泡过程中水温略低于淀粉的糊化温度(通常约70℃),浸泡3h,可完全消除发酵带来的不利影响。减压浸泡时,稻谷置入真空浸渍器中,抽成真空,再放入60℃~70℃的温水浸泡1~2h,浸泡时间依真空度、水温、谷粒大小而定。

(3)汽蒸

稻谷经过浸泡以后,胚乳内部吸收相当数量的水分,此时应将稻谷加热,使淀粉糊化。利用蒸汽进行加热,此即为汽蒸。

汽蒸在于改变胚乳的物理性质,保持渗入的养分,提高出米率,改进储藏特性和食用品质。蒸煮米的质量决定于吸水量、接触蒸汽的时间和蒸汽的温度或压力参数。

汽蒸的方法有常压汽蒸与高压汽蒸两种。

①常压汽蒸是在开放式容器中通入蒸汽进行加热,采用100℃的蒸汽就足以使淀粉糊化。其特点是设备结构简单,稻谷与蒸汽直接接触,汽凝水容易排出,操作管理方便;蒸汽难以分布均匀,蒸汽出口处周围的稻谷受到的蒸汽作用比别处的稻谷大,存在汽蒸程度不一的现象,能耗大。

②高压汽蒸是在密闭容器中加压进行汽蒸。此法可随意调整蒸汽温度,热量分布均匀。容器内达到所需压力(0.07~0.141MPa)时,几乎所有谷粒都能得到相同的热量。但设备结构比较复杂,投资费用比较高,需要增加汽水分离装置,操作管理较复杂。

汽蒸使用的设备有:蒸汽螺旋输送机、常压汽蒸筒、立式汽蒸器和卧式汽蒸器等。

(4)干燥与冷却

干燥是使稻谷水分从34%~36%降到14%的安全水分,以便储藏和加工,使碾米时能得到最大限度的整米率。主要采用急剧干燥的工艺和流态化的设备,并以烟道气为干燥介质直接干燥。介质温度很高(400℃~650℃),所以干燥时间较短,干燥产量较高。但稻谷受烟道气的污染,失水不均匀,米色容易加深;国外主要采用蒸汽间接加热干燥和加热空气干燥,干燥条件比较缓和。同时,将蒸谷的干燥过程分为两个阶段:在水分降到16%~18%以前为第一阶段,采用快速干燥脱水。当水分降到16%~18%以下为第二阶段,采用缓慢干燥或冷却。在进行第二阶段干燥之前,一般经过一段缓苏时间,这样不仅可以提高干燥效率,而且还能降低碎米率。

冷却过程实际是热交换过程,利用空气与谷粒之间的热交换,达到降温的目的。只有当稻谷的温度稳定在室温,米粒已变硬呈玻璃状组织时才能碾制。干燥与冷却的设备很多,国内常用的有沸腾床干燥机、喷动床干燥机、流化槽干燥机、滚筒干燥机和塔式干燥机以及冷却塔等。

(5)砻谷

稻谷经水热处理以后,颖壳开裂、变脆,容易脱壳。使用胶辊砻谷机脱壳时,可适当降低辊间压力、提高产量,以降低胶耗、电耗。脱壳后,经稻壳分离、谷糙分离,得到的蒸谷糙米送入碾米机碾白。

(6)碾米

蒸谷糙米的碾白是比较困难的,在产品精度相同情况下,蒸谷糙米所需的碾白时间是生谷的3~4倍。蒸谷糙米碾白困难的原因,不仅是皮层与胚乳结合紧密、籽粒变硬,而且皮层的脂肪含量高。碾白时,分离下来的米糠由于机械摩擦热而变成脂状,引起米筛筛孔堵塞,米粒碾白时容易打滑,致使碾白效率降低。

(7)擦米分级

碾白后的擦米工序应加强,以清除米粒表面糠粉。这是因为带有糠粉的蒸谷米,在储藏过程中会使透明、鲜亮的米粒变成乳白色,影响蒸谷米质量。此外,还需按成品含碎要求,采用筛选设备进行分级。国外还采用色选机清除带色米粒,以提高蒸谷米商品价值。

二、免淘洗米加工

1.免淘洗米的特点

免淘洗米是无杂质、无霉、无毒、断糠、断稗、断谷的一种炊煮前不需淘洗的大米。免淘米可以避免在淘洗过程中干物质和营养成分的大量流失,简化做饭的工序、节省做饭的时间,同时还可以节约淘米用水,防止淘米水污染环境。

免淘洗米精度相当于特等米标准,此外米粒表面要有明显光泽。含杂除允许每kg免淘洗米含砂石不超过1粒以外,要求达到断糠、断稗、断谷,不完善粒含量小于2%,每kg成品中的黄粒米少于5粒,成品含碎小于5%,并不含小碎米。

2.免淘米生产工艺

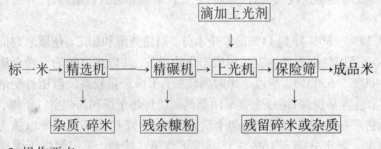

3.操作要点

(1)除杂

根据我国大米质量标准,标一米中允许含有少数的稻谷、种子及矿物质,为了保证免淘洗米断谷、断稗的要求,必须首先清除标一米中所含的杂质,常用的设备是平面回转筛、密度去石机等。

(2)碾白

碾白的目的是进一步去除米粒表面的皮层,使之精度达到特等米的要求,使用的设备有砂辊喷风碾米机、铁辊喷风碾米机(如图1-8所示)等。

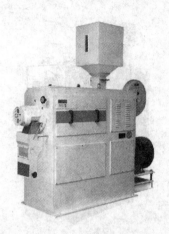

图1-8 卧式铁辊喷风碾米机

（3）抛光

抛光是生产免淘洗米的关键工序，它能使米粒表面形成一层极薄的凝胶膜，产生珍珠光泽，外观晶莹如玉，煮食爽口细腻。在抛光的过程中可通过加水或含有葡萄糖的上光剂，以溶液状态滴加于上光机内。抛光的设备有二种：

①MP-18/15大米抛光机：MP型系列大米抛光机见图1-9所示，主要由上抛光室、下抛光室、溶剂箱、输液管等组成。上抛光室由直径150mm、长580mm铁辊与外围的米筛组成，白米通过上抛光室可以清除表面60%以上的浮糠，使米粒表层淀粉粒暴露，并使白米温度上升15℃左右。下抛光室由无毒尼龙抛光辊和外围的米筛组成，尼龙抛光辊直径180mm，长度为660mm。抛光剂由溶剂箱经溶剂开关、输液管滴入下抛光室内。白米经下抛光室抛光后，表层的淀粉便产生预糊化作用，形成一层极薄的凝胶膜。

图1-9 MP型大米抛光机

②CMl6×2双辊白米抛光机：双辊大米抛光机（如图1-10所示）其结构主要由雾化装置、进料装置、抛光室、喷风系统及机架等部件组成。白米先进入雾化室内进行微量着水，使糠粉集结在米粒表面，然后通过抛光室内辊筒的旋转，使米粒翻滚摩擦，同时由于高压风机的喷风作用，使糠粉从筛孔喷出抛光室，从而得到洁净晶莹的不淘洗米。整个过程只加水助抛，不加任何添加剂，抛后水分不增加。

图 1 - 10　CM 型双辊大米抛光机

（4）分级

成品分级主要是将抛光后的大米进行筛选，除去其中的少量碎米，按成品等级要求分出全整米和一般的不淘洗米。目前广泛使用的设备是平面回转筛、振动筛等。

三、营养强化米加工

1. 强化剂种类

维生素强化剂主要是维生素 B_1；氨基酸强化剂主要是赖氨酸和苏氨酸；多种营养素主要是指维生素 B_1、维生素 B_2、维生素 B_6、维生素 B_{12} 以及蛋氨酸、苏氨酸、色氨酸、赖氨酸等。

2. 营养强化方法

营养强化米的强化方法大致分为：内持法是借助保存大米自身某一部分的营养素以达到营养强化目的的，蒸谷米就是以内持法生产的一种营养强化米；造粒法则将各种粉剂营养素与米面粉混合均匀，在双螺杆挤压蒸煮机中经低温造粒成米粒状，按一定比例与普通大米混合煮食。外加法是将各种营养强化剂配成溶液后，由米粒吸进去或涂覆在米粒表面，具体有浸吸法、涂膜法等。

（1）浸吸法

①浸吸法强化米加工工艺流程

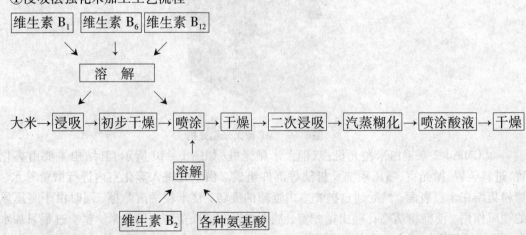

→强化米

②操作要点

a. 浸吸与喷涂

先将维生素 B_1、维生素 B_2、维生素 B_{12} 称量后溶于 0.2% 的复合磷酸盐的中性溶液中（复合磷酸盐可用多磷酸钾、多磷酸钠、焦磷酸钠或偏磷酸钠等），再将大米与上述溶液一同置于带有水蒸气保温夹层的滚筒中。滚筒轴上装置螺旋叶片，起搅拌作用，滚筒上方靠近米粒进口处装有 4~6 只喷雾器，可将溶液洒在翻动的米粒上。也可由滚筒另一端吹入热空气，对滚筒内的米粒进行干燥。浸吸时间为 2~4h，溶液温度为 30℃~40℃，大米吸附的溶液量为大米重量的 10%，浸吸后，吹入 40℃热空气，启动滚筒，使米粒稍稍干燥，再将未吸尽的溶液由喷雾器喷洒在米粒上，使之全部吸收，最后吹入热空气，使米粒干燥至正常水分。

b. 二次浸吸

将维生素 B_2 和各种氨基酸称量后，溶于复合磷酸盐中性溶液中，再置于上述滚筒中与米粒混合进行二次浸吸。溶液与米粒之间比例及操作与一次浸吸相同，但最后不进行干燥。

c. 汽蒸糊化

取出二次浸吸后较为潮湿的米粒，置于连续式蒸煮器中进行汽蒸。连续蒸煮器为具有长条运输带的密闭卧式蒸柜，运输带以慢速向前转动，运输带下面装有两排蒸汽喷嘴，蒸柜上面两端各有蒸汽罩，将废蒸汽通至室外。米粒通过加料斗以一定速度加至运输带上，在 100℃蒸汽下汽蒸 20min，使米粒表面糊化，这对防止米粒破碎及水洗时营养素的损失均有好处。

d. 喷涂酸液及干燥

将汽蒸后的米粒仍置于滚筒中，边转动边喷入一定量的 5% 醋酸溶液，然后鼓入 40℃的低温热空气进行干燥，使米粒水分降至 13%，最终得到营养强化米。

（2）涂膜法

①涂膜法强化米加工工艺流程

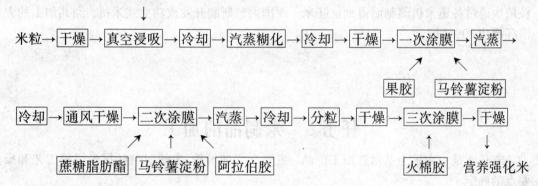

②操作要点

a. 真空浸吸

先将需强化的维生素、矿物盐、氨基酸等按配方称量，溶于 40kg、20℃的热水中。大米预先干燥至水分为 7%，取 100kg 干燥后的大米置于真空罐中，同时注入强化剂溶液，在 8×10^4Pa 真空度下搅拌 10min，米粒中的空气被抽出后，各种营养素即被吸入内部。

b. 汽蒸糊化与干燥

自真空罐中取出上述米粒,冷却后置于连续式蒸煮器中汽蒸7min,再用冷空气冷却。使用分粒机使黏结在一起的米粒分散,然后送入热风干燥机中,将米粒干燥至水分15%。

c. 一次涂膜

将干燥后的米粒置于分粒机中,与一次涂膜溶液共同搅拌混合,使溶液覆在米粒表面。一次涂膜溶液的配方是:果胶1.2kg、马铃薯淀粉3kg,溶于10kg、50℃热水中。

一次涂膜后,将米粒自分粒机中取出,送入连续式蒸煮器中汽蒸3min,通风冷却。接着在热风干燥机内进行干燥,先以80℃热空气干燥30min,然后降温至60℃连续干燥45min。

d. 二次涂膜

将一次涂膜并干燥后的米粒,再次置于分粒机中进行二次涂膜。先用1%阿拉伯胶溶液将米粒湿润,再与含有1.5kg马铃薯淀粉及1kg蔗糖脂肪酯的溶液混合浸吸,然后与一次涂膜工序相同,进行汽蒸、冷却、分粒、干燥。蔗糖脂肪酯是将蔗糖和脂肪酸甲酯用碳酸钙作催化剂,以甲基甲酰胺作溶剂,减压下反应,浓缩,再用精制乙醇结晶制成。

e. 三次涂膜

二次涂膜并干燥后,接着便进行三次涂膜。将米粒置于干燥器中,喷入火棉乙醚溶液10kg(火棉胶溶液与乙酸各1/2),干燥后即得营养强化米。

五、留胚米加工

留胚米的生产方法与普通大米基本相同,需经过清理、砻谷、碾米3大过程。

为使留胚率在80%以上,碾米时必须采用多机轻碾,即碾白道数要多,碾米机内压力要低。使用的碾米机应为砂辊碾米机。金刚砂辊筒的砂粒应较细(46#,60#),碾白时米粒两端不易被碾掉,胚容易保留。砂辊碾米机的转速不宜过高,否则胚容易脱落,应根据碾白的不同阶段,使转速由高向低变化。

碾米机的配置有单机循环式与多机连续式。单机循环式是在一台米机上装有循环用料斗,米粒经过6~8次循环碾制而得到留胚米。多机连续式是将6~8台米机并列串联,使米粒依次通过各道米机碾制而得到留胚米。现国内已研制开发成功立式米机,经其加工的大米留胚率达80%以上。

任务3 米制品的加工

本任务是以大米为基础的加工产品,主要介绍如米粉、米线、年糕、雪米饼等工艺和操作要点的确定。

任务实施

一、米粉(米线)的加工

米粉是以大米为原料,经过蒸煮糊化而制成的条状、丝状的干、湿制品。米粉从工艺上可分为切粉和榨粉2大类。这2类粉各有干、湿之分,并有不少品种。

米粉产品要求选用含支链淀粉在85%以下的非糯性大米为原料。一是因为淀粉含量高,二是支链淀粉在80%~85%之间。有一定的韧性，耐煮、爽口。

（一）切粉的加工技术

1. 切粉加工工艺流程

原料米 → 洗米 → 浸泡 → 磨浆 → 滤布脱水（俗称上浆） → 落浆蒸煮 → 冷却 →

湿米切粉 → 切条（连续生产） → 割断 → 叠粉 → 折片切条

↓

卷粉（肠粉）

2. 操作要点

（1）洗米

洗米的目的是除去米粒表面糠灰及其夹在米中的杂质，保证产品的质量。洗米方法有以下几种：①人工洗米，即把大米投入池或盆，加清水，搅动大米，使糠灰杂质浮起，随水去掉；②机械洗米，采用装有齿针及螺旋推进叶片的旋转圆筒，由电机带动。桶内放60%~70%的水与米。开动螺旋叶片搅拌洗涤，排出污水，滤后浸泡；③射流洗米，即先开启自来水阀，把大米放入筒内，利用自来水，加压射进洗米筒内，大米在激流中洗擦，水米一起流到米箱，排出污水，滤后浸泡。

（2）浸泡

浸泡是使大米充分吸水膨胀，使米粒的含水量达到35%~40%，以便磨浆。浸米的水量一般要求高出物料表面5cm以上。浸泡时间为1~12h，时间长短应根据大米品种和空气温度来决定。每隔0.5h需更换清水一次。

（3）磨浆

磨浆要求进料进水均匀，磨浆的含水量为50%~60%（25~30°Bé），米浆的粗细度为全部通过绢筛。

磨浆有石磨、钢磨（如图1-11a所示）、砂轮磨（如图1-11b所示）等。石磨笨重，消耗动力大，效率低。多采用钢磨和砂轮磨的定型产品。

（a）　　　　　　　　　（b）

图1-11 磨浆机

a. 钢磨磨浆机，b. 砂轮磨磨浆机

(4)蒸粉

把磨好的米浆抽送到挫浆桶,调好浓度,加油备蒸,然后输入蒸汽,使蒸槽升温至96℃~99℃。装好落浆槽格,开动蒸粉机把浆注入落浆槽,让米浆均匀地流到蒸带上,进入蒸粉糊化带;接着开动输送带及冷风扇,把蒸熟的粉片送到输送带上,然后把割断的粉片叠好放置架上,常温冷却。

(5)冷却与切条

冷却与切条是湿米切粉生产的最后工序。冷却是在蒸粉机输送带上,利用机械吹风达到降温。逐张叠起来的粉片放到架上冷却,静放2~4h,使粉片温度冷却到室温。然后,把粉片切成宽8~10mm的长粉条。在切条之前先把粉片按正方形折叠,每张3~4折,然后把叠折好的粉片对称合起来,开动切粉机,把粉片在输送带上排列好,通过龙门架上下运动的切刀便得湿米切粉。

(6)切粉干燥

把刚蒸出来的薄粉带中含水量从56%降到28%~38%。干燥时可选择70℃~80℃的温度。刚干燥割断后的粉片含水量要求在28%~30%。如果其表面干硬凹凸不平,需自然冷却,达到表面水分平衡,成为柔软平滑的粉片。经过逐张扬散,堆叠起来放置3~4h,以便切条。

干燥普遍采用单层或多层网带输送的隧道式干燥机。粉条干燥脱水,其干燥介质温度比空气温度高10℃~15℃。通过空气对流连续排潮,迅速脱水,粉条干燥脱水时间为40~50min。

(7)包装按照不同品种及重量打包,要求整齐美观。

(二)榨粉的加工技术

1. 榨粉加工工艺流程

原料→洗米→浸泡→磨浆→脱水→混合→蒸胚→挤片→榨条→蒸煮→水洗(风冷)→疏松成型→榨粉

2. 操作要点

(1)粉碎与磨浆

榨粉的原料粉碎有湿法和干法两种。一般湿法比干法的产品质量好。湿法磨浆要求米浆浓度为32~35°Bé,含水量50%~55%。干法粉碎设备多选用420型侧筛粉碎机。由电机带动粉碎机的转子运转,与定子配合粉碎大米,经筛眼筛出粉。原料洗涤后不需浸泡,要求含水量在22%~24%。采用干法粉碎产品质量不如湿磨的好,但效率高。

湿米榨粉磨浆与湿米切粉磨浆一样。磨浆设备各有特点,石磨磨浆平稳,浆温低,能保证米浆品质不受损害,但生产效率低;砂轮磨效率高,噪声小,浆温稍高,有脱砂粒混入米浆现象;钢磨,转速效率及米浆温度介乎石磨与砂轮磨之间,噪声大。

(2)脱水、蒸胚、挤片

脱水使米浆的含水量降到35%~38%较好。米浆脱水方法有布袋入浆压滤脱水、筛池过滤排水、真空脱水,其中真空脱水效果最好,但投资较大。

蒸胚使脱水后粉团糊化,便于挤片。糊化要求掌握在75%~85%。糊化度与物料水分、蒸煮时间、温度、蒸汽压力有关。蒸煮设备多采用隧道式输送蒸槽。

(3)榨条

榨条是把上道工序的片状胚料送到榨粉机(如图1-12所示)入榨模孔板,通过模孔板挤压成直径为0.8~2.5mm的圆形粉条,改变模板孔型,也可得到扁状粉条。实际操作中必须掌握好进料速度与压力,进料不足,挤出的粉条结合不紧,易断条;进料过多,压力过大,部分胚料在榨机内回流,产生黏连,容易堵塞孔眼。

图1-12　自熟榨粉机

(4)蒸煮

在初蒸胚料的基础上,通过复蒸达到粉条完全糊化。也是粉条最后定型的主序。操作方法是把通过榨机板的粉条排列在网带输送蒸槽内,通过95~99℃的蒸汽加热10~15min。含水量控制在45%~62%,或是采用压力容器蒸条罐。

(5)冷却与松条

经过蒸煮的粉条,表面带有胶性溶液,黏性较大,要及时冷却松条。操作方法是使粉条通过冷水槽,降温松散或通过冷风道冷透后再入松丝机松散。

(6)干燥与包装

榨粉干燥工艺与切粉干燥工艺相同。经过两次蒸煮出来的粉条含水量仍在45%以上,必须把水分降到13%~14%。一般干燥温度控制在45℃以下,时间3~8h,但温度低时间长,产品质量好。

经过烘干的产品要及时冷却,使粉条内外温湿度达到平衡,与大气湿度接近。然后采用包装机或手工包装。

二、高蛋白米粉

高蛋白米粉是为了满足婴幼儿、糖尿病患者、老人等需要补充蛋白质的人群而产生,大米中蛋白质含量只有7%~10%左右,而婴幼儿的食品每100g中应含有蛋白质20g左右为宜,供给婴幼儿的米粉应提高蛋白质的含量。其生产有酶法和膨化法2种。

1.酶解法加工工艺流程

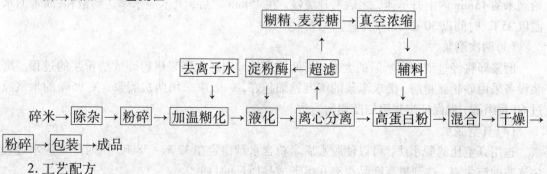

碎米→除杂→粉碎→加温糊化→液化→离心分离→高蛋白粉→混合→干燥→粉碎→包装→成品

2.工艺配方

（1）制高蛋白米粉：碎米 5% ~ 10%；去离子水 90 ~ 95%；α - 淀粉酶 0.01 ~ 0.05mg/L。

（2）制速溶高蛋白米粉：高蛋白米粉 26%；糊精、麦芽糖浓缩液 30%；白沙糖粉 45%；β - 环糊精 0.7%；香兰素 0.3%。

3. 操作要点

（1）粉碎

将除杂后的碎米粉碎过 60 目筛；

（2）糊化

控制温度 100℃、时间 30min；

（3）液化

控制温度 60℃、α - 淀粉酶；

（4）离心分离

控制离心机转速 8000r/min、30min，沉淀物是高蛋白米粉，清液为糊精、麦芽糖等碳水化合物及淀粉酶；

（5）超滤

截获值为 10000 的超滤膜，能截获分子量为 50000 的酶分子；

（6）真空浓缩

真空度为 80 ~ 90MPa、温度为 50℃、浓缩 7 ~ 8 倍。

三、年糕的加工

糯米、粳米及籼米均能用于生产年糕，糯米年糕软而黏，籼米年糕比较硬，而粳米年糕既软滑又有咬劲，故我国有名的宁波年糕均是以 100% 的粳米为原料，并且最好采用新米。

1. 年糕的加工工艺流程

原料大米→去石精碾→洗米润米→两次磨浆→真空脱水→连续蒸煮→挤压成型→冷却→切片→包装→成品

2. 操作要点

（1）清理

清理工序包括去石和精碾两部分，用于年糕生产的大米要求表面光洁，不含任何米糠和砂石。

（2）洗米润米

经洗米润米后，大米含水量应控制在 28% ~ 30%。在一定温度范围内，大米吸水率在开始润米的 45min 内上升迅速，之后上升缓慢，在 45min 之后，大米吸水率达到饱和；润米的水温以 35℃、时间以 30 ~ 45min 为宜。

（3）两次磨浆

磨浆即将经过清理润米后的大米，借助于水的冲力送入磨浆机粉碎成细粉浆的过程。磨浆设备采用砂轮淀粉磨，要求米浆的细度越细越好，一般应采用两次磨浆，使 95% 的米浆通过 60 目绢筛，以保证米浆粗细度均匀一致。

（4）真空脱水

选用真空压滤脱水法，可以使脱水后米粉含水量稳定在 37% ~ 38%，同时降低脱水过程中米浆的流失率，达到提高产品得率和保证成品质量的目的。

（5）连续蒸煮

脱水后的物料经螺旋输送机输送到提升机提升后进入粉料连续蒸煮机，使淀粉糊化，蛋白质变性。要求蒸料温度高，蒸汽充足，在保证淀粉糊化的前提下，尽量缩短蒸料时间，一般控制在 5~8min。

（6）成型

蒸熟后的粉料趁热送入年糕成型机挤压成型。年糕成型机关键是螺旋挤压区。粉料在螺旋轴的挤压下通过一定大小的孔洞而成型。螺旋挤压区的压轧压力对产品的品质影响很大，如果压力不足，制成的年糕色泽暗淡，筋度不够，且有夹生感觉。应选用有推进压缩力的挤压机，同时，由于物料含水量与压轧压力关系很大，应保证进入挤压机的粉料水分均匀一致，以获得品质一致的年糕。

（7）冷却

成型后年糕温度很高，需进入冷却输送带用鼓风冷却的方法，使水分含量降低44%，达到成品年糕的水分标准。一般冷却时间需 3~4h。冷却后即可切片，包装。

四、方便米饭加工

随着我国社会经济的快速发展，人们的消费趋向膳食方便化，营养化和多样化。为顺应市场消费的需要，我国食品工业的"工业化"在加快，成品、半成品在食物消费中的比重在上升。除了销量较大的各类干（湿）米粉、汤圆、粽子、年糕、发糕米制品外，还出现了方便粥、方便米饭等产品，普遍受到了消费者的喜爱。

（一）脱水米饭加工

脱水米饭是第二次世界大战期间作为战备物资而开发的一种方便食品，只需简单蒸煮或直接用热水冲泡即可食用。选用不同的大米和配料可加工出不同风味、不同质构和食用品质的制品。

1. 脱水米饭加工原理

脱水米饭是把精白米水洗后，充分 α-化，再用特殊方法进行快速干燥、冷却，用塑料袋封装，食用时加入热水浸泡几分钟即成米饭。米饭品质的特征指标有米饭的 α-化度、回生程度、复水性能以及复水后米饭的软硬度、黏弹性、米饭风味等。

（1）淀粉的糊化

当米饭浸泡于水中，淀粉颗粒体积逐渐增大，这是由于少量水分子进入淀粉颗粒，随着温度逐渐升高到约70℃，淀粉分子间的氢键被破坏，使淀粉分子变得松散，然后大量水分子进入淀粉颗粒，其体积迅速明显增大，直至水分子完全渗透到米粒内，同淀粉分子部分结合形成一种与生淀粉不同的晶体结构，这就是淀粉的糊化，即 α-化。这时，淀粉黏度增大、分子结构松散且易被淀粉酶消化。

（2）淀粉的"回生"

糊化的淀粉缓慢冷却时，由于淀粉分子运动减弱，淀粉分子间的氢键又开始趋向平行排列，淀粉链互相靠拢，重新形成不完全呈放射排列的混合微晶束，使淀粉表观上呈现生硬状态，这种现象称为淀粉的"回生"或 β-化。回生淀粉晶化强度比生淀粉低、比熟淀粉高，不易消化，食用品质降低。

（3）脱水

　　脱水干制是使制品的水分降低到足以防止腐败变质的水平后,得以长期储藏,需食用时再复水达到原有的状态。米饭含水量在9%以下或65%以上时不易回生,而在30%~60%时,回生速度最快。

　　2. 脱水米饭加工工艺流程

选米→ 清理 → 淘洗 → 浸泡 → 加抗黏结剂 → 搅拌 → 蒸煮 → 冷却 → 离散 → 干燥 →
冷却 → 检验 → 袋装 → 封口 → 成品 →入库

　　3. 操作要点

　　(1) 选米

　　一般以选用精白粳米为佳。若用直链淀粉含量较高的籼米为原料,则制品复水后,质地较干硬、口感不佳;如果用支链淀粉含量高的糯米为原料,加工时就会因黏度大,米粒易黏结成团、不易分散,从而影响加工操作和制品质量。

　　(2) 清理

　　大米中不可避免地混有糠粉、尘土,甚至泥砂、石子以及金属性杂质,因而要对大米进行清理,可采用风选、筛选和磁选等干法清理手段进行除杂。

　　(3) 淘洗

　　经清理后的大米在洗米机中用水淘洗,可将附着在大米表面的其他附着物淘洗掉,并减少霉菌等微生物携带量。常采用射流式洗米机或螺旋式连续洗米机。

　　(4) 浸泡

　　浸泡后的大米含水约35%左右。浸泡可采用常温浸泡和加温浸泡两种。常温浸泡时间一般约4h,浸泡时间长,大米易发酸而产生异味,影响米饭质量。为避免此现象,可采用加温浸泡,加温浸泡以水温为50℃~60℃为宜。

　　(5) 加抗黏结剂

　　蒸煮后的原料有较大的黏性,饭粒之间常常相互黏连甚至结块,影响饭粒的后续均匀干燥和颗粒分散,导致成品复水性降低。在蒸煮前应加入抗黏结剂,一种是在浸泡水中添加柠檬酸,另一种是在米饭中添加食用油脂类及乳化剂可以防止米饭的结块。

　　(6) 蒸煮

　　为保证大米中的淀粉充分糊化,需为其提供足够的水分和热量。一般料水比控制在1:(1.4~2.7),不同品种的大米稍有不同,蒸煮时间为15~20min。通常当米饭的糊化度为80%时,米饭口感弹性较差,略有夹生。当米饭的糊化度为90%时,口感松软、富有弹性。蒸煮只要求米饭基本熟透即可,糊化度大于85%的米饭即可视为已熟。

　　(7) 离散

　　经蒸煮的米饭糊化后仍会互相黏连,为使米饭能均匀地干燥,必须使结团的米饭离散。简单的方法是将蒸煮后的米饭用冷水冷却并洗涤1~2min。采用机械设备也可将蒸煮后的米饭离散。

　　(8) 干燥

　　将离散后的饭粒置于筛网上,利用顺流式隧道热风干燥器进行干燥。一般采用较高的热风温度(热空气进口温度可高达140℃以上),当米粒水分干燥到6%以下时,干燥过程结束。

　　4. 改善脱水米饭品质的质量控制点

（1）浸泡方式

通常是用原料大米量 1.3 倍的 35℃ 清水浸泡 30min，也可采用等量的 35℃、10% 的乙醇稀溶液浸泡 30min。使用乙醇浸泡对方便米饭的色泽、香味、口感以及滋味的影响显著。

（2）添加剂

在蒸煮环节之前添加蔗糖脂肪酸酯、β - 环糊精、食用油脂等后，方便米饭在色泽、滋味、香味、口感上更好。因为添加 0.5% ~ 1.0%（米重）的 β - 环糊精可以提高米粒表面的亲水性，使水分易均匀渗透到米粒内部，提高糊化度，同时也可以防止淀粉分子间氢键形成而防止淀粉回生，提高复水性；添加 0.5%（米重）蔗糖脂肪酸酯后，米粒分散性较好，色泽白，口感较适；加入 1.5%（米重）的食用油脂，具有防黏结以及调节水分和增香作用。

（3）蒸煮方式

蒸煮方式有两种，一是稍煮后再蒸，直到将大米蒸熟；二是将大米直接煮熟。采取直接煮制的形式时，煮制时间长，米粒膨胀度提高，水分渗透到内部，提高了糊化度，干燥前米粒的吸水量越大，干燥后的复水速度越快，复水性能提高，营养物质不易损失，且保持原有米饭风味。故直接煮制工艺较好。

（4）干燥方式

干燥是生产方便米饭最重要的一步，干燥方法和条件的选择优化对方便米饭的品质有很大的影响，热风干燥、微波干燥和真空冷冻干燥三种干燥方法各有优缺点：热风干燥设备最简单，而且产量高、耗能少，但是复水率不及真空冷冻干燥的高；微波干燥是这三种干燥方法中干燥时间最短的，但是复水时间长，复水率差，米汤的滋味略差；真空冷冻干燥是近些年在国内迅速盛行的，具有耗能大、产量低、干燥时间长等缺点，使用此法干燥的方便米饭产品仅局限于宇航、远洋航行、极地考察、山区作业等特殊人员食用。

5. 脱水米饭质量标准

（1）感官指标

①色泽：白色或略带微黄色，有光泽。

②香气与滋味：具有米饭的特有风味，无异味。

③口感：复水后，米饭滑润、柔软，有一定的黏弹性，无夹生、硬皮及粗糙感。

④形态：米粒完整，整粒率 >90%，粉碎率 <2%。

⑤杂质：无肉眼可见的杂质。

（2）理化指标 见表 1 - 2。

表 1 - 2　　　　　　　　　　　脱水米饭理化指标

糊化度	水分	酸度	铅含量（以 pb 计）	砷含量（以 As 计）	食品添加剂
>90%	<6% - 14%	<10	≤1.0mg/kg	≤0.5mg/kg	GB2760 - 1996

（3）微生物指标 见表 1 - 3。

表 1 - 3　　　　　　　　　　　脱水米饭微生物要求

细菌总数	大肠菌群	肠道致病菌
≤500 个/g	≤30MPN/100g	不得检出

(二)软罐米饭加工

软罐头(蒸煮袋)是一种由具有优良耐热性能的塑料薄膜或金属箔片叠层制成的复合包装容器,这种新型包装容器具有体积小、柔软、便于携带、易于加热等优点,克服了过去使用金属罐带来的增加质量和体积、易于破损以及不经济等缺点。

1.软罐米饭加工工艺流程

$$配菜、调味品$$
$$\downarrow$$

原料预处理→淘洗→浸泡→预煮→拌匀→袋装密封→装盘→装车→蒸煮杀菌→蒸煮袋表面脱水→成品装箱入库

2.操作要点

(1)原料预处理

生产这种产品的主要原料要符合食品卫生要求。预处理是指大米经筛选除去杂质,辅料如鸡肉、牛肉等也要洗干净并炒煮好等。

(2)淘洗

主要是为了除去黏附在大米表面上的粉末杂质,同时也能冲去大米中的碎糠。应严加控制淘洗次数,以免降低成品的营养价值。

(3)浸泡

原料米在蒸煮前必须进行浸泡,以使米粒充分吸水湿润。浸泡用水为酸性,可以使米粒的白度增加。浸泡后加入抗黏结剂漂洗,可以减少米粒相互黏结,加入支链淀粉可提高米饭罐头的稳定性。

(4)预煮

将原料米预先煮成半生半熟的米饭。经过预煮,能克服蒸煮袋内上层、下层米水比例不匀的弊端。蒸煮时大米含水量在60%～65%时,米饭粒较完整,不糊烂,储存期较稳定,不易回生;通常米和水的比例为1:(1～1.4)。预煮时间掌握在25min左右,米粒呈松软、晶莹即可。

(5)配料

将预煮以后的大米与烹饪好的配菜混合均匀。

(6)装袋密封

将搅拌均匀后的大米和配菜的混合物逐一定量装袋、密封。食品的温度在40℃～50℃时进行充填为好,装填高度应在封口线以下3.5cm处,封口宽度为8～10mm。蒸煮袋密封要在较高的温度(130℃～230℃)下进行,压力是0.3MPa,时间0.3s以上。

(7)装盘装车

将袋装的半成品人工装入长方形的蒸煮盘内均匀排列,然后将蒸煮盘装入专用的蒸煮推车中。

(8)蒸煮杀菌

把装车的半成品送入压力杀菌装置进行蒸煮杀菌,以使大米中的淀粉完全糊化,同时达到高温杀菌的目的。蒸煮杀菌时的温度一般为105℃～135℃,时间为35min。

(9)蒸煮袋表面脱水

经高温蒸煮杀菌后应除去包装袋表面附着的水分。通常是让蒸煮袋通过特殊海绵制成的一对轧辊，也可以用小型热风机吹拂，然后装箱即可。

（三）速冻米饭加工

速冻米饭因不使用任何添加剂，不采用高温杀菌，故能保持米饭原有的风味与营养。在所有方便米饭中，速冻米饭的口味、食感最接近于普通米饭，随着微波炉的普及，该产品的市场正逐步扩大。

1. 速冻米饭加工原理

速冻米饭是利用食品速冻原理加工的米饭产品，包装后不杀菌而将其速冻。因此解冻后加热可在口感上、形态上与新鲜米饭基本一致。

2. 速冻米饭加工工艺流程

精白米→ 清理 → 淘洗 → 浸泡 → 沥水 → 大米定量充填 → 蒸饭 → 漂洗 → 沥水 →
速冻 → 包装 → 检测 →成品

3. 操作要点

（1）淘洗

一般采用射流式洗米机，最后再用纯净水淘洗一遍。

（2）浸泡

将大米放在54℃~60℃过量的水中，水中含足够的柠檬酸使pH达4.0~5.5，浸泡2h后米的表面必须仍有水覆盖。要求米粒没有硬心，水分约35%。

（3）沥水

利用振动筛面或空气吹干沥去米粒表面的水分。

（4）蒸饭

在压力锅底部放少量水，加热烧开。放置筛面上沥水，米层厚度不超过5cm，加盖加热至排气阀出气，关闭排气阀，在$2.05 \times 10^5 Pa$的压力下，保持12~15min，然后逐渐排气。

（5）漂洗

将蒸过的热米放在93℃~98℃过量的水中，搅拌。米粒吸水膨胀、变软并分散。用柠檬酸调节的凉水漂洗二次，沥去热水。

（6）沥水冷却

用振摇或真空过滤机去除米粒上的游离水，将米饭放在不锈钢筛网传送带上，通过空气冷却至室温。

（7）速冻

将米饭用流化床冷冻机冷冻成速冻制品后包装，食用前必须在冷冻条件储藏。对冷冻米饭品质的检查发现，在-17.8℃的条件下冻藏1年，不会对米饭质量产生不良影响。

五、膨化米饼加工

膨化米饼是指以大米等谷物粉、薯粉或淀粉为主要原料，利用挤压、油炸等技术加工而成的一种体积膨胀许多倍，其内部组织疏松、呈多孔海绵状结构的食品。具有品种繁多、质地松脆、美味可口、食用方便、营养物质易于消化等特点。作为一种休闲食品，膨化食品深受广大消费者尤其是青少年的喜爱和欢迎。

（一）油炸膨化米饼加工

1. 油炸膨化米饼的工艺原理

油炸膨化是将物料置入热油中，其表面温度迅速升高，水分汽化，并在表面出现一层干燥层，然后水分汽化层便向食品内部迁移，由于水分汽化膨胀，使制品形成多孔疏松结构，油炸过程中水和水蒸气从空隙中迁移出，由热油取代水占有的空间，制品从而脱水干燥。脱水的推动力是物料内部水分的蒸汽压之差。油炸通常是在油锅内或油炸机中进行的，如图 1 - 13 所示为自动连续油炸机。

图 1 - 13　自动连续油炸机

油炸对营养价值的影响与油炸工艺条件有关，高温条件下营养保存好，但是油炸温度过高或油的重复利用会使油氧化、分解、聚合而生成羰基化合物、羟基酸等，从而影响产品风味；某些分解和聚合产物对人体有害；脂溶性维生素氧化，致使营养价值降低，而且经过油炸膨化的食品都有一定的持油率。

2. 油炸膨化米饼工艺流程

糯米→ 清洗、浸泡 → 沥水 → 磨粉 → 和粉 → 成型 → 蒸煮 → 冷却老化 → 切片 → 干燥

→ 油炸 →成品

3. 操作要点

（1）清洗、浸泡

用自来水将原料糯米清洗两次，除净杂质。然后将洗净的糯米放30℃的水中浸泡一定的时间。

（2）沥水

将浸泡后的糯米倒入漏篮中，沥去米粒表面的游离水。

（3）磨粉

用电动磨粉机将沥干的米粒磨成一定细度的米粉（粉粒需过80目筛）。

（4）和粉

在米粉中加入适量的水，搅拌均匀，将其调成软硬适中的面团。

（5）成型

将面团辊压成0.8cm厚、10cm宽的条形胚料。

（6）蒸煮

将条形胚料置于压力锅中蒸煮。

（7）冷却老化

将蒸煮后的胚料分别用 17.3℃ 的流水、5℃ 的冰箱、-15℃ 的低温冷冻以及 19.3℃ 的室温进行冷却。

（8）切片

将冷却后的胚料切成 4cm×1cm×1cm 的长方形小条。

（9）干燥

将切成的长方形小条状胚料置于 60℃ 的干燥箱里干燥到含水量为 8% 左右。

（10）油炸

将干燥后的胚料放入油炸锅，在 180℃ 的油温下进行油炸膨化后沥油、冷却、包装。

（二）挤压膨化米饼加工

1. 挤压膨化米饼工艺原理

原料由许多排列紧密的胶束组成，胶束间的间隙很小，在水中加热后因部分胶束溶解而空隙增大进而使体积膨胀。当物料通过膨化机（如图 1-14 所示）供料装置进入套筒后，利用螺杆对物料的强制输送，通过压延效应及加热产生的高温、高压，使物料在挤压筒中经过被挤压、混合、剪切、混炼、熔融、杀菌和熟化等一系列复杂的连续处理，其胶束被完全破坏，淀粉糊化。当物料从压力室被挤压到大气压力下后，物料中的超沸点水分因瞬间的蒸发而产生巨大的膨胀力，物料中的溶胶淀粉体积也瞬间膨化，这样物料体积也突然被膨化增大而形成了疏松的食品结构。

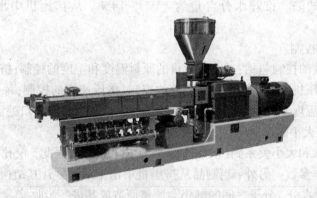

图 1-14 双螺杆挤压膨化机

2. 挤压膨化米饼加工工艺流程

原料配制 → 混合 → 挤压机成型 → 干燥 → 包装 → 半成品 → 烘烤膨化 → 调味 → 成品

3. 操作要点

（1）原料配制

可用不同米粉的混合物进行制作，其要求是具有足够的淀粉含量，使之在热油或空气中膨化时生成一定的结构，并采用纤维、蛋白质和调料等添加剂来改变产品的特性。

（2）混合操作

当使用不同的原料时，通过间歇称重计量原料后，在螺旋桨叶混合机中混合或通过连续式混合机或在预调质器中混合。液料同样能在混合阶段加入，或直接加入挤压机中依靠挤压机的混合特性进行混合。

（3）挤压膨化

用于挤压粉团并使之转变成颗粒状产品的方法有多种，常用的有三种方法：一是预蒸煮过的物料由一台低剪切的成型挤压机加工；二是用高剪切挤压机来蒸煮，并在冷却后挤压成型；三是用高剪切机来蒸煮，并紧接着输送至一台低剪切机中完成冷却和成型。

（4）干燥

米粉颗粒中的水分含量为22%～40%，并且必须干燥至低于12%。由于米粉颗粒具有实心结构，故难以进行干燥，这就要求在低温下有较长的干燥时间。

（5）膨化

米粉颗粒能通过迅速加热而引起水分转化为蒸汽并以爆破的方式产生膨化，这个过程可采用烘烤加热的方式来完成。

4. 改善挤压膨化米饼品质的质量控制点

（1）投料组分的状况

大部分挤压膨化原料是脂肪少于1%的原料，颗粒度要求60目以上，有时添加其他品种大米可以获得风味平和、质地更脆的产品。

（2）添加水分的量

当进料水分上升时，挤压温度下降，使膨化度下降，制品中孔洞变大，壁变厚，烘烤时，产品质构松脆易碎。水分会导致制品密度上升，淀粉不能完全膨化而变硬。所以这种产品在一定程度上更适合于油炸。水分必须在原料中均匀分布，水分不均匀会导致制品分层、局部边角焦化等质量缺陷。推荐水分含量为13%～14%，从挤压机中出来的产品水分含量为8%。

（3）挤压机操作控制

挤压机操作参数的控制包括：进入挤压机的原料温度和湿度的控制；挤压机每个区段的温度和压力的控制；挤压机中面团黏度最大点处的控制；挤压速度的控制；每个区段挤压物温度与时间的控制；产品温度上升到最大挤压温度时的时间控制及最终出口处温度的控制等。

（4）模孔形状和大小的选择

由于模孔的形状和大小关系到挤压机的工作压力和温度，因此，模孔的不同的形状和大小要选择不同的操作参数。另外，当制品从挤压机中出来后，尽管其结构已经形成，但仍处在压力下，由于吸收水分，分子之间的键仍会调整而造成其进一步收缩。

（5）制品水分含量

通常水分含量超过8%，为了获得所要求的脆性，还必须进入热风烤炉加热设备中脱水至4%。然而水分含量并非越低越好，水分含量过低会导致脂肪酸败加速，某些情况下，水分含量过低还会导致制品具有粉质口感。制品干燥的程度与其组成和表面积有关，对于淀粉类小吃食品，水分含量为4%比较合理（4%是以原料为基准计算的，并非以加油、盐、调味品的终产品为基准）。

（6）风味物质及食用色素的添加

①风味物质的添加：最普遍的组分是油和盐，实际添加风味物质是在膨化和干燥之后。添加物一般在不锈钢容器中混合，再将混合物在振动式涂布机上喷洒。如在进口处添加，风味物质经挤压后会发生显著变化，主要是风味劣化、挥发性风味组分消失等。

②食用色素的添加：食用色素可在挤压前于混合操作中加入。挤压小食品，经常可观察

到褪色现象,这与四个主要因素相关:a.过热;b.与各种蛋白质反应;c.与还原性离子(如铁离子、铝离子等)反应;d.与还原糖反应。也有物理因素的褪色,如,泡沫结构导致光线折射,使基色变浅,气泡越小,颜色越浅。

❖ 思考与练习

1. 为什么说我国大米加工业的发展势头较好?

2. 为什么说我国发展方便米饭大有可为?

3. 为什么要对稻米进行营养强化?

4. 稻米营养强化有哪些方法?

5. 免淘米的工艺要点和产品质量要求是什么?

6. 蒸谷米营养保持的原理是什么?

7. 米粉的产品特征和关键的工艺环节是什么?

8. 简述脱水米饭的加工原理、工艺流程、操作要点和质量标准。

9. 简述软罐米饭的加工原理、工艺流程和操作要点。

10. 简述速冻米饭的加工原理、工艺流程和操作要点。

11. 简述方便米粉的加工原理,工艺流程、操作要点和质量标准。

12. 简述油炸和挤压膨化米饼的加工原理、工艺流程、操作要点和质量标准。

实验实训一　方便米饭加工

课前预习

1. 方便米饭加工的原理、工艺流程、操作步骤与方法。

2. 按要求撰写实验实训报告提纲。

一、能力要求

1. 熟悉加工方便米饭的工艺原理与工艺条件要求。

2. 学会加工方便米饭的基本操作技能。

3. 能够进行产品质量分析,即发现产品质量缺陷,分析原因并找出解决途径。

4. 能够通过方便米饭加工的练习,自主完成加工过程。

5. 学会方便米饭成本核算的方法。

二、原辅材料及参考配方

优质大米 500g,蔗糖脂肪酸酯 4.5g,β－环糊精 2.5g,食用油脂 7.5g。

三、工艺流程

大米 →|淘洗|→|预处理|→|蒸煮|→|调散|→|干燥|→|搓散|→|成品|→|方便米饭|→|包装| →|方便米饭|

四、操作要点

(1)大米淘洗　淘洗的目的是清除米糠及附在米表面的灰尘及杂质,采用自来水淘洗 2~3 次,可达到淘洗的目的。

(2)预处理　预处理的目的是在蒸煮之前添加添加剂(蔗糖脂肪酸酯、β－环糊精、食用油脂)来提高米粒表面的亲水性,使水分容易均匀地渗透到米粒内部,提高糊化度;同时也可以防止淀粉分子间氢键形成,防止淀粉返生,提高复水性;还可以提高米粒分散,使其色泽增白,感观好,口感较适;并可以提高防黏结以及调节水分和增香作用。预处理时作为 10min。

(3)蒸煮　蒸煮的目的是为了使米粒淀粉充分熟化,蒸饭时间为 30~40min,米和水之比为 1:(1.3~1.7)。

(4)调散　为了打散饭团,减少米饭颗粒表面黏度,有利于干燥,采用热水 (60℃以上)调散米饭。

(5)干燥　干燥温度 65℃,时间 60~90min,使米饭水分降至 13% 以下。

(6)搓散　干燥后成块的将其搓散,使产品外观良好,易于复水。

(7)包装　采用聚乙烯薄膜塑料袋密封包装以利于防止米饭吸潮返生。

五、注意事项

1. 米质选择原则是支链淀粉含量高的米质,其淀粉不易发生老化。

2. 复水必须采用25℃~60℃温水,若低于25℃,则复水后的米粒硬,高于60℃复水后米粒太软,40℃下处理15min。

六、产品感官质量标准

参照本章方便米饭质量标准。

七、学生实训

1. 用具与设备准备

刮板,不锈钢盆,擀面杖,台秤,烤盘,干燥箱,塑封机,包装袋,淘米箩等。

2. 原料准备

500g优质大米,4.5g蔗糖脂肪酸酯,2.5g β-环糊精,7.5g食用油脂。

3. 学生练习

指导老师对设备操作和方便米饭的基本操作技能进行演示。学生分组按照方便米饭的加工操作步骤及方法进行练习。

八、产品评价

	制作时间	色泽	形态	口感	香味	大小一致	卫生	成本	合计
标准分	15	20	10	15	20	10	5	5	100
扣分									
实得分									

九、产品质量缺陷与分析

1. 根据操作过程中出现的问题,找出解决办法。
2. 根据产品质量缺陷,分析原因并找出解决办法。

实验实训二　膨化米饼加工

课前预习

1. 膨化米饼加工的原理、工艺流程、操作步骤与方法。

2. 按要求撰写出实验实训报告提纲。

一、能力要求

1. 熟悉膨化米饼的工艺原理与工艺条件要求。

2. 学会膨化米饼加工的基本操作技能。

3. 能够进行产品质量分析，即发现产品质量缺陷，分析原因并找出解决途径。

4. 能够通过膨化米饼加工的练习，自主完成膨化米饼的加工。

5. 学会膨化米饼成本核算方法。

二、原辅材料及参考配方

糯米粉700g 和粳米粉300g，加入白砂糖15%、精盐3%、小苏打0.5%、米香精0.3%、水35%～40%及少量色拉油。糯米粉、粳米粉、色拉油市售。

三、仪器设备

冷藏箱，通风干燥箱，微波炉。

四、工艺流程

糯米粉、粳米粉、水 → 调浆 → 糊化 → 调粉 → 制胚 → 汽蒸 → 冷却处理 → 切片成型 → 干燥 → 胚料 → 微波膨化 → 冷却 → 包装 → 成品

五、操作步骤

(1) 调浆　取混合粉总量的20%加水调制成浆。粉与水的比例为1∶1.5。

(2) 糊化　将盛有浆的烧杯放入沸水中，边加热边搅拌，防止焦化，至浆料成半透明黏稠糊状为止，温度在70℃～85℃。

(3) 调粉　在糊化后的浆料中加入剩余的混合粉，调制成面团。

(4) 制胚、汽蒸　将面团制成直径为2.5～3cm的圆柱形，汽蒸30min。

(5) 冷却处理　在2℃～5℃放置20～28h。

(6) 切片成型　切片厚度为2～3mm，厚薄尽量均匀。

(7) 干燥　采用二次干燥法，温度控制在50℃。每一次干燥后静置3～4h，使其内部的水分重新分布均匀。

(8) 膨化　使用间歇式微波炉加热膨化，微波炉频率采用2450MHz、功率700W，加热时间2min。

六、注意事项

1. 饼胚水分与米饼物性的关系

当饼胚的含水量控制在16%时，膨化度可达2～3.6，脆度值在250～300g范围，表明米

饼的物性指标较理想。

2. 原料配比与米饼物性的关系

原料中糯米比例高时，其支链淀粉的含量就会增大，饼胚在干燥过程中会表现出较大的黏性，持气能力较强，在微波膨化时也就会得到较大的膨化率。而糯米粉比例过高时，制得的面团蒸熟后质软且黏度大，不易切片和定型，冷却老化时间拖得过长。综合考虑米饼的物性与加工性能两方面因素，糯米粉与粳米粉的配比确定为7：3较合适。

3. 冷藏老化时间与米饼物性的关系

当冷藏老化时间约为24h时，膨化度达到最大。但冷藏时间若超过24h，则膨化米饼的物性又会变差。

七、产品感官质量标准

参照本章膨化米饼质量标准。

八、学生实训

1. 用具与设备准备

面案，刮板，不锈钢盆和锅，擀面杖，台秤，模具，冰箱，切片机，膨化机（微波炉），干燥箱，塑封机，包装袋等。

2. 原料准备

每小组用量：糯米粉700g和粳米粉300g，加入白砂糖15%、精盐3%、小苏打0.5%、米香精0.3%、水35%～40%以及少量色拉油。

3. 学生练习

指导老师对设备操作和膨化米饼基本操作技能进行演示。学生分组按照膨化米饼加工操作步骤和方法进行练习。

九、产品评价

	制作时间	色泽	形态	口感	香味	大小一致	卫生	成本	合计
标准分	15	20	10	15	20	10	5	5	100
扣分									
实得分									

十、产品质量缺陷与分析

1. 根据操作过程中出现的问题，找出解决办法。

2. 根据产品质量缺陷，分析原因并找出解决办法。

实验实训三　稻谷制米车间参观

课前预习

1. 稻谷制米加工的原理、工艺流程。
2. 按要求撰写出认知实习报告提纲。

一、能力要求

1. 熟悉稻谷制米的工艺原理与工艺条件要求。
2. 掌握和了解稻谷制米加工的基本操作技能。
3. 能够进行产品质量分析，即发现产品质量缺陷，分析原因并找出解决途径。
4. 能够通过稻谷制米加工的练习，自主完成稻谷制米的加工。
5. 学会稻谷制米成本核算方法。

二、学生实训

1. 组织学生实习前动员和安全教育；
2. 选采设备先进、技术优良的稻谷制米企业进行生产认知实习；
3. 指导老师对稻谷制米工艺流程及设备操作进行演示讲解；
4. 写出实习实训报告。

项目二　面制品加工

【学习目标】

1. 了解原料的分类、籽粒结构、化学构成等。
2. 掌握小麦的基本加工方法和加工工艺。
3. 掌握焙烤食品、蒸煮食品生产的基本工艺流程和操作要点。
4. 了解糕点的分类及特点，掌握典型糕点加工的基本方法。

项目基础知识

一、小麦的分类、籽粒结构和化学构成

1. 小麦的分类

通常对小麦按以下三种方式进行分类。

（1）冬小麦和春小麦

小麦按播种季节分为冬小麦和春小麦两种。冬小麦秋末冬初播种，第二年夏初收获，生长期较长，品质较好；春小麦春季播种，当年秋季收获。

（2）白麦和红麦

小麦按麦粒的皮色分为白皮小麦和红皮小麦两种，简称为白麦和红麦。白麦的皮层呈白色、乳白色或黄白色，红麦的皮层呈深红色或红褐色。

（3）硬麦和软麦

小麦按麦粒胚乳结构分为硬质小麦和软质小麦两种，简称为硬麦和软麦。麦粒的胚乳结构呈角质（玻璃质）和粉质两种状态。角质胚乳的结构紧密，呈半透明状；而粉质胚乳的结构疏松，呈石膏状。角质占麦粒横截面 1/2 以上的籽粒为角质粒；而角质不足麦粒横截面 1/2（包括1/2）的籽粒为粉质粒。我国规定：一批小麦中含角质粒70％以上为硬质小麦；而含粉质粒70％以上为软质小麦。

2. 小麦的籽粒结构

小麦籽粒为一裸粒，麦粒顶端生有茸毛（称麦毛），下端为麦胚。在有胚的下面称为麦粒的背面，与之相对的一面称为麦粒的腹面。麦粒的背面隆起呈半圆形，腹面凹陷，有一沟槽称为腹沟。腹沟的两侧部分称为颊，两颊不对称。

小麦籽粒在解剖学上分为三个主要部分，即皮层、胚乳和胚，如图2-1所示。

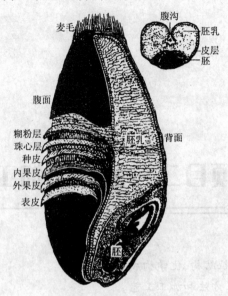

图2-1　小麦的籽粒结构

（1）皮层

皮层亦称为麦皮，其重量占整粒的13.5%左右，按其组织结构分为6层，由外向内依次是表皮、外果皮、内果皮、种皮、珠心层、糊粉层。外5层统称为外皮层，因其含粗纤维较多，口感粗糙，人体难以消化吸收，应尽量避免将其磨入面粉中。

糊粉层亦称内皮层或外胚乳，其重量约占皮层的40%～50%。糊粉层具有较丰富的营养，粗纤维含量较外皮层少，因此在生产低等级面粉时，可将糊粉层磨入面粉中，以提高出粉率；但由于糊粉层中含有不易消化的纤维素、五聚糖且灰分很高，混入面粉后对产品的精度有影响，因此在生产高等级面粉时，不宜将糊粉层磨入面粉中。

（2）胚乳

胚乳被皮层包裹，其重量占整粒的84%左右，含有大量的淀粉和一定量的蛋白质，易于人体消化吸收，是制粉过程中重要的提取部分。小麦的胚乳含量越高，其出粉率就越高。胚乳中蛋白质的数量和质量是影响面粉品质的决定性因素。

（3）胚

胚的含量约占麦粒重量的2.5%左右。胚是麦粒中生命活动最强的部分，完整的胚有利于小麦的水分调节。胚中含有大量的蛋白质、脂肪及酶类。但胚混入面粉后，会影响面粉的色泽，储藏时容易变质，因此，在生产高等级面粉时不宜将胚磨入粉中。麦胚具有极高的营养价值，可在生产过程中将其提取加以综合利用。

3. 小麦的化学构成

麦粒的化学成分主要有水分、蛋白质、糖类、脂类、维生素、矿物质等，其中对小麦粉品质影响最大的是蛋白质。

麦粒各组成部分化学成分的含量相差很大，分布不平衡。表2-1所列为麦粒各组成部分的化学成分分布情况。

表 2-1　　　　　　　　　　麦粒各组成部分的化学成分　　　　　　　　　　单位:%

麦粒部分	质量分数	蛋白质	淀粉	碳水化合物	纤维素	脂肪	灰分
整粒	100	16.06	63.07	12.42	2.76	2.24	1.91
胚乳	81.6	12.91	78.92	6.26	0.15	0.68	0.45
胚	3.24	37.63	—	34.86	2.46	15.04	6.32
糊粉层	6.54	53.16		22.26	6.41	8.16	13.93
外层	8.93	10.56		54.02	23.73	7.46	4.78

（1）水分

按水分存在的状态，小麦中的水分可分为游离水和结合水。

小麦加工前未进行水分调节时，水分在麦粒各部分中的分布是不均匀的，一般皮层的水分低于胚乳，通过水分调节可使皮层的水分增加。

从小麦加工的角度来讲，小麦含水量过高或过低都不利于加工。水分过高，小麦及其再制品不易流动，筛理时易堵塞筛孔；胚乳与皮层不易分离，导致出粉率降低，动力消耗增加，生产能力下降；生产的面粉水分过高，不易储藏保管。水分过低，小麦皮层韧性变小，在研磨时易被磨碎混入面粉中，影响面粉质量；胚乳硬度大，不易破碎，使动力消耗增加或生产出的面粉粒度较粗。

（2）淀粉

淀粉是小麦的主要化学成分，是面制食品中能量的主要来源。淀粉全部集中在胚乳中，也是面粉的主要成分。

按质量计小麦胚乳中有 3/4 是淀粉，其状态与性质对面粉有较大的影响。近年来发现，小麦淀粉对面制食品特别是对面条等东方传统食品的品质影响极大，面条的口感、柔软度和光滑度都与淀粉有很大的关系。

在研磨过程中，小麦淀粉颗粒会受到一定程度的损伤，这就是破损淀粉。面粉越细，破损淀粉越多。损伤后的淀粉粒，其物理化学性质都发生了变化，其吸水量比未损伤前大 2 倍左右，所以破损淀粉含量高的面粉可以得到更多的面团、制造出更多的产品。

（3）蛋白质与面筋

小麦中的蛋白质主要有清蛋白、球蛋白、麦胶蛋白和麦谷蛋白四种，其中清蛋白和球蛋白主要集中在糊粉层和胚中，胚乳中含量较低，麦胶蛋白和麦谷蛋白基本上只存在于小麦的胚乳中。

面筋的主要成分为麦胶蛋白和麦谷蛋白，所以面筋基本上仅存在于小麦胚乳中，其分布不均匀。在胚乳中心部分的面筋量少而质高，在胚乳外缘部分的面筋量多而质差，这是选择粉流进行配混生产专用粉技术的理论依据。利用粉质仪可测定面粉的吸水量、稳定时间等参数，运用这些参数对面团特性进行定量分析，是检测专用小麦粉质量的重要依据。

（4）纤维素

纤维素不能被人体消化吸收，混入面粉中将影响其食用品质和色泽，它主要分布在小麦外皮层中。因此面粉中的纤维素含量越低，面粉的精度就越高。

（5）脂肪

小麦中的脂肪多为不饱和脂肪酸，主要存在于胚和糊粉层中，胚中脂肪含量最高，约占

14%左右,易被氧化而酸败。

(6)灰分

灰分在小麦皮层中含量最高,胚乳中含量最低。灰分是衡量面粉加工精度的重要指标,面粉的精度越高,其灰分就越低。

二、小麦预处理

1. 小麦预处理工艺流程

毛麦→ 原料接收 → 毛麦清理 → 水分调节 → 光麦清理 →净麦

2. 操作要点

(1)小麦的清理

经过清理后的净麦,要求杂质不超过0.3%,其中砂石不得超过0.015%,粮谷杂质不超过0.5%。除杂的基本方法有筛选、风选、去石、磁选、精选等。

①筛选:筛选是利用粒度的差别清除原料中大、小杂质的主要工艺手段,筛选设备是清理流程中最常用的设备。

在实际生产中,为使筛选设备结构紧凑并充分地利用设备,节约占地面积,通常将除大杂筛面与除小杂筛面组合在一起,如图2-2所示。物料通过设备时可同时清除大杂与小杂。

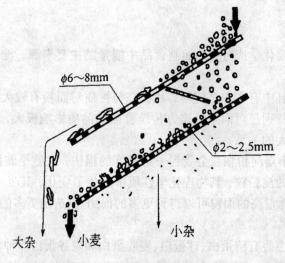

图2-2 常见的筛面组合形式

比较常用的筛选设备有初清筛、振动筛和平面回转筛等。

圆筒初清筛(如图2-3所示)的结构及工作过程:其主要工作部件是一个具有方形筛孔的圆形筛筒。原料从进口进入筒内,因筛孔较大,加上筛筒转动时的影响,物料很快穿过筛孔落入物料口排出,留在筒内的大杂在随筛筒一起转动的螺旋带的引导下,逐渐移向大杂出口。

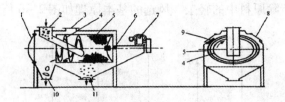

图2-3 圆筒初清筛的结构

1-维修门，2-进料口，3-吸风口，4-大杂导向螺带，5-筛筒，6-主轴，

7-减速电机，8-操作门，9-清理刷，10-大杂出口，11-小杂出口。

振动筛主要是利用作往复运动的筛面使物料在筛面上产生相对运动而形成自动分级，轻的物料浮于上层，小而重的物料沉于底层并穿过筛孔，从而达到分离的目的。振动筛（如图2-4所示）主要由喂料机构、筛体、振动机构、机架及配套垂直吸风道或循环气流风选器组成。

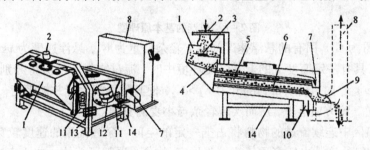

图2-4 TQLZ型振动筛结构

1-喂料箱，2-进料口，3-可调分配涡板，4-均布挡板，5-上层筛面，6-下层筛面，

7-大杂出口，8-配套风选器，9-小麦出口，10-小杂出口，11-空心鼓形橡胶垫，

12-振动电机，13-可调支架，14-机架

平面回转筛（如图2-5所示）是筛体主要做水平圆周运动的筛选设备。主要由筛体、吸风机构、传动机构及封闭式机架所组成。具有结构简单、运转平稳、噪声低、除杂效率高等特点。

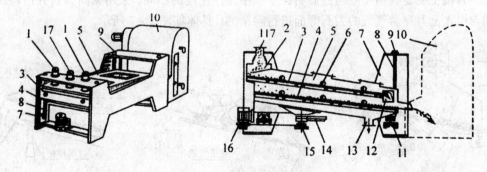

图2-5 平面回转筛结构

1-进口，2-均流涡板，3-上层筛面，4-下层筛面，5-筛体，6-筛面偏心压紧装置，

7-机架，8-吊挂钢丝绳，9-钢丝绳调节螺母，10-配套风选器，11-限振器，12-大杂出口，

13-小杂出口，14-可调偏重块，5-塔形三角带轮，16-电机，17-吸风口。

②风选：风选是利用小麦与杂质的悬浮速度差别，借助气流的作用来分选杂质的方法。

面粉厂常利用风选来清除原料中的轻杂。风选的基本原理如图2-6所示。

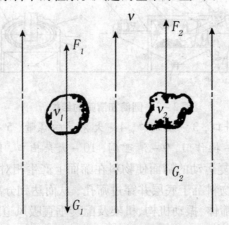

图2-6 风选的基本原理图

设小麦自重为G_1，固有的悬浮速度为v_1，轻杂自重为G_2，悬浮速度为v_2，由定义：$v_1 > v_2$。当两者进入具有一定速度v的上升气流环境中时，流过物料的气流将分别使其得到升力F_1、F_2。当$v_2 < v < v_1$时，轻杂得到的升力$F_2 > G_2$，使其随气流上升并被带走，小麦得到的升力$F_1 < G_1$，将逆气流方向落下，从而实现轻杂与小麦的分离。

由于在分离区中连续流过的物料将占据一定的空间，穿透气流的速度较穿透料层前、后的速度大，且物料的流动也使穿透气流较难稳定、均衡，这就可能使一些小麦也被带出料层，因此需设置一段形状较规则、气流较稳定的稳定区，以对气流带上来的物料再进行分选，较重的麦粒可掉下，较轻的杂质被气流带入风网中，由除尘器收集。为使轻粒尽快脱离料层，主要的吸风气流应从有利穿透料层的方向进入分离区。调节风门用以调节风选器的风量，以控制上升气流速度大于轻杂的悬浮速度且小于小麦的悬浮速度。

③去石：清除原料中石子的工艺方法称为去石。由于用较简单的筛选方法可以清除粒度异于小麦的大、小石子，因此去石设备的除杂对象特指去除并肩石。

去石机主要是利用小麦与并肩石在空气中悬浮速度的不同，采用纵向倾斜并沿特定方向振动与引入上升穿透气流的去石筛面进行除杂的，具体如图2-7所示。

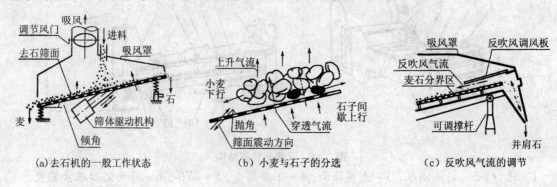

(a)去石机的一般工作状态   (b)小麦与石子的分选   (c)反吹风气流的调节

图2-7 去石机的工作原理

工作过程中，物料连续进入去石筛面后，由于并肩石和小麦悬浮速度的不同，在适当的振动和上升气流的联合作用下,悬浮速度较小的小麦便浮在上层,悬浮速度较大的并肩石沉入底层紧贴筛面,形成自动分级现象,同时由于气流的作用,物料之间的空隙度增大,料层之间的正压力和摩擦力减小,这更加促使了自动分级的形成,悬浮速度较小的上层物料在重力、惯性力、气流和连续进料的推动下,以下层物料为滑动面,相对于去石筛面下滑至小麦出口排出,在上层物料下滑的过程中,悬浮速度较大的并肩石等杂物逐渐从物料层中分离出来进入下层,下层的石子及未悬浮的小麦在振动的作用下沿筛面上滑,其中小麦不断呈半悬浮状态进入上层,在达到去石筛面上端时,下层物料所含小麦已经很少了,这些小麦在反吹风气流的作用下被向后吹回麦流中,并肩石则继续上爬由出石口排出。

④精选:精选是利用长度或粒形的不同,将原料中与小麦差别不大的杂质分选出来的工艺手段。此类杂质通常有大麦、燕麦、荞子等,这些杂质虽可食用,但其灰分、色泽、口味对产品均有不利影响,因此当产品为较高等级的面粉时,须在清理流程中设置精选。

⑤磁选:利用导磁性的不同分离混入小麦中的磁性金属杂质的方法,称为磁选。磁选的主要对象是混杂在原料中的磁性金属杂质,常见有铁钉、螺帽、铁屑、铁块等。磁选设备采用具有一定磁感应强度的永磁体作为主要工作机构,在其有效的范围内,可将原料中的铁杂吸住实现铁杂与小麦的分离。该设备一般较简单,大部分不需动力,体积较小,除铁杂效率可达95%以上,但磁选不能清除有色金属杂质。

⑥表面清理:小麦的表面清理有干法表面清理和湿法表面清理两种方法。干法表面清理主要采用打击、摩擦的方法,常用设备为各种类型的打麦机、擦麦机、撞击机等;湿法表面清理采用水洗涤的方法,所用设备为洗麦机。由于采用湿法表面清理时需耗费大量的清水,且洗涤后的污水又将污染环境,故目前面粉厂中一般都使用干法清理。采用干法清理小麦表面时还具有其他作用:打击、摩擦可除去部分麦毛和麦皮以降低入磨小麦的灰分;打碎强度较低的并肩杂以利于除杂。

打麦设备的工作原理如图2-8所示,主要由高速旋转的打击机构与静止装置的工作圆筒组成。

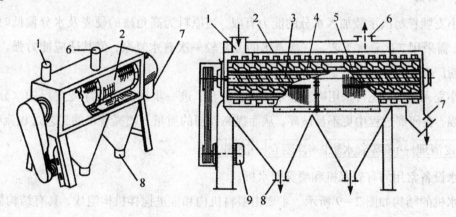

图2-8 卧式打麦机的结构
1-进料口,2-筛筒,3-打板轴,4-前打板条,5-后打板条,
6-吸风口,7-出麦口,8-小杂出口,9-电机

具有一定工作直径的打击结构通常为各种形状的打板或销柱。为形成稳定的打击工作

区，在打击结构外围须设置工作圆筒，圆筒一般由内表面具有一定粗糙度的筒或筛板构成。在打板与圆筒之间形成环形的工作区，打板与圆筒之间的间距即工作间隙。

物料进入工作区，受到打击装置的直接打击，受打击后的麦粒沿切向飞出后又与工作圆筒内表面产生碰撞，可振落黏附在其表面的杂质，而设备工作面对麦粒的挤擦作用及麦粒之间的相互摩擦可直接擦落一部分杂质，从而在打击、碰撞及挤擦的综合作用下得到表面清理。工作区内的物料在打板的推动下，沿筛筒内表面作螺旋状运动，形成一定长度的运动轨迹，可得到多次清理机会。

（2）小麦的水分调节

水分调节是制粉工作中必不可少的一个重要环节。主要有室温水分调节与加温水分调节两类。

①室温水分调节：在室温条件下进行水分调节的工艺方法称室温水分调节，由着水与润麦两个环节组成。着水是利用着水机向小麦中加入适量的水，并使水分在原料中基本分布均匀。润麦是将着水后的小麦在润麦仓中密闭静置一定时间，使小麦皮层上附着的水分在麦粒内部渗透均匀，并使所有麦粒水分均衡。

根据原料及着水量的要求，室温水分调节又可分为一次着水工艺与二次着水工艺。

一次着水工艺流程

毛麦清理→ 着水 → 润麦 → 光麦清理 → 净麦仓 →制粉

二次着水工艺流程

毛麦清理→ 第一次着水 → 第一次润麦 → 第二次着水 → 第二次润麦 → 光麦清理 →

净麦仓 →制粉

因小麦颗粒每次承载加入水分的能力有限，当原料为高角质的硬麦及水分偏低时，着水量较大，需采用二次着水工艺。二次着水的工艺较一次着水复杂，但其适应能力强，故一般大型面粉厂都采用这种形式。

在小麦入磨前，还可采用喷雾着水的工艺方法，进一步提高入磨净麦皮层的水分，使其韧性增强，在研磨过程中更不易破碎，从而提高面粉的质量。喷雾着水的工艺过程流程：

光麦清理 → 喷雾着水机 → 净麦仓 → 制粉

着水设备常用的有着水机和喷雾着水机。

着水机的结构如图2-9所示。主要由喂料机构和推进搅拌机构组成，具有结构简单、使用性能可靠等特点。

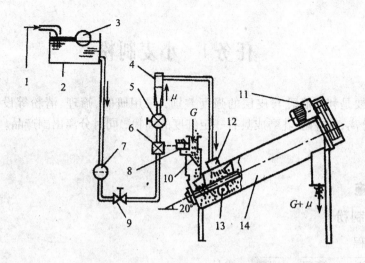

图2-9　着水机结构及着水控制系统

G:着水前小麦流量　μ:着水流量

1-不间断水源，2-恒水位水箱，3-浮球阀，4-转子流量计，5-调节阀，6-电控水阀，

7-过滤器，8-微动开关，9-截止阀，10-料流传感器，11-减速电机，

12-喷水装置，13-桨叶及主轴，14-机壳。

②加温水分调节:在水分调节过程中，将水温与原料温度提高至室温以上的方法称加温水分调节。加温水分调节不但可以加快水分调节的速度，并可在一定程度上改善面粉的食用品质。

（3）小麦搭配

小麦搭配的方法一般有毛麦搭配与光麦搭配，相应配麦器设在毛麦仓或润麦仓下。

①毛麦搭配:制粉车间设置有毛麦仓的面粉厂，可在毛麦仓下搭配混合。即先将准备进行搭配的小麦分别送到不同的毛麦仓中，搭配时按设定的搭配比例调整好仓下配麦器的工作流量，然后同时开启配麦器，使出仓后的各种小麦按一定的此例通过配麦器送入螺旋输送机混合后进行毛麦清理。

②光麦搭配:在润麦仓下进行光麦搭配的方法与毛麦搭配基本相同，其特点是不同原料分别进行毛麦清理与水分调节，保证清理与水分调节的效果。但对润麦仓的设置要求较高，管理也较复杂，因而应用较少。

任务1 小麦制粉

本任务主要是利用胚乳与皮层的强度差别，采用研磨、筛理、清粉等设备，将净麦的皮层、胚与胚乳分离，并将胚乳磨成具有一定细度的面粉，同时分离出副产品。

任务实施

一、小麦制粉

1.工艺流程

净麦→研磨→筛理→清粉→成品

2.操作要点

（1）研磨

研磨就是磨粉，主要工作部件是磨辊。磨辊都是成对使用的，每对磨辊有快、慢辊之分，工作时两个等径的圆柱形磨辊相向差速转动，其中转速较高的磨辊称为快辊，另一只转速较低的磨辊称为慢辊，快慢辊之间的转速之比称为速比，当两辊之间的距离小于被研磨物料的粒度时，两辊夹住物料并开始对物料进行研磨。辊式磨粉机（如图2-10所示）一般由喂料机构、轧距调节机构、传动装置、磨辊清理机构、出料机构等五部分组成。其主要工作部件是一对以不同速度相向旋转的磨辊，两磨辊间轧距很小，在0.07~1.2mm间，根据磨的类型而定。磨辊表面拉成齿数和齿角不同的磨齿。通过液压装置调整两个磨辊的轧距，两磨辊在相向旋转过程中，完成对麦粒及各种再制品的研磨。

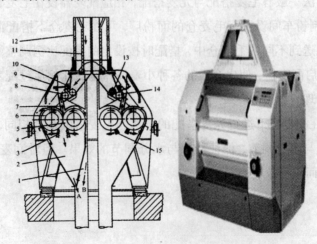

图2-10 MDDK型磨粉机的结构

1-吸风系统，2-集料斗，3-可调式刮刀，4-轧距调节手柄，5-慢辊，6-快辊，
7-物料通道，8-喂料辊，9-上磨门，10-喂料活门，11-传感板
12-玻璃进料筒，13-匀料绞龙，14-喂料辊，15-磨辊清理刷

按照磨粉机的作用,磨辊分"齿辊"和"光辊"两种。齿辊是根据不同的要求在磨辊圆柱面上用拉丝刀切削成不同形状的磨齿,磨齿齿数、齿角和斜度决定了磨齿的形状。光辊是经磨光后再经喷砂处理,得到微粗糙表面。面粉厂为降低面粉灰分、提高面粉质量,在心磨、渣磨和尾磨系统使用光辊,仅在皮磨系统使用齿辊,并且各道皮磨的磨齿形状不尽相同。

(2)筛理

筛理是制粉工艺的重要组成部分,磨粉机研磨后的磨下物为颗粒大小不同及质量不一的混合物料,根据制粉流程,这些混合物料需进行筛理。常用的筛理设备为高方平筛,简称平筛(如图2-11所示),辅助筛理设备主要为打麸机。

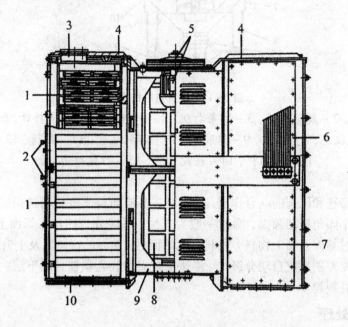

图2-11 高方筛结构

1-筛格,2-仓门把手,3-进料口,4-筛格压紧装置,5-传动装置,

6-吊杆,7-筛箱,8-偏重块,9-中部机构,10-出料口。

筛理工作是制粉过程中极为重要的工序。若筛理效果不好,就不能把已磨制成的面粉及时提出,不能把再制品分离开,增加物料在整个粉路中的重复研磨,使得制粉车间各种设备的负荷增大,产量降低,动力消耗增加。

打麸机(如图2-12)是利用高速旋转的打板的打击作用,将黏附在麸片上的粉粒分离下来并穿过筛孔成为筛出物料,麸片则穿不过筛孔而成为筛内物料。

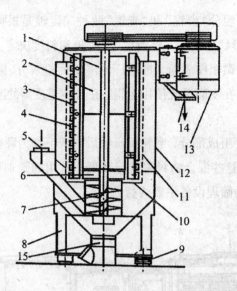

图2-12　立式打麸机结构

1-立轴，2-鼓形圆筒，3-长条打板，4-打板叶片，5-进料口，6-刮板，
7-垂直绞龙，8-机架，9-橡胶垫，10-环状底板，11-筛筒，12-机筒，
13-电动机，14-麸皮出口，15-打麸粉出口。

（3）清粉

清粉是利用筛选和风选的联合作用，对物料按品质与粒度进行精选提纯。清粉机的主要工作机构是一组小倾角振动筛面，筛面一般为三层，每层分为四段。筛面上方设有吸风道，气流自下而上穿过筛面及筛上物料。物料落入筛面后，筛面的振动以及上升气流的作用使筛上物料按悬浮速度差别形成自动分级，悬浮速度较大的胚乳颗粒处在下层，上层则是悬浮速度较小的连皮胚乳颗粒。

二、面粉后处理

面粉后处理是小麦加工的最后阶段，这个阶段包括面粉的收集、配粉、称量、微量元素的添加以及面粉的修饰与营养强化等。在现代化的面粉加工厂，面粉的后处理是必不可少的环节，是实现面粉品种的定位以及保证和弥补面粉质量的必要过程。

1. 小麦粉后处理工艺流程

面粉收集、检查 → 自动秤 → 磁选器 → 杀虫机 → 面粉散存仓 →

配粉仓 → 配粉秤 → 混合机 → 打包仓 → 打包机 → 成品
　　　　　　　　　　　　↑

微量添加剂 → 稀释剂 → 预混合机

2. 操作要点

（1）面粉的收集

在制粉工艺流程中，对各道平筛筛出的面粉进行收集、组合与检查的工艺环节称为面粉的收集。一般在平筛的下一层楼面，沿车间纵向平行地设置2～4台粉绞龙对面粉进行收集。各台粉绞龙分别收集档次不同的面粉，并分别与对应的检查筛相连。

（2）配粉

配粉的基本方法是：先将制粉车间生产的不同品质、不同等级的面粉，通过输送设备送入不同的储存仓内分别存放，这些面粉称为基础粉。需要配粉时，将各种基础粉从仓内放出，按照一定的比例搭配在一起，并根据需要加入各种添加剂，经过充分搅拌混合后即成为成品面粉。常用的配粉方法有容积式配粉与重量式配粉两类。

①容积式配粉：又称粗配粉，其工艺流程通常为：

面粉检查筛→ 配粉仓 → 调速螺旋式给料器 → 面粉输送螺旋 →产品计量包装

在此方法中，面粉的比例是通过调节螺旋式给料器的转速来控制的，搭配后面粉的混合是通过面粉输送螺旋边输送边混合，所以此方法工艺简单，配粉精度较低，适合较简单的面粉搭配及少量添加剂的添加。

②重量式配粉：又称精配粉，其工艺流程通常为：

面粉检查筛→ 储存仓 → 螺旋给料器 → 配粉仓 → 螺旋给料器 → 配粉秤 → 混合机 →

面粉检查 → 缓冲斗 →产品计量包装

在此方法中，面粉的比例是通过专用的配粉秤来控制的，搭配后面粉的混合通过专用混合机进行，所以此方法工艺完善，配粉精度较高，适合配制等级较高的专用面粉、营养强化粉及预混合粉。

（3）面粉的修饰与营养强化

随着生活水平的提高，人们对面制食品的要求越来越高，除了吃好以外，还关注面制食品的营养、造型、外观、色泽以及食品制作的难易程度等，面粉的修饰与强化逐渐受到面粉加工企业的重视。

①面粉的修饰

面粉的修饰是指根据面粉的用途，通过一定的物理或化学方法对面粉进行处理，以弥补面粉在某些方面的缺陷或不足，面粉修饰最常用的方法是漂白、氧化、氯化、酶处理等。新加工的面粉呈浅黄色，存放一段时间后，可自然氧化而改善色泽。小麦粉国家标准规定：小麦粉中不得添加过氧化苯甲酰、溴酸钾。

②面粉的营养强化

添加营养强化剂应符合 GB14880－2012《食品营养强化剂使用标准》。2002 年在国家公众营养项目办公室的主持下，拟定了小麦粉营养强化的配方，即"7＋1"的添加方案。配方中的"7"是准备强制添加的微营养素，7 种微营养素及其在每千克面粉中的添加量为：硫胺素（维生素 B_1）3.5mg，核黄素（维生素 B_2）3.5mg，烟酸（维生素 B_3）35.0mg，叶酸 2.0mg，铁 20mg，锌 25mg，钙 1000mg，"1"则是建议添加的维生素 A。

三、通用小麦粉与专用粉

1. 通用小麦粉

通用小麦粉适合制作一般食品，根据 GB1355－2009 的规定，通用小麦粉按其加工精度的不同，从高到低可分为特制一等粉、特制二等粉、标准粉和普通粉 4 等级，质量指标有加工精度、灰分、粗细度、面筋质、含砂量、磁性金属物、水分、脂肪酸值、气味和口味等，不同等级的小麦粉主要在加工精度、灰分、粗细度的要求上有所不同。

2. 专用小麦粉及其分类

专用小麦粉是专门用于制作某种食品的小麦粉，简称专用粉。市场上的专用小麦粉较多，如面包粉、面条粉、馒头粉、饺子粉、饼干粉、糕点粉、自发粉、营养保健类小麦粉、预混合小麦粉等，这里仅对应用较多的几类专用小麦粉进行简单介绍。

（1）面包类小麦粉

面包粉应采用筋力强的小麦加工，制成的面团有弹性，能生产出体积大、结构细密而均匀的面包。面包质量和面包体积与面粉的蛋白质含量成正比，并与蛋白质的质量有关，为此，制作面包用的面粉，必须具有数量多而质量好的蛋白质。

（2）面条类小麦粉

面条粉包括各类湿面、挂面和方便面用小麦粉。一般应选择中等偏上的蛋白质和筋力。面粉蛋白质含量过高，面条煮熟后口感较硬，弹性差，适口性低，加工比较困难，在压片和切条后会收缩、变厚，且表面会变粗。若蛋白质含量过低，面条易流变，韧性和咬劲差，生产过程中会拉长、变薄，容易断裂，耐煮性差，容易糊汤和断条。

（3）馒头类小麦粉

馒头的质量不仅与面筋的数量有关，更与面筋的质量、淀粉的含量、淀粉的类型和灰分等因素有关。馒头对面粉的要求一般为中筋粉，馒头粉对白度要求较高，灰分一般应低于 0.6%。

（4）饺子类小麦粉

饺子、馄饨类水煮食品，一般和面时加水量较多，要求面团光滑有弹性，延伸性好，易擀制、不回缩，制成的饺子表皮光滑有光泽，晶莹透亮，耐煮，口感筋道，咬劲足。因此，饺子粉应具有较高的吸水率，面筋质含量在 25% ~ 32%，稳定时间大于 3min，与馒头专用粉类似。太强的筋力，会使得揉制很费力，展开后很容易收缩，并且煮熟后口感较硬。而筋力较弱时，水煮过程中容易破皮、混汤，口感比较黏。

（5）饼干、糕点类小麦粉

①饼干粉：饼干的种类很多，不同种类的饼干要配合不同品质的面粉，才能体现出各种饼干的特点。饼干粉要求面筋的弹性、韧性、延伸性都较低，但可塑性必须良好，故而制作饼干必须采用低筋和中筋的面粉，面粉粒度要细。

②糕点粉：糕点种类很多，中式糕点配方中小麦粉占约 40% ~ 60%，西式糕点中小麦粉用量变化较大。大多数糕点要求小麦粉具有较低的蛋白质含量、较少的灰分和较低的筋力。因此，糕点粉一般采用低筋小麦加工。

任务2 烘焙制品

本任务是以小麦粉为主要原料,通过焙烤手段成熟和定型的一类方便食品。主要包括面包、饼干和各类糕点。

任务实施

一、面包加工

1. 面包的加工工艺流程

(1)一次发酵法面包加工工艺流程

原辅材料处理→ 面团调制 → 发酵 → 整形 → 醒发 → 饰面(刷蛋液) → 烘烤 → 冷却 → 包装 →成品

(2)二次发酵法面包加工工艺流程

全部余料
↓

部分配料→ 第一次面团调制 → 第一次发酵 → 第二次面团调制 → 第二次发酵 → 揿粉 → 整形 → 醒发 → 饰面(刷蛋液) → 烘烤 → 冷却 → 包装 →成品

(3)快速发酵法面包加工工艺流程

原辅材料处理→ 面团调制 → 静置 → 分割 → 中间醒发 → 成型 → 最终醒发 → 饰面(刷蛋液) → 烘烤 → 冷却 → 包装 →成品

(4)冷冻面团法面包加工工艺流程

原辅材料处理→ 面团调制 → 发酵 → 整形 → 冷冻 → 解冻 → 醒发→饰面(刷蛋液) → 烘烤 → 冷却 → 包装 →成品

一次发酵法加工面包生产周期短、风味好、口感优良,但成品瓤膜厚、易硬化;二次发酵法加工面包的瓤膜薄、质地柔软,老化慢,但生产周期长、劳动强度大;快速发酵法加工面包生产周期短、出品率高,但成品发酵香味不足、瓤膜厚、易老化;冷冻面团法是面包加工的一种新的工艺方法,有利于实现面包生产的规模化和现代化。

2. 操作要点

(1)原料的选择与处理

原材料的选择与处理是面包加工的重要工序之一。选择符合加工工艺要求、经过合理处理后的原料,对于提高面包质量具有十分重要的意义。

①面粉

一般要求面粉中蛋白质含量为 12%±1%，油脂 1.5%，水分 14%，灰分 0.5%，碳水化合物 73%，粉质洁白，能过 100 目筛，不含砂尘、无霉味、不结块，捏团后能散开。湿面筋率在 26% 以上，弹性和延伸性好，糖化力和产气能力高，α – 淀粉酶含量低。

②酵母和水

面包加工用水、酵母的选用与处理与馒头加工基本相同。

③辅料与食品添加剂

白砂糖在使用前应首先用温水溶解，然后过滤除去杂质。

油脂在使用时应根据季节和温度的变化，选用不同熔点的油脂，冬季或气温较低时，宜选用熔点较低的油脂；夏季或气温较高时，则相反。

食盐在使用前应首先用温水溶解，然后过滤除去杂质。

改良剂面包改良剂的主要作用是为酵母提供所需营养，促进面团发酵和成熟，保证产品在烘烤过程中持续膨胀，以及增加产品色泽等。

面包的配方是指制作面包的各种原辅料之间的配合比例。面包配方中基本原料有面粉、酵母、水和食盐，辅料有砂糖、油脂、乳粉、改良剂以及其他乳品、蛋、果仁等。面包配方一般用百分比来表示，面粉的用量为 100 作为基准，其他配料用相对面粉用量的百分数来表示。如甜面包配方为：面粉 100、水 58、白砂糖 18、鸡蛋 12、奶粉 5、酵母 1.4、食盐 0.8、复合改良剂 0.5。现国内外常见几种主食面包及点心面包的配方如表 2 – 2、表 2 – 3 所示。

表 2 – 2　　　　　　　　　　　　　主食面包配方　　　　　　　　　　　　单位：kg

原辅料＼种类	面粉	酵母	食盐	砂糖	植物油	鸡蛋	饴糖	甜味料	水	改良剂
大圆面包	100	0.8	0.4	–	–	–	–	·	50	0.3
梭形面包	100	0.8	0.6	–	0.8	–	–	–	49	0.3
园甜面包	100	0.8	0.3	12	1.5	0.6	1.9	0.021	49	0.3
主食面包	100	0.8	0.4	3	–	–	–	0.021	50	–
主食罗宋面包	100	0.8	1	–	4	–	4		48	–
主食咸面包	100	1	1.6	–	–	–	3		49	–
日本主食面包	100	2	2	5~8	5~8	–	–		50	–
英美主食面包	100	2.5	2.25	–	–	–	–	0.5	49	0.5
法国主食面包	100	2	2	1	1	–	–	0.08	48	0.08
俄式主食面包	100	2.3	2.0	5~8	5~8	–	–	–	49	–

表2-3 　　　　　　　　　　　　　花色面包配方　　　　　　　　　　　　　单位:kg

原辅料 \ 种类	蛋黄面包	果子面包	牛奶面包	高级蛋黄面包	辫子面包	维生素面包	桂花面包	香草甜面包
面粉	100	100	100	100	100	100	100	100
酵母	0.8	0.8	0.8	1.5	1.5	0.6	1	1.15
食盐	0.3	–	0.3	0.4	0.5	0.15	0.6	0.5
砂糖	18	20	15	18	20	20	10	–
植物油	–	7	1.5	1	7	5	4	6
鸡蛋	–	8	–	18	5	7	15	–
炼乳	–	–	5.4	–	–	–	–	–
乳粉	–	–	3	9.5	–	3	–	–
核桃仁	–	11.5	–	–	–	–	–	–
青梅	–	8	–	–	–	–	–	–
葡萄干	–	4	–	–	–	–	–	–
核黄素	0.002	–	–	0.001	–	0.009	–	–
桂花	–	–	–	–	–	–	1	–
果脯	–	10	–	–	–	–	–	–
桂花香精	–	–	–	–	–	–	30ml	–
香草粉	–	–	–	–	–	–	–	0.1
饴糖	–	–	–	–	–	–	16	18

（2）面团调制

面团调制是面包加工关键工序之一，面团调制原理与面条类基本相似，主要区别在于技术要求不同。

①面团调制的技术要求

一次发酵法和快速发酵法是先将水、糖、蛋、面包改良剂置于调粉机中充分搅拌，使面包改良剂均匀地分散在水中，糖全部溶解；然后，将已均匀混入即发酵母和奶粉的面粉倒入调粉机中搅拌成面团；当面团已经形成而面筋还未充分扩展时加入油脂；最后加盐，继续搅拌直至面团不黏手、均匀而有弹性时为止。

二次发酵法面团调制时分两次投料，第一次面团调制是先将30%～70%的面粉、适量的水和全部酵母在调粉机中搅拌10min，调成软硬适当的面团，而后进行第一次发酵，制成种子面团。第二次面团调制是将发酵成熟的种子面团和剩下的原辅料（不包括油脂）在调粉机中一起搅拌，快成熟时放入油脂继续搅拌，直至面团不黏手、均匀而有弹性时为止。

②面团调制中应注意的问题

小麦粉中的蛋白质所吸收的水分约占小麦粉总吸水量的60%～80%，小麦粉的吸水率与其蛋白质的含量成正比，一般加水量为小麦粉总量的50%～60%（包括液体原料的水分）。

加水量过高，会使面团过软，面团发黏，导致操作困难，发酵时易酸败，成品形态不端正，成为次品；加水量过低，会使面团太硬，影响发酵，造成制品粗糙，质量低劣。

调制面团时，水温除影响糖、盐等辅料的溶解外，主要是用来调整面团温度，适应酵母繁殖生长。调制好的面团温度，冬季一般应控制在25℃～27℃，夏季28℃～30℃。因此，夏季可以用凉水调粉，冬季用温水调粉，但水温最高不得超过50℃，否则会造成酵母死亡。

搅拌要均匀，防止面团发生粉粒现象；注意搅拌终点（即面筋完全扩展）的判断，搅拌时间一般在 15~20min 左右，它取决于小麦粉及辅料加入的量与质，也与搅拌的方式和水温关系密切。小麦粉筋力强，搅拌时间较长，反之则短。

当油脂和小麦粉混合时，油脂会吸附在小麦粉颗粒表面形成一层油膜，阻碍水分子向蛋白质胶粒内渗透，面筋不能充分吸水、胀润，使得面团较软、弹性降低，黏性减弱，故面团中油脂用量增加，加水量要相应地减少。为防止油阻隔水与蛋白质结合，一般采用后加油法。

（3）面团的发酵

面团发酵是在适宜条件下，面团中的酵母利用营养物质进行繁殖和代谢，产生二氧化碳和风味物质，使面团膨松，形成大量蜂窝，并使面团营养物质分解为人体易于吸收的物质的过程。它是面包加工过程中的关键工序。

①面团发酵的技术要求

面团发酵一般在发酵室进行，发酵室需要控制适宜的温度和湿度，理想温度大致为27℃~28℃，相对湿度为75%~80%。温度过高虽有利于发酵的进行，但易引起杂菌生长；温度过低会降低发酵速度。

一次发酵法温度一般控制在25℃~27℃，相对湿度为75%~80%。由于一次发酵法在面团调制的同时加入了所有原料，其中，奶粉、盐等对酵母发酵有抑制作用，所以发酵时间稍长，约为4~5h。一次发酵法发酵到总时间的60%~75%时需要翻面，即将四周的面拉向中间，使一部分二氧化碳放出，减少面团体积。面粉筋力强、蛋白质含量高的面团可适当增加翻面次数。

二次发酵法的第一次发酵是第一次调制完毕的面团在温度23℃~26℃、相对湿度70%~75%下发酵3~4h，使酵母扩大培养；第二次发酵是将第一次发酵成熟的面团加入剩余的原材料，调制成面团后，在温度28℃~31℃、相对湿度75%~80%下经过2~3h发酵即可成熟。

②面团发酵的基本原理

酵母菌在生命活动中会产生大量的二氧化碳气体，促进面团体积膨胀，得到柔软、疏松多孔似海绵的组织结构。发酵中产生酒精等多种风味物质，使成品具有特有的口感和风味。发酵中的水解作用使大分子营养物变小，有利于消化吸收。

③面团发酵中应注意的问题

要生产出优质的面包，发酵面团必须具备两个条件：一是旺盛的产生二氧化碳的能力，二是保持气体不逸散的能力。

面团的温度：面包酵母最适温度是25℃~28℃。温度低于25℃，发酵速度慢，生产周期长；相反，温度过高，会为杂菌生长提供有利条件，影响产品质量，如乳酸菌最适温度37℃，醋酸菌最适温度35℃。因此，发酵温度一般控制在28℃左右，不可超过35℃。

酵母的质量和数量：在发酵力相同的前提下，发酵速度的快慢取决于酵母的用量，增加酵母的用量可以加快发酵速度。但酵母使用量过高，酵母的繁殖能力不升反降，因此酵母用量一般为面粉使用量的1%~2%。

面团的含水量：含水量高的发酵面团中面筋网络比较容易形成，容易被二氧化碳气体所膨胀，同时具有较好的持气能力，可加快面团的发酵速度。但加水量过多时，由于面团会变得过于柔软，气体保持力反而下降。因此面团含水量适当高一些，对发酵是有利的。

面团的酸度：当面团 pH 为 5.5 时其持气能力最合适，随着发酵的进行，pH 低于 5.0 时，面团的气体保持能力急剧下降。

揪粉：面团发酵到一定程度时，将发酵面团四周的面向上面翻压，放出部分二氧化碳气体的同时，也混入部分空气，并达到面团各部分的均匀混合。这一过程叫做揪粉。在揪粉过程中，不仅促进了面团面筋的结合和扩展，增加了面筋对气体的保持力，而且由于放出部分二氧化碳气体，混入部分空气，防止了二氧化碳浓度过高对发酵的抑制。

（4）面团整形

面团整形包括切块、称量、搓圆、中间醒发、成型、装盘（模）等工序。

面团整形通常在整形室进行，整形室一般要求温度保持在 25℃ ~ 28℃、相对湿度保持在 65% ~ 70%。

①切块、称量

切块、称量是将发酵成熟的面团按成品的质量要求，切成一定质量的面块，并进行称量，切块称量时必须计入 10% ~ 12% 的烘烤质量损失，以避免超重和不足。操作时由于面团发酵仍然在进行中，因此最好在 15 ~ 25min 将面团分割完毕。分割与称量有手工操作和机械操作两种。

②搓圆与中间醒发

搓圆分为手工操作与机械操作两种。中间醒发是面块的静置过程，在 70% ~ 75% 相对湿度和 28℃ ~ 29℃ 条件下醒发 10 ~ 20min，醒发程度为原来体积的 1.7 ~ 2 倍。面胚轻微发酵，使分块切割时损失的二氧化碳得到补充，同时使经过搓圆而紧张的面团得到舒张，有利于面包的成型。

③成型

成型是将静置后的圆形面团按照面包品种要求、用手工或机械方法将面团压片、卷成面卷，压紧然后做成各种形状。手工适于制作花色面包，机械适于制作主食面包。

④装盘（模）

装盘（模）是将面团整形后装入特制的面包盘（模）中，进行醒发。花色面包用手工装入烤盘，主食面包可从整形机直接落入烤箱。要注意面胚结口向下，盘（模）应预先刷油或用硅树脂处理。

（5）面团的醒发

①醒发的技术要求

醒发通常在醒发室（箱）内完成，理想的温度为 38℃ ~ 40℃，温度高醒发速度快；反之，醒发速度就慢；相对湿度 85% ~ 90%，湿度低，面胚容易结皮干裂；湿度过高，面胚的表面容易凝结水滴，产生斑点，时间一般应控制在 50 ~ 65min，醒发程度为原来体积的 2 ~ 3 倍，手感柔软、表面半透明。

②醒发成熟度判断

按醒发前后面包体积变化量来判断，一般以醒发成熟后的面团体积比搓圆后的体积增加 2 ~ 3 倍为宜，否则面包会出现体积较小或品质变劣。

按面团体积大小来判断，一般以醒发成熟的面团约为其烤成的面包大小的 80% 为宜，剩余 20% 的体积让其在烤炉内膨胀。

按照面胚的透明度、触感等来判断，成熟的面包胚接近于半透明；用手轻轻接触，面团破裂塌陷，则说明面包胚已醒发过度，反之，如果有硬感，则说明面包胚醒发不成熟。

（6）面包的烘烤

①面包烘烤的技术要求

面包的烘烤温度通常在180℃～220℃，时间在12～35min之间。工业化生产一般采用三段温区控制。

体积膨胀阶段：面包胚入炉初期，烘烤应在温度较低和相对湿度较高（60%～70%）的条件下进行，面火不超过120℃，底火为180℃～185℃。底火高于面火，利于水分的蒸发和面包体积的膨胀。当面包内部温度达到50℃～60℃时，淀粉糊化和酵母活性丧失，面包体积基本达到要求，其经历时间约占总烘烤时间的25%～30%。

面包定型阶段：底火、面火可同时提高，面火达210℃，底火不高于210℃，时间占总烘烤时间的35%～40%。

上色阶段：面火高于底火，面火为220℃～230℃，底火为140℃～160℃，使面包产生褐色表皮，同时增加面包香味，时间占总烘烤时间的30%～40%。

②面包烘烤的原理

面包胚入炉后，由于烘烤而引起微生物的变化，酵母菌在35℃时生命活动最强，发酵产气能力最强，促使面包的体积很快地增大，当温度加热到45℃以上时，发酵能力逐渐减慢，当温度到50℃以上时，酵母菌开始死亡。同时，面包内部积累的二氧化碳、发酵产生的酒精因受热而变成气体，以及水的汽化作用又进一步促使面包的体积增大。

当面包胚入炉烘烤后，因炉内绝对湿度和温度很高，则蒸汽在面包表皮凝结成水，面包胚的重量不降反升，随着面包胚温度的升高，面包胚中蒸发出大量水分，面包会出现7%～10%的重量损耗。

③面包烘烤应注意的问题

炉内湿度：湿度过低，面包皮会过早形成并增厚，产生硬壳，可选择有加湿装置的烤炉。湿度过高，易使面包表皮坚韧、起泡。

炉温：炉温不足，面包的体积就会变得过大，但皮色成为灰白而带韧性；反之，炉温过高，面包的体积会过小，同时产生黑色焦斑和坚厚的面包皮。

烘烤时间：烘烤时间因品种、形态、大小的不同而有差异，应随烤炉温度和面包体积而定。

烘烤均匀度：如果烤炉的面火过大底火不足，就会使面包的顶部产生深褐色，以及灰白的四边或者灰白的底面，反之，如果面火不足，底火过旺，也会造成面包底部发生焦化或出现边部色泽较深的现象。

（7）面包的冷却

刚出炉面包由于温度高，水分分布不均匀，表现为表皮含水低、内部高，即皮脆瓤软，无弹性，这时进行包装或切片，易造成面包的破碎和变形；还会在包装内出现水珠，给霉菌生长创造条件。所以出炉后的面包应先经过冷却，然后再进行切片或包装。面包冷却可采用自然冷却或通风的方法。冷却车间一般温度在22℃～26℃，相对湿度85%，空气流速在30～240m/min，冷却后面包中心温度降至35℃左右。

（8）面包的包装

冷却后的面包长时间暴露在空气中，其中的水分损失会越来越多，引起面包重量和体积下降、干硬掉屑、口味变劣、失去面包风味，导致面包老化；同时还会受到细菌和杂质污染而发霉变质，影响产品的卫生，所以对其要进行包装。现在采用塑料制品和纸制品包装较多。包装间一般温度在22℃~26℃，相对湿度在75%~80%，要求空气洁净。

3.面包的质量标准

(1)面包的感官质量标准

外观质量标准

面包的外观检查内容包括重量、体积、形态、色泽、杂质等方面。

①重量：用1000g托盘天平称量，10个面包的总重量不应高于或低于规定重量10%。

②体积：以cm³为单位，枕形面包以长×高×宽计算其体积。圆形面包以高与直径计算其体积。其体积应符合标准中的规定。

③形态：枕形面包两头应同样大小，圆形面包的外形应圆整、形态端正，不摊架成饼状。

④色泽：按照标准色样比较，有光泽，不焦不生，不发白，无斑点。

⑤杂质：表面清洁，四周和底部无油污和杂质。

内部质量标准

面包的内部质量感官检查主要包括检查内部组织及口味，具体方法与要求如下所述。

①内部组织：用刀横断切开，面包的蜂窝细密均匀，无大孔洞，蜂窝壁薄而透明度好。富有弹性，瓤色洁白，撕开成片。带有果料的面包，果料分布要均匀。

②口味：面包口感柔软，有酵母特有的酒醇香味，无酸味或其他异味。

(2)面包卫生质量标准

①理化指标　见表2-4。

表2-4　　　　　　　　　　　面包理化指标

项目	酸价 （以脂肪计） （mgKON/g）	过氧化值 （以脂肪计） （g/100g）	总砷 （以As计） （mg/kg）	铅 （以Pb计） （mg/kg）	黄曲霉毒素B₁ （μg/kg）
指标	≤5	≤0.25	≤0.5	≤0.5	≤5

②微生物指标　见表2-5。

表2-5　　　　　　　　　　　面包微生物指标

项目	菌落总数 （cfu/g）	大肠菌群 （MPN/100g）	霉菌计数 （cfu/g）	致病菌
热加工	≤1500	≤30	≤100	不得检出
冷加工	≤10000	≤300	≤150	

4.各式面包的制作实例

(1)咸面包的制作(一次发酵法)

①配方(%)

面包专用粉100，水58，鲜酵母2，面粉改良剂0.25，盐2，糖2，黄油2。

②工艺要点

除油外将所有的原料放入和面机内慢速搅拌4~5min，加油后中速搅拌7~8min，使面筋网络充分形成，搅拌后面团温度为26℃；基本发酵温度28℃，湿度80%，发酵2h50min；分割、揉圆、中间醒发10min，整形；38℃下最后发酵55min；焙烤200℃烤15min，220℃烤5min。

(2)甜面包的制作(二次发酵法)

①配方(%)

种子面团:专用粉75,水45,鲜酵母2,面粉改良剂0.25。主面团:专用粉25,糖20,人造奶油12,蛋5,奶粉4,盐1.5,水12。

②工艺要点

种子面团原辅料慢速搅拌3min,中速搅拌5min成面团,面团温度24℃,在28℃下发酵4h;然后将糖、盐、蛋、水等辅料搅拌均匀,加入种子面团,拌开,再加入奶粉、面粉,慢速搅拌成面团,加油后改成中速搅拌至结束;主面团在30℃发酵2h;分块、搓圆后中间醒发12min,成型;在38℃,相对湿度85%的条件下最后发酵30min;在炉温200℃~205℃,10~15min下焙烤。

(3)起酥面包的制作

①配方(%)

专用粉100,人造奶油15,蛋12,牛奶51,鲜酵母10,奶油20,奶油馅料35。

②工艺要点

由于配料中含有较多的油脂和糖分,为了使面团搅拌均匀,一般使用浆状搅拌机而不使用钩状搅拌机。将面粉、牛奶、鸡蛋放入搅拌机中,先慢速搅拌,然后中速搅拌,使之形成面团,最后加入人造奶油,继续搅拌成成熟面团;1℃~3℃下低温发酵12~24h;

包油:将面团压成长方形面片,将冷冻的奶油在面片上铺一薄层,然后用三折法折起;

成型:折叠后的面团静置20min压片,切成10cm×10cm的正方形,每块中间包入一小块奶油馅料,对角拉起折向中间成花瓣形,放置烤盘上;温度35℃,相对湿度80%,醒发30min。醒发后,表面刷一层蛋液,增加面包的光泽;

焙烤:175℃~180℃下烤10~15min;

装饰:面包冷却后可在表面撒一层糖粉。

二、饼干加工

1.饼干加工工艺流程

饼干加工的基本工艺流程

原辅料预处理→ 面团的调制 → 辊轧 → 成型 → 焙烤 → 冷却 →包装

但各种不同类型的饼干生产工艺差别较大,在此主要介绍韧性饼干、酥性饼干、发酵饼干的生产工艺流程。

(1)韧性饼干加工工艺流程

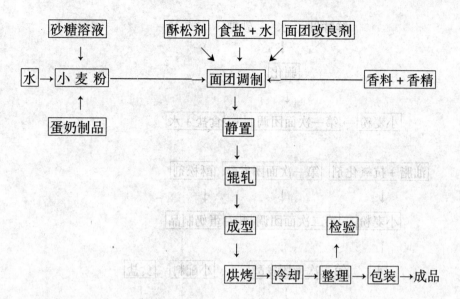

（2）酥性饼干加工工艺流程

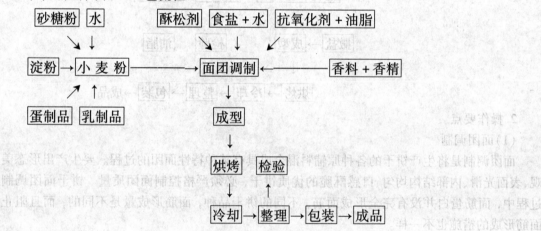

（3）发酵饼干加工工艺流程图

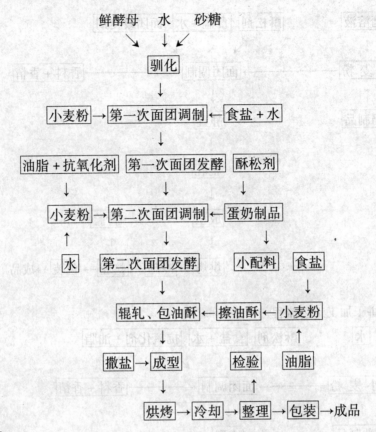

2. 操作要点

（1）面团调制

面团调制是将生产饼干的各种原辅料混合成具有某种特性面团的过程。要生产出形态美观、表面光滑、内部结构均匀、口感酥脆的优质饼干，必须严格控制面团质量。饼干面团调制过程中，面筋蛋白并没有完全形成面筋，不同的饼干品种，面筋形成量是不同的，而且阻止面筋形成的措施也不一样。

①酥性面团的调制

酥性面团是用来生产酥性饼干和甜酥饼干的面团。要求面团有较大的可塑性和有限的黏弹性，面团不黏轧辊和模具，饼干坯应有较好的花纹，焙烤时有一定的胀发率而又不收缩变形。要达到以上要求，必须严格控制面团调制时面筋蛋白的吸水率，控制面筋的形成，主要注意以下几点：

配料次序：调制酥性面团，在调粉操作前将除面粉以外的原辅料混合成浆糊状的混合物，这称为辅料预混。对于乳粉、面粉等易结块的原料要预先过筛。

面团调制时间和面团成熟度判断：一般来说，油、糖少，水多的面团，调制时间短（12～15min），反之油、糖大，用水少的面团，调制时间长（15～20min）。在酥性面团调制过程中，要不断用手感来鉴别面团的成熟度。即从调粉机中取出一小块面团，观察有无水分及油脂外露。如果用手搓捏面团，不黏手，软硬适中，面团上有清晰的手纹痕迹，当用手拉断面团时，感觉稍有连接力，两拉断的面头不应有收缩现象，则说明面团的可塑性良好，已达到最佳程度。

糖、油:在糖、油较多时,面团的性质比较容易控制,但有些糖、油量比较少的面团调制时极易起筋,要特别注意操作,避免搅拌过度。

加淀粉与头子量:为了不使面团面筋形成过度,头子掺入面团中的量要严格控制,一般只能加入 1/8 ~ 1/10。如果面团筋力十分脆弱,面筋形成十分缓慢时,加入头子可以增强面团强度,使操作情况改善。

面团温度:严格控制面团温度,一般用水温来控制温度。酥性面团的调粉温度一般控制在 22℃ ~28℃ 左右,而甜酥饼干面团温度在 20℃ ~25℃。夏季气温高,可用冷水调制面团。

静置时间:面团调制好后,适当静置几分钟到十几分钟,使面筋蛋白水化作用继续进行,以降低面团黏性,适当增加其结合力和弹性。若调粉时间较长,面团的黏弹性较适中,则不进行静置,立即进行成型工序。面团是否需静置和静置多少时间,视面团调制程度而定。

②韧性面团的调制

韧性面团是用来生产韧性饼干的面团。这种面团要求具有较强的延伸性和韧性、适度的弹性和可塑性、面团柔软光润,强度和弹性不能太大。

面团的充分搅拌:要达到韧性面团的上述要求,调粉的最主要措施是加大搅拌强度,即提高机器的搅拌速度或延长搅拌的操作时间。

投料顺序:韧性面团在调粉时可一次性将面粉、水和辅料投入机器搅拌,但也有按酥性面团的方法,将油、糖、蛋、奶等辅料加热水或热糖浆在和面机中搅匀,再加入面粉。如果使用改良剂,则应在面团初步形成时(约 10min 后)加入。由于韧性面团调制温度较高,疏松剂、香精、香料一般在面团调制的后期加入,以减少分解和挥发。

淀粉的添加:调制韧性面团,通常添加一定量的淀粉。有助于缩短调粉时间,增加可塑性外,在韧性面团中使用,使面团光滑,降低黏性。

加水量的掌握:韧性面团通常要求面团比较柔软。加水量要根据辅料及面粉的量和性质来适当确定。一般加水量为面粉的 22% ~28%。

面团温度:面团温度直接影响面团的流变学性质,韧性面团温度在 38℃ ~40℃。面团的温度常用加入的水或糖浆的温度来调整,冬季用水或糖浆的温度为 50℃ ~60℃,夏季 40℃ ~45℃。

面团调制时间和成熟度的判断:韧性面团的调制,不但要使面粉和各种辅料充分混匀,还要通过搅拌,使面筋蛋白与水分子充分接触,形成大量面筋,降低面团黏性,增加面团的抗拉强度,有利于压片操作。另一方面通过过度搅拌,将一部分面筋在搅拌桨剪切作用下不断撕裂,使面筋逐渐处于松弛状态,一定程度上增强面团的塑性,使冲印成型的饼干坯有利于保持形状。韧性面团的调制时间一般在 30 ~35min。

面团静置:为了得到理想的面团,韧性面团调制好后,一般需静置 10min 以上(10 ~30min),以松弛形成的面筋,降低面团的黏弹性,适当增加其可塑性。另外,静置期间各种酶的作用也可使面筋柔软。

③发酵饼干面团调制和发酵

发酵饼干是采用生物发酵剂和化学疏松剂相结合的发酵性饼干,具有酵母发酵食品的特有香味,多采用 2 次搅拌、2 次发酵的面团调制工艺。

面团的第一次搅拌与发酵:将配方中面粉的 40% ~50% 与活化的酵母溶液混合,再加入调节面团温度的生产配方用水,搅拌 4 ~5min。然后在相对湿度 75% ~80%、温度 26℃ ~

28℃下发酵4~8h。发酵时间的长短依面粉筋力、饼干风味和性状的不同而异。

第二次搅拌与发酵:将第一次发酵成熟的面团与剩余的面粉、油脂和除化学疏松剂以外的其他辅料加入搅拌机中进行第二次搅拌,搅拌开始后,缓慢撒入化学疏松剂,使面团的pH值达7.1或稍高为止。搅拌时间一般4~5min,使面团弹性适中,用手较易拉断为止。第二次发酵又称后续发酵,主要是利用第一次发酵产生的大量酵母,进一步降低面筋的弹性,并尽可能的使面团结构疏松。一般在28℃~30℃发酵3~4h即可。

(2)饼干成型

对于不同类型的饼干,成型前的面团处理也不相同。如生产韧性饼干和发酵饼干一般需辊轧或压片,生产酥性饼干和甜酥饼干一般直接成型,而生产威化饼干则需挤浆成型。

①面团的辊轧

韧性饼干面团一般采用包含9~13道辊的连续辊轧方式进行压片,在整个辊轧过程中,应有2~4次面带转向(90°)过程,以保证面带在横向与纵向受力均匀。韧性面团一般用油脂较少,而糖多,所以面团发黏,为了防止黏辊,在辊轧时通常均匀的撒上面粉,不可过多,以免引起面带变硬,造成产品不够疏松及烘烤时起泡的问题。韧性饼干的辊轧示意图如图2-13所示。

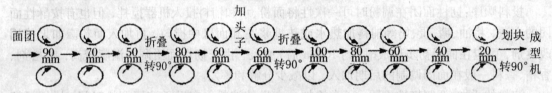

图2-13 韧性饼干的辊轧过程

对发酵饼干面团多采用往返式压片机,这样便于在面带中加入油酥,反复压延。发酵饼干面团的每次辊轧的压延比不宜过大,一般控制在1:2~1:2.5之间,否则,表面易被压破,油酥外露,饼干膨发率差,颜色变劣。发酵饼干面团的压延过程如图2-14所示。

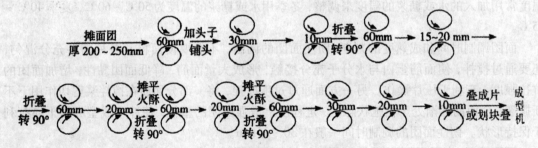

图2-14 发酵饼干的辊轧过程

②成型

饼干成型方式有冲印成型、辊印成型、辊切成型、挤浆成型等多种成型方式。对于不同类型的饼干,成型方法也各不相同。

冲印成型:冲印成型是一种古老而且目前仍广泛使用的饼干成型方法。它的优点是能够适应多种大众产品的生产,如粗饼干,韧性饼干,发酵饼干等。其动作最接近于手工冲印动作,对品种的适应性广,凡是面团具有一定韧性的饼干品种都可用冲印成型。冲印成型机有旧式的间歇式冲印成型机和较新式的摆动冲印成型机。

辊印成型：上方为料斗，料斗的底部是一对直径相同的喂料辊和模具辊。喂料辊表面是与轴线相平行的沟槽，以增加对面团的携带能力，模具辊上装有使面团成型的模具。两辊相对转动，面团在重力和两辊相对运动的摩擦力作用下不断填充到模具辊的模具中。在两辊中间有一紧贴模具辊的刮刀，可将饼干坯上超出模具厚度的部分刮下来，即形成完整的饼干坯。当嵌在模具辊上的饼干坯随辊转动到正下方时，接触帆布传送带和脱模辊，在饼干坯自身重力和帆布摩擦力的作用下，饼坯脱模。脱了模的饼坯由帆布传送带输送到烤炉的钢丝网带上进入烤炉。这种设备只适用于配方中油脂较多的酥性饼干和甜酥饼干，对有一定韧性的面团不易操作。

辊切成型：辊切成型是综合冲印成型及辊印成型两者的优点，克服其缺点设计出来的新的饼干成型工艺。它的前部分用的是冲印成型的多道压延辊，成型部分由印花辊、切割辊及橡胶辊组成。面带经前几道辊压延成理想的厚度后，先经花纹辊压出花纹，再在前进中经切割辊切出饼坯，然后由斜帆布传送带送走边料。橡胶辊主要是印花及切割时作垫模用。这种成型方法由于它是先压成面片而后辊切成型，所以具有广泛的适应性，能生产韧性、酥性、甜酥性、发酵等多种类型的饼干，是目前较为理想的一种饼干成型工艺。

（3）饼干的焙烤、冷却与包装

①焙烤

饼干焙烤的主要作用是降低产品水分，使其熟化，并赋予产品特殊的色、香、味和组织结构。在工业化生产中，饼干的焙烤基本上都是使用可连续化生产的隧道式烤炉。整个隧道式烤炉由5或6节可单独控制温度的烤箱组成，分为前区、中区和后区3个烤区。前区一般使用较低的焙烤温度，为160℃～180℃，中区是焙烤的主区，焙烤温度为210℃～220℃，后区温度为170℃～180℃。

韧性饼干一般采用低温长时焙烤。酥性饼干常采用高温短时焙烤。发酵饼干进入烤炉中区后，要求面火逐渐增加而底火逐渐减弱，这样可使饼干膨胀到最大限度并将其体积固定下来，以获得良好的产品。

②冷却、包装

刚出炉的饼干表面温度在160℃以上，中心温度也在110℃左右，必须冷却后才能进行包装。冷却通常是在输送带上自然冷却，也可在输送带上方用风扇进行吹风冷却，但不宜用强烈的冷风吹，否则饼干会发生裂缝。饼干冷却至30℃～40℃即可进行包装、储藏和上市出售。

三、糕点加工

1. 糕点加工工艺流程

原料的选择与配比→ 面团（糊）的调制 → 成型 → 熟制 → 冷却 → 装饰 →成品

2. 操作要点

（1）原料选择与配比

糕点原料按其工艺性能可分为以下几组：干性原料（包括面粉、奶粉、淀粉、发酵粉、砂糖、可可粉等）、湿性原料（鸡蛋、牛奶、水）、强性原料（面粉、鸡蛋、牛奶）和弱性原料（糖、油、发酵粉）。

（2）面团（糊）的调制

按一定次序投料后，通过搅打、翻拌或搅拌的方式将原辅料混合，调制成所需的面团或面浆料。糕点制作所需面团大致可分为酥性面团、韧性面团、塑性面团和面浆四大类。

酥性面团不形成面筋或仅形成少量面筋,调制时先将油、糖、蛋、疏松剂等调成乳状液,再拌入面粉,调制只进行翻拌,不进行揉和,且调制时间尽量短,调成的面团,内质疏松,宜硬不宜软,手握成团。

塑性面团介于以上两者之间,这种面团要求形成一定数量的面筋,既要有一定的韧性,又需良好的可塑性。

蛋糕、长寿糕的制作一般都使用面浆料,调制时先将蛋液和砂糖放入打蛋机中搅打,当体积增大到原体积的 1.5~2.0 倍时再加入面粉,慢速搅拌,拌匀即可,尽量避免面筋的形成。糕点制作中,面团或面浆调制的关键是面筋形成的多少。

(3)成型

糕点成型方法主要有手工成型、机械成型和印模成型。

手工成型比较灵活,可以制成各种各样的形状,所以糕点制作仍以手工成型为主,手工成型又包括多种手法,如搓、捏、擀和挤注成型等。

机械成型是在手工成型的基础上发展起来的,是传统糕点的工业化,目前西式点心中机械成型的品种较多,中式糕点机械成型相对较少。常见的糕点机械成型方式主要有压延、切片、浇模、辊印、包馅等。印模成型是借助于木制的或铁制的模具,使制品具有一定的外形或花纹。木制模具一般用于蒸制成熟产品,铁制模具一般用于焙烤成熟的产品。

(4)熟制

熟制的方法主要有焙烤、油炸和汽蒸。其中以焙烤最为普遍,在此主要介绍焙烤技术。

焙烤是把成型的糕点生坯,送入烤炉内,经过加热使产品烤热定形,并具有一定的色泽。焙烤熟制的关键是控制好炉温和时间。焙烤温度和时间的选择应根据糕点配料、饼坯的大小、厚薄、含水量的多少,以及烤炉的性能在实践中进行摸索。

焙烤糕点应根据品种选择不同的炉温,常用的炉温有以下三种:

①低温:小于170℃,主要适宜烤制白皮类、酥皮类、水果蛋糕等糕点。产品要保持原色。

②中温:在170℃~200℃之间的炉温,主要适宜于烤制大多数蛋糕、甜酥类及包馅类等糕点。产品要求表面颜色较重,如金黄色。

③高温:是200℃~240℃之间的炉温,主要适宜于烤制酥类,部分蛋糕及其他糕点的一部分品种等。产品要求表面颜色很重,如枣红色或棕褐色。

一般而言,炉温越高,所需焙烤时间越短;炉温越低,所需焙烤时间越长。糕体越大或越厚,焙烤时间越长;糕体越小或越薄,焙烤时间越短。蛋糕大小、焙烤温度、时间的关系见表2-10。

表2-10　　　　　　　　蛋糕大小、焙烤温度、时间的关系

蛋糕重量(g)	炉温(℃)	焙烤时间(min)	上下火控制
<100	200	12~18	上下火相同
100~450	180	18~40	下火较上火大
450~1000	170	40~60	下火大,上火小

(5)冷却

糕点熟制结束时,温度和水分含量都较高,需要在冷却过程中挥发水分和降温,才能保

持正常的形态,大多数品种冷却到35℃~40℃进行包装。有些需要装饰的糕点出炉后,先在烤盘内冷却10min,取出继续冷却1~2h,然后再加奶油或巧克力等装饰。另外,还有些糕点(如海绵蛋糕)出炉后应马上翻转使表面向下,以免遇冷而收缩。

(6)装饰

许多糕点在包装前需要进行装饰,能使糕点更加美观度,增加风味和品种。常用的装饰方法有色调装饰、裱花装饰、馅料装饰、表面装饰和模型装饰。装饰需扎实的基本功,熟练精湛的技术,同时还涉及到审美情调和艺术想象力。

3.糕点的生产实例

(1)清蛋糕

①配方:面粉0.7kg;白糖0.75kg;鸡蛋1.0kg;淀粉0.05kg。

②工艺要点

打糊:蛋液与糖一起在打蛋机中打15min;

拌粉:将过筛的面粉与淀粉混合均匀后,慢慢加入打好的蛋糊中,轻轻搅到看不到生粉为止;

装模、焙烤:将调好的蛋糕糊倒入涂过油的烤模中,用180℃炉温焙烤15~20min;

冷却、包装:出炉稍冷却后脱膜、冷却、包装。

(2)油蛋糕

①配方:鸡蛋1kg;人造奶油1kg;面粉1kg;白糖1kg;酒石酸氢钾0.004kg;小发酵0.002kg。

②工艺要点

打糊:将人造奶油和糖在打蛋机中搅打10min,将蛋液分三次加入,每次继续搅打3min;

拌粉:将过筛后的面粉加入,再搅打1min;

装模、焙烤:装模后,在180℃炉温焙烤40min;

冷却、包装:出炉稍冷后,脱膜、冷却、包装。

(3)杏仁蛋糕

杏仁蛋糕是一种松脆性蛋糕,其特点是不含面粉,由杏仁粉和鸡蛋清制成坯料(不含面粉),中间再夹层奶油膏而成。

①配方:坯料:杏仁粉1kg;鲜鸡蛋1kg;白砂糖1kg;

　　　　奶油膏料:鲜鸡蛋0.25kg;鲜奶油0.25kg;白砂糖0.85kg;香草粉10g;人造奶油1.6kg;杏仁粉0.6kg;老姆酒0.75kg。

②工艺要点

鲜蛋白与糖在打蛋机中搅打胀发后,慢慢加入杏仁粉,搅匀,浇在铁盘上,焙烤成松软的约3mm的薄片,切成正方形糕坯,每3片糕坯中夹二层油膏(每层厚约1cm),糕表面再撒少许杏仁粉或巧克力浆,稍加装饰即成。

(4)蛋白裱花蛋糕

蛋白裱花蛋糕是一种在蛋糕坯表面刮上蛋白浆,然后裱上文字和图案的蛋糕。

①配方:糕坯:面粉3.5kg;鸡蛋4.75kg;白砂糖2.5kg;饴糖1.5kg;

　　　　蛋白浆:蛋清0.65kg;白砂糖3.75kg;琼脂0.025kg;橘子香精5ml;柠檬酸7.5g;水约3.5kg。

②工艺要点

制作糕坯:将鸡蛋、白砂糖、饴糖一起放于打蛋机中打搅打至乳白色后,轻轻加入过筛后的面粉,拌匀至无生粉为止。将蛋糕糊加入涂过油的有底的圆形铁皮烤模中(若无底铁皮模,则需在底部包一张牛皮纸),蛋糊高度约为模高的一半。用200℃左右炉温焙烤蛋糕至熟,出炉,冷却。

制蛋糕浆:用0.025g琼脂与水入锅中煮,过滤后,即加入白砂糖3.75kg,继续煎熬至能拉出糖丝即可。另外,将蛋清搅打至乳白色后,倒入熬好的糖浆中,继续搅拌至蛋白浆能挺住而不下塌为止,加入橘子香精、柠檬酸拌匀。

蛋糕裱花:将烤好的蛋糕表面焦皮削去,再一剖二,成为两个圆片,糕坯呈鹅黄色,内层朝上,其厚薄度根据需要而定。在二层糕坯中间夹一层厚5mm的蛋白浆,舀一勺蛋白浆在糕坯上,用长刮刀将蛋白浆均匀地涂满糕坯表面和四周,要求刮平整。将蛋糕碎片放于30目筛内,用手擦成碎屑,左手托起蛋糕,略倾斜,右手抓一把糕屑,均匀地沾满蛋糕四周,要避免糕屑落到糕面上,将裱头装入绘图纸(或牛皮纸)制成的角袋中,然后灌入蛋白浆,右手捏住,离裱花3.3cm处,根据需要裱成各种图案。

四、中式点心实例

1.光酥

(1)配方

富强粉30kg;白糖粉、水各11.5kg;冰鸡蛋3kg;奶粉1.5kg;发酵粉750g。

(2)工艺要点

①和面:面粉置于台板上开塘,发酵粉撒在面粉上,再加入糖粉,奶粉,冰鸡蛋和水,在塘内拌匀后,倒塘揉成面团。

②成型:面团搓成圆条形,按品种不同可分为大光酥和小光酥。大光酥面条较粗,按每块质量45g(每千克大光酥24只)的要求搓条分切;小光酥按每千克120块的要求搓条分切。分切(或称分摘)后,揿扁成土坯。

③烘烤:生坯表面撒粉,清除浮粉后码盘,入炉烘烤,温度为150℃左右。烘熟的成品呈浮白色,无黑焦。

产品色浮白,无光泽,形圆,表面拱形,入口酥软,奶味浓郁。

2.常州马蹄酥

(1)配方(制200只)

上白面粉4.8kg;绵白糖2.05kg;酵种25g;饴糖25g;食碱10g;豆油1.95kg。

(2)工艺要点

①将面粉(1.8kg)放入面缸,酵种撕碎后放入。把绵白糖(350g)、豆油(350g)分放在面粉的两边,倒入开水500g,拌和揉成油糖面团。再将食碱(5g)用25g热水溶化后倒入,反复劲揉匀,划开透气,5~6min后仍揉和到一起,制得糖油面约3kg。

②将食碱(5g)用25g热水溶化后倒入面缸,再放入面粉(3kg)、绵白糖(1.6kg)、(豆油1.6kg)拌和,搓匀即成糖油酥6.2kg。

③将糖油面搓成长条,摘剂子200只(每只重15g),揿扁成边薄中厚的圆形皮子,每只包入糖油酥(31g),收口捏拢,揿扁后用擀棰成直径约6.7cm的酥坯。然后在酥坯正面刻上

马蹄印,将饴糖用热水 75g 稀释后,涂刷在酥坯面上,待桶炉烧热,将酥坯底面抹少许清水贴入炉中(每炉可贴 100 只),炉口上盖一水钵,用微火烘烤。4min 后,端去水钵,将绵白糖(50g)撒入水中,覆盖水钵(不使漏气),同时用湿布塞住桶炉风口,焖约 3min。待炉内糖烟消散、热气冒出时,端去水钵,出炉即成。

本品呈金黄色,酥软微脆、香甜盈口、油而不腻,为常州地方特色点心,是馈赠亲友的佳品。

3. 京式核桃酥

(1)配方

特制粉 48kg;鸡蛋 4.5kg;白砂糖 23kg;熟猪油 24kg;桂花 2.5kg;核桃仁 5kg;碳酸氢氨和水适量。

(2)工艺要点

①调制面团:方法与油酥类其他品种基本相同,但需注意加入熟猪油后充分搅拌。调制面团的水应一次加足,若面团过硬,只能用油调节,不能加水,以防面团上劲。若面团软时,可放置一会,不宜加面,使其自行调整后再用。另外应注意操作环境及面团的温度,一般控制在 20℃ 左右,夏季制作更应迅速,以防止面团"走油"。

②成型:将和好的面团分别切成长方条状,再顺长滚成长圆条,切成均匀小面剂。依次将面剂放入模内压严压实,用刀削去多余部分,倒出,即可码入烤盘。应轻拿轻放,防止走形。

③烤制:将盛有生坯的烤盘入炉烘烤,入炉温度 170℃~180℃,出炉温度 210℃~230℃,烤制 12min 既可出炉。烤至成品裂纹无白色,稍有黄色即熟。

④冷却:出炉后成品应充分冷却,以防制品内部余热未尽而造成碎裂。

本产品表面为深麦黄色、扁园形、松酥、油润清香、有核桃香味。

4. 苹果馅饼

(1)配方

面粉、糖各 300g;苹果 150g;猪油 100g;鸡蛋 2 只;淀粉、黄油各 15g;玉桂粉 2g。

(2)工艺要点

①先将鸡蛋打碎,放入盘中,加入糖和猪油,搅匀,倒入干面粉中,轻轻翻揉成面团。然后切下一半面团,用擀面杖擀成薄饼,覆在馅饼盘中。

②削除苹果皮,去核切成小薄片。托盘上炉,加少许黄油,放入苹果片,加一些糖和玉桂粉,翻炒,加少许水煮。然后用湿淀粉勾芡,做成苹果馅,倒入馅饼盘中铺好。

③将另外一半面团也擀成薄饼,覆盖在苹果馅上,修整一下,用夹子在馅饼周围夹出图案,在馅饼表面涂上一层鸡蛋液。可将修整下的面团边脚料做成薄饼,裁成菱形图案贴在馅饼表面,再涂上一层鸡蛋液,然后将馅饼送入烤箱烤上 20min 左右即可。

产品外脆内软、甜酸适口。

5. 酒香月饼

(1)配方

皮面:上白粉 20kg;精炼猪油 9kg;饴糖 2kg;陈年加饭酒 2kg。

油酥:上白粉 9kg;精炼猪油 4.5kg。

馅料:熟上白粉 10kg;白糖粉 28kg;炒糯米粉 2kg;精炼猪油 5kg;松子仁 2kg;陈加饭酒 3kg。

(2)工艺要点

①和面:先将精炼猪油、饴糖、热水加入和面机搅拌,然后放入白粉,最后放入陈加饭酒搅拌

均匀。热水需分几次加入,皮面需达到白色、筋力大并具有弹性,软硬度需与馅心相适应。

②擦酥:先将上白粉放入和面机内,再加入精炼猪油擦拌均匀,使之充分混合,使面粉的颗粒浸透油脂。

③包酥:将皮面与油酥各分成相等块,油酥逐一包入皮面,用小擀面筒擀长,再从右向左对叠,从上到下卷拢,反复几次。用手掌按成薄饼形,即可包馅。

④制馅:先将糖、油放入搅拌机搅拌,后加辅料和熟糯米粉,水需分次加入,到基本拌匀时再加入陈年加饭酒。

⑤成型:将饼皮揿扁,包入馅心,收成圆口,揿成圆鼓形,在收口处贴上小方形毛边纸。

⑥烘烤:旺火烘烤,炉火均匀。烤至底面金黄色、饼坯边壁呈乳白色而松发时出炉冷却。

(3)本品质量标准:

①形态:呈扁鼓形,不露馅,不跑糖,收口在中央,盖印贴纸在正中并清楚。

②色泽:表面金黄色或棕黄色,油润,周边浅黄或略白,无发表现象,底面色泽一致。

③组织:皮酥光洁,层次清楚,皮层厚度均匀,果料大小适宜,分布均匀,无糖粒、粉块。

④口味:皮层松酥油润,酒香浓郁,内外软度适宜,不黏牙,无异味。

6. 苏八件

(1)配方

皮料:特制小麦粉18kg;猪油5kg。

油酥:特制小麦粉10kg;猪油5kg。

馅料:小麦粉32kg;绵白糖18kg;植物油12.8kg;鸡蛋3.5kg;小苏打0.5kg左右;饴糖1.6kg。

饰面料:白砂糖5kg;红绿瓜或青梅干2kg。

(2)工艺要点

①配料:按所核定的原料,将皮料、酥料、馅料等分别称重。

②面团调制:按水油面团及油酥面团调料法调制。

③包酥(塌酥):将面团皮料包入酥料,揿扁,分别擀成长薄饼,将两端切除(可见到酥层)。将切除的两端贴在薄饼两边,中间分划两块,由中间向两边卷。

④包馅:将制成的皮酥料按需要分成均匀的小块,逐个包入馅心料。

⑤成型:将包入馅料的坯子按压成扁平圆形,用刀在圆坯上通过圆心均匀切10刀,刀深为坯厚的一半左右,即为菊花酥;如用剪刀在坯子周围剪成7~8瓣,再将各瓣向上翻转90°,稍压平即为荷花酥;如将坯子搓圆,将一半压成扁铲刀状,用刀在上面切成10余条"指条"状,即为佛手酥;如将坯子按成正方形,在四角处沿对角线方向切成四个口子,注意切刀不要穿过中心,即为四角酥;如将坯子捏成圆包子形状,用刀通过圆心均匀切入4~6刀,即为百合酥;如将坯子压成长方形,两边同时向里折六层,最后并在一起,成为上下两层,再横切成薄片,即为蝴蝶酥;将坯子压成长条,纵向切成两半,然后盘成圆饼状,即为盘香酥。还可做成各种形态的花样,最后在表面撒压上一层面糖和红绿瓜作为装饰,分别盛入烤盘。

⑥烘烤:用小火(即文火),约180℃左右烘烤10min左右,冷却至室温即可包装。

(3)本品质量标准:

①形态:皮面不裂纹,馅心外露清晰。

②色泽:皮及面糖呈乳白色,外露馅心呈棕黄色。

③组织:酥层清晰,无糖块粉粒,微孔均匀,无杂质。

④口味:酥松爽口,无异味。

7. 广式月饼

(1)配方

皮料(10kg):富强粉 5kg;糖浆 4~4.2kg;花生油 1.2kg;碱水 80~90g;

糖浆配方:白砂糖 3.25kg;清水 1.13~1.3kg;柠檬酸 1.7~2.3g;

碱水配方:碱粉 16.9g;小苏打 2g;开水 69.5g。

饰面料:鸡蛋液 200~1500g。

馅料:

①莲蓉月饼(莲蓉馅约 53kg):

a. 红莲蓉:莲子 17kg;白砂糖 25.6kg;花生油 5.12kg;碱水 940g;猪油 4.29kg。

b. 白莲蓉:莲子 11.6kg;白砂糖 34.8kg;猪板油 2.3kg;花生油 3.48kg;碱水 780g。

②玫瑰豆沙月饼(玫瑰豆沙约 43kg):赤豆 14.3kg;白砂糖 20.1kg;花生油 7.33kg;糖玫瑰 1kg;碱水 140g。

③五仁甜肉月饼(五仁甜肉馅约 42.4kg):糖渍肥肉 15kg;白砂糖、南杏仁、瓜子仁、糖冬瓜各 2.5kg;核桃仁、芝麻、清水各 2kg;榄仁、熟糯米粉各 4kg;糖橘饼、糖玫瑰、花生油各 1kg;汾酒 400g。

④榄仁莲蓉肉月饼(榄仁莲蓉馅约 53.2kg):莲蓉 39.5kg;榄仁 1.5kg;熟冰肉、糖冬瓜粒各 1kg。

⑤蛋黄莲蓉月饼(蛋黄莲蓉馅约 53.2kg):莲蓉 48.4kg;咸蛋黄 384 只。

⑥豆沙肉月饼(豆沙肉馅约 43kg):豆沙 39.5kg;熟冰肉 2.6kg;糖冬瓜粒 1kg。

⑦榄仁豆沙肉月饼(榄仁豆沙肉馅约 43kg):豆沙 39.5kg;榄仁 1.54kg;熟冰肉、糖冬瓜各 1kg。

⑧豆蓉肉月饼(豆蓉肉馅约 43kg):豆蓉 39.5kg;熟冰肉 2.6kg;糖冬瓜 1kg。

⑨烧鸡月饼(烧鸡馅约 42.3kg):烧鸡(净肉)4kg;糖渍肥肉 14kg;熟芝麻南杏仁各 1.3kg;核桃仁、瓜籽仁各 2kg;白砂糖 3.83kg;精盐、白酒、芝麻油各 167g;糖橘饼 500g;榄仁 3.3kg;北茹 1kg;胡椒粉 16.7g;柠檬叶 33g;红色甜姜 333g;花生油 833g;熟糯米粉 4.83kg;味精 6.7g;清水 2.33kg。

⑩金腿月饼(金腿馅约 50.9kg):金华火腿(净肉)4.84kg;糖渍肥肉 16.9kg;熟芝麻、南杏仁各 2kg;核桃仁 3.22kg;瓜籽仁 2.4kg;胡椒粉 20g;白酒、芝麻油、食盐各 200g;熟糯米粉 5.83kg;花生油 1kg;糖橘饼 603g;白砂糖 4.62kg;榄仁 4kg;柠檬叶 40g;味精 8g;清水 2.8kg。

(2)工艺要点

①制糖浆:先将清水的 3/4 倒入锅内,加入白砂糖煮沸 5~6min,再将柠檬酸用少许水溶解后加入糖溶液中。如果糖溶液沸腾剧烈,要将剩余的清水逐渐加入锅内,以防止糖液溅泻。煮沸后改用慢火煮 30min 左右,煮至剩下的糖液约 4kg 即成月饼糖浆,贮放 15~20 天后才能使用。

②制碱水:取碱粉 16.9g,加入小苏打 2g,用开水 67.5g 溶解,冷却后使用。

③制皮面:将面粉放在台板上围成圈,放入糖浆和碱水,充分混合后再加入花生油,然后徐徐加入面粉,揉搓成细腻发暗的软性面团。面团要在 1h 内成型完毕。

④制馅:按不同品种配制成馅。

⑤成型:南北各地制作广式月饼方法基本大致相同。在包馅时,除馅心配方略有不同外,皮馅比例也有差异,如广东制品的皮馅比例为1:(4~6),沪式制品为1:(1.6~1.8),滇式制品为1:1.2,京式制品为1:1.45,东北各地制品为1:0.88。

成型方法是按每千克(2~8)~(12~24)个取量。先将饼皮压成扁圆薄片,然后放入馅心,揉圆收口朝下,装入特制的木模印内或已加热的铜模内(模印上刻有产品名称,模内先刷层油)用手轻轻压实,再用木模敲击台板,脱模(铜模可在烘烤后脱膜)。生坯上烤盘,准备烘烤。

⑥烘烤:生坯表面刷一层清水,入炉(炉温150℃~160℃)烤5min左右,待饼面呈微黄色后取出刷上鸡蛋液,再入炉烘烤15min左右,如饼面呈金黄色,腰面呈象牙色即成。若炉温200℃,烘烤13min,若炉温250℃,烘烤10min。

(3)本品质量标准

①外形:圆整饱满,纹印清晰不模糊,四周饼腰微凸,饼面不凹缩,没有毛边、爆裂、漏馅等现象。

②色泽:饼面棕黄色,金黄油润,圆边象牙色泽(乳黄色),底部棕黄而不焦黑。

③组织:皮馅厚薄均匀,馅料中的肉膘、果料、蜜饯大小均匀、软硬适度,皮馅紧贴。

④口味:皮质松软、爽口不腻,无膻哈味,具有各品种的特色风味。

任务3 蒸煮制品

本任务是以小麦粉为主要原料,通过蒸煮手段加工成熟的工艺和操作要点。主要包括馒头、水饺、挂面和方便面等。

任务实施

一、馒头加工

1. 馒头的加工工艺流程

馒头的生产主要有手工操作、半机械化操作、机械化操作等几种方式,馒头生产方式不同其所用的工艺也不同。常见的馒头加工方法有以下几种。

(1)直接成型法

配料→ 面团调制 → 成型 → 醒发 → 蒸制 → 冷却 →包装

直接成型法是一次性将原辅料投入调粉机,搅拌调成面团,直接成型醒发,通过蒸制、冷却获得成品。直接成型法的优点:①生产周期短,效率高;②劳动强度低,操作简单;③面团黏性小,有利于成型。不足之处:①酵母用量较大,醒发时间较长;②面筋扩展和延伸不够充分,产品口感较硬实;③占用醒发设备较多,设备投资增大。

(2)一次发酵法

配料(大部分面粉、全部酵母和水)→ 第一次面团调制 → 面团发酵 → 第二次面团调制

→ 成型 → 醒发 → 蒸制 → 冷却 →包装

一次发酵法是将大部分面粉和全部的酵母和水调制成软质面团,在较短的时间内完成发酵,加入剩余面粉和其他辅料,面团调制后成型、醒发。一次发酵法的优点:①面团经过发酵其性状达到最佳状态,面筋得到充分扩展和延伸,面团柔软,有利于成型和醒发;②生产出的产品组织性状好、不易老化、柔软细腻且体积较大;③生产条件比较容易控制,原料成本也较低。缺点:①生产周期较长,生产效率有所下降;②劳动强度增加,操作较为繁琐;③增加调粉机数量,投资加大。

（3）二次发酵法

配料→第一次面团调制→面团第一次发酵→第二次面团调制(加入剩余原辅料)→面团第二次发酵→成型→醒发→蒸制→冷却→包装

二次发酵法是将原辅料分两次加入并进行两次发酵。将60%的面粉和全部的酵母及水调成软质面团发酵以扩大酵母菌的数量,再加入剩余的面粉和其他辅料进行第二次面团调制、发酵,使面筋充分扩展,面团充分起发并增加馒头的香味,用此法生产出的馒头品质较好,但生产周期较长,劳动强度加大。

（4）老面发酵法

配料(酵头、部分原料)→ 面团调制 → 长时发酵 → 加碱等原辅料调粉 → 成型 → 醒发 → 蒸制 → 冷却 →包装

老面发酵法是用酵头作为菌种发酵的方法,其优点:①用酵头作为菌种发酵,节省了酵母用量,降低了原料成本;②产品具有传统馒头所具有的独特风味;③设备简单,发酵管理要求不高。缺点:①发酵时间长,成熟面团具有很浓的刺鼻酸味,需要加碱来中和有机酸;②发酵条件不固定,面团 pH 值较难控制。

2. 操作要点

（1）原料的选择与处理

原料是制作馒头的基础,原料准备的好坏对面团的调制、发酵、产品性状及卫生指标等均会产生较大的影响。

①面粉

面粉其蛋白质含量在 10% ~13%,筋力中等或偏强。面粉的处理一是根据季节变化进行调温处理,使之符合加工要求;二是通过安装了磁铁的筛网去除金属和其他杂质,混入大量空气,利于酵母生长繁殖。

②面肥

面肥的培养方法很多,如酵母接种法、自然通风培养法等。通常可以取剩下的酵面加水化开,加入一定量的面粉搅拌,在发酵缸内发酵成熟后即为面肥。面肥的使用量一般为 4% ~10%。

③酵母

通常使用的酵母主要有鲜酵母和活性干酵母两种。活性干酵母有两个品种:一种是低糖酵母,适合于糖与面粉比例低于 8% 的面团发酵;另一种是高糖酵母,适合于糖与面粉比例高于 8% 的面团发酵。鲜酵母活化时应先将酵母投入 26℃ ~30℃ 的温水中,加入少量的糖,将酵母在温水中搅匀,活化 20 ~30min,当表面出现大量气泡时,即可投入生产。

④水

水的硬度：8°~12°为好。过硬降低蛋白质溶解性，面筋硬化延迟发酵，增强韧性，口感粗糙干硬，易掉渣；过软便面筋柔软，面团水分过多，黏性增强，面包塌陷。

酸碱度：水的 pH 在 5~6 为好。碱性水抑制酶活性，延缓发酵，使面团发软；微酸有利发酵，过大也不适宜。

⑤食用碱

一般加碱量为面粉重量的 0.5%。

（2）面团调制

①面团调制的工艺要求

面团内不含生粉，软硬适宜，有弹性，表面光滑，揉时不黏手。

②面团调制的技术要求

调粉机搅拌缸的大小应与生产规模相符合，一般所调面团的体积占搅拌缸体积的 30%~60% 较为合适。调制馒头面团一般采用低速和中速搅拌，低速为 15~30r/min，中速为 60~80r/min。根据生产馒头的品种不同，选择不同的搅拌方式和不同的面团调制时间，一般面团调制时间为 10~15min。

面团调制时，即发活性干酵母可直接加入面粉中，鲜酵母和普通干酵母要先活化。加水量应根据面粉的筋力大小、面粉本身水分及对馒头品质的要求等来确定，一般加水量为面粉用量的 40%~50%，水温 25℃~40℃。

③面团调制应注意的问题

原料：小麦面粉要有一定的湿面筋含量，筋力中等或偏强。用水要符合饮用水标准，同时硬度、pH 值要满足面团调制要求，水温一般在 30℃左右。

面团调制时间：面团调制时间根据调粉机的种类而定，采用变速调粉机与非变速调粉机所用的面团调制时间有区别，前者一般需要 10~12min，后者需要 12~15min。

调粉设备：调粉机的选择要与生产规模相适应，搅拌缸的体积以及搅拌速度等均影响面团的调制效果。

（3）面团发酵

发酵通常是在发酵室内控制温度、湿度的条件下完成的。家庭或小作坊生产无专用的发酵室，可将面团放在适宜的容器中，盖上盖子，置于温暖的地方发酵。家庭中大多采用一次发酵法，工业化生产时多采用二次发酵法。发酵时面团温度控制在 26℃~32℃，发酵室的温度一般不超过 35℃，相对湿度为 70%~80%，发酵时间根据采用的生产方式以及实际情况而定。

（4）加碱中和

通常使用纯碱进行中和，使用量因面团发酵程度不同而异，酵面老加碱多，酵面嫩则加碱少。一般加碱量为干面粉重量的 0.5%，加碱量过多，成品硬而黄、体积小，有苦涩味；加碱量过少，成品发酸、发硬、体积小且颜色发暗。

（5）成型

馒头成型是指将发酵成熟的面团经过挤压揉搓，定量切割制成一定大小的馒头坯。通常有机械成型和手工成型两种方式。工业化生产大多采用成型机成型，家庭则一般采用手工成型。

（6）醒发

醒发是面团的最后一次发酵。通过醒发使整形后处于紧张状态的面坯变得柔软，面筋网络进一步扩展,面坯得以继续膨胀,其体积和性状达到最佳。

①醒发的工艺要点

醒发的操作是将馒头坯放在蒸盘上随蒸车送入醒发室进行醒发,或在醒发箱中醒发。醒发温度一般为38℃～40℃,相对湿度一般为80%左右,醒发时间的长短根据具体情况灵活掌握,一般采用直接成型工艺的醒发时间稍长,通常为50～80min,采用一次发酵或二次发酵工艺的醒发时间可以稍短,一般为10～20min。

②醒发程度及判断

一般以醒发到原坯体积的2～3倍为宜,北方馒头醒发程度可稍浅些,通常为原坯的1.5～2.5倍;南方馒头醒发程度可深些,一般为原坯的3倍左右。蒸制方式不同,醒发适宜程度的要求也会有所差别,若采用蒸锅蒸制,面坯膨胀较大,醒发程度可稍浅。

(7)蒸制

①蒸制的基本原理

蒸制是将醒发好的生馒头坯放在蒸屉或蒸笼内,在常压或高压下经蒸汽加热使其变成熟馒头的过程。馒头在蒸制过程中发生了一系列物理的、化学的及微生物学的变化:

温度变化:随着蒸制的进行,馒头的温度由外向内逐步升高,当馒头各部分的温度达到近100℃时,趋于稳定。

水分变化:蒸制过程中,水蒸气使馒头水分含量增加的趋势总体大于温度升高使馒头水分下降的趋势,因而在整个蒸制过程中,馒头水分有所增加。

体积变化:蒸制过程中,馒头体积增大,其增大速度随着温度的升高由快到慢,到蒸制后期逐步停止,馒头定形。

酸碱度变化:馒头在蒸制初期,由于酵母菌、乳酸菌、醋酸菌的存在,其pH呈下降趋势。随着温度的升高,酵母菌、乳酸菌和醋酸菌的活性下降以致消失,pH下降的幅度减小。

淀粉和蛋白质变化:随着温度的升高,淀粉逐渐吸水膨胀,当温度升至55℃时淀粉颗粒大量吸水至完全糊化。蛋白质变性凝固出现在温度为70℃～80℃左右时,馒头骨架的形成使馒头得到定型。而蛋白质水解产生的低分子肽、氨基酸等是馒头特有风味形成的重要因素。

微生物变化:馒头内部的酵母菌及乳酸菌,随着温度的升高其生命活动力呈现上升到下降,直至消失的变化过程。

结构变化:在发酵、醒发基础上蒸制使馒头形成气孔结构,随着蛋白质变性凝固,气体膨胀减弱,馒头内部的气孔结构趋于稳定。

风味产生:馒头特有的风味主要来源于蒸制过程挥发出来产生香味与淀粉水解形成的甜味、蛋白质水解产生的芳香味等共同构成了馒头特有的风味。

②蒸制设备

在工业化生产中蒸制设备主要有蒸柜与蒸车、自动蒸制机等;小作坊及家庭小规模生产中用蒸笼、蒸锅等。

蒸柜与蒸车:蒸柜又称蒸室、蒸箱,主要是由双层不锈钢箱体构成,双层间为岩棉,起保温作用。柜内的蒸汽由蒸汽管导入,蒸汽管上安装有控制蒸汽量的阀门和显示入柜蒸汽压力的气压表。蒸柜上面设有排气孔,通过阀门控制柜内蒸汽量。蒸柜的下面设有排水孔,用来排出冷凝水,同时压出凉空气。蒸车将醒发后的馒头载入蒸柜完成蒸制,它与馒头一起在蒸柜内汽蒸,一般是由不锈钢材料制成。蒸车的大小与蒸柜以及托盘相适应,一般以每车可承载 140g 的馒头 500~600 个为宜。

层叠式自动蒸制机:层叠式自动蒸制机属于馒头连续化生产蒸制设备,采用隧道式输送方式,在其他辅助装置的配合下,将生馒头从蒸制机的一端送入,通过蒸制室内汽蒸,熟馒头从另一端产出,输送至成品库。

③蒸制的工艺要点

家庭或小作坊制作大多是将醒发好的馒头坯摆放在笼屉内,用蒸锅内沸水产生的蒸汽蒸制。工业化生产则直接用蒸汽蒸制。

蒸锅蒸制:锅中加水烧开,水量以六至八成为宜;生馒头坯装笼,摆放时要为馒头蒸制过程中产生的膨胀留有余地。同时为保证馒头底部的完整性,可在笼片上涂上薄层食用油或加放湿笼布;蒸制时要始终保持一定的火力,做到足气蒸制,使馒头一次熟透,蒸制的时间因馒头大小而异,一般从冒汽开始计算大约蒸 15~20min,蒸制时间过长,馒头表面易起泡,颜色发暗;馒头蒸熟后笼屉要及时从蒸锅上取下,在常温下静置几分钟,当馒头表面干爽后将其从笼屉中取出,取出的馒头要摆放整齐,不可堆放,防止脱皮、变形。

汽蒸:通常采用的是先通蒸汽后进料的方式。先进行蒸柜检查准备。打开蒸汽阀门,使管道内的空气和冷凝水排出,检查喷气管通气情况;预热蒸柜并开启蒸柜顶端的排气阀门,排除蒸柜内空气,关闭蒸汽阀门,关小蒸柜顶端排气阀门。醒发好的馒头坯通过蒸车推入蒸柜,关好柜门,调节阀门使蒸汽压保持在要求的数值,蒸制时间为 20~30min,期间要随时检查蒸柜上下排气口排气是否正常。蒸制完成后关闭汽阀,打开柜门推出蒸车。

(8)冷却包装

冷却的目的是便于短期存放和避免互相黏连。另外,包装前若未经适当的冷却,包装袋和馒头表面由于温度高而附着小水滴,不利于保存。一般冷却至 50℃~60℃再行包装,此时馒头不烫手但仍有热度并保持柔软。一般小批量生产常用自然冷却的方法,气候不同冷却的时间也不同,通常在 20~30min 左右。工业化连续性生产馒头多用吸风冷却箱进行冷却。

(9)馒头生产中易出现的问题

①馒头的风味异常

通常馒头具有纯正的麦香发酵风味,无其他不良风味。面粉变质、水中异味、添加增白剂、面团发酵剂选择不好、面团酸碱度不当等均会使馒头风味异常。

②馒头口感不良

柔软而有筋力,弹性好,不发黏,内部有层次,呈均匀的微乳结构的馒头普遍受到欢迎。生产中由于小麦粉发芽、变质或蒸制不到位出现的馒头发黏无弹性现象以及由于酵母使用不当、加水过少、醒发不够、面团过酸等而导致的馒头过硬均使馒头的口感不良。

③馒头色泽不佳

馒头表面一般为乳白色,无黄斑,无暗点,有光泽且内外颜色一致。馒头色泽发暗、发黄、颜色不均等都会影响馒头品质。面粉等级不高、食用碱用量少、成型时缺少干面、醒发湿度过大等均可造成馒头成品色泽发暗,加碱量过大或加碱不均,会引起馒头发黄、颜色不均,有黄斑。醒发时湿度过大、醒发过度、汽蒸时压力过低等均会导致暗斑产生。

④馒头表面不光滑

优质馒头应表面光滑、无气泡。面团醒发时温度过高、湿度过大、醒发时间过长;加碱量少,面团软;蒸制时气压过高等均易造成面团表面起泡。

3. 小麦粉馒头的质量标准

（1）产品感官质量要求

①外观形态完整，色泽正常，表面无皱缩、塌陷、黄斑、灰斑、白毛和黏斑等缺陷，无异物。

②内部质构特征均一，有弹性，呈海绵状，无粗糙大空洞、局部硬块、干面粉痕迹及黄色碱斑等明显缺陷，无异物。

③口感要求无生感，不黏牙，不牙碜。

④滋味和气味要求具有小麦粉经发酵、蒸制后特有的滋味和气味，无异味。

（2）产品理化要求 见表2-11。

表2-11　　　　　　　　　　　小麦粉馒头的理化指标

项目	比容	含水量	pH 值
指标	≥1.7(ml/g)	≤45%	5.6~7.2

（3）产品卫生要求 见表2-12。

表2-12　　　　　　　　　　　小麦粉馒头的卫生要求

项目	总砷(以 As 计) (mg/kg)	铅(以 Pb 计) (mg/kg)	大肠菌群 (MPN/100g)	霉菌计数 (cfu/g)	致病菌
指标	≤0.5	≤0.5	≤30	≤200	不得检出

4. 主食馒头加工实例

（1）工艺流程

原料准备→ 面团调制 → 发酵 → 中和 → 成型 → 醒发 → 蒸制 → 冷却 →成品

（2）基本配方 面粉100%，面种10%，碱0.5%，水45%~50%。

（3）操作要点

① 面团调制

取70%左右的面粉放入调粉机中，加入大部分水（气温低用温水）和预先用少量温水调成糊状的面种，在调粉机中搅拌5~10min，至面团不黏手、表面光滑、有弹性，面团温度要求30℃左右。

② 发酵

将面团放入发酵缸中，并盖上湿布，在室温26℃~28℃、相对湿度75%左右的发酵室内发酵约3h，至面团内部蜂窝组织均匀、有明显酸味。

③ 中和

将已发酵的面团投入调粉机中，逐渐加入事先已溶解的碱水来中和发酵产生的酸。加入剩余的干面粉和水；搅拌10~15min，至面团成熟。

④ 成型

采用成型机完成面团的定量分割和搓圆，经适当整型后装入蒸屉（蒸笼）内醒发。

⑤ 醒发

要求醒发温度40℃，相对湿度80%左右，醒发时间15min 即可。若采取自然醒发，冬天约30min，夏天约20min。

⑥ 蒸制

传统方法是锅蒸，要求开水上笼，旺火蒸 30min 左右即熟。工厂化生产用锅炉蒸汽，时间为 25min。

⑦冷却、包装

吹风冷却 5min 或自然冷却后包装。

二、速冻水饺加工

1. 速冻水饺加工工艺流程

面皮原料准备→ 面团调制 → 制皮 → 成型 → 速冻 → 包装 → 检测 →成品冷藏

↑

馅料原料预处理 → 制馅

2. 操作要点

（1）调粉制皮

①面团调制

面团调制是制作面皮的最主要工序，调制好的面团要求软硬适度，表面光滑，韧性好，拉伸时呈透明薄膜状，不易断裂。面团调制中的加水量、水温、搅拌操作对面团的质量可产生较大影响。

a. 加水量一般为面粉量的 40% 左右。水温冬季控制在 25℃ ~ 30℃，夏季水温控制在 20℃ ~ 25℃。可在面团调制时添加少量的食盐，食盐添加量一般为面粉量的 2%。酯化变性淀粉可以较好地改善面团性能，使用时，先将其加部分水搅成糊状后再与调粉机中的面粉混合。

b. 搅拌时间与调粉机的转速有关，一般为 13 ~ 15min 左右，静置 5 ~ 10min 后再搅拌 1 ~ 2min 即可。

②制皮

若通过手工进行水饺包制，可采用饺子皮成型机制皮。饺子皮成型机主要由压皮机构、辊切饺子皮装置及输送带组成。工作时压皮机构连续压制出面带，经成型模具辊切成饺子皮，通过输送带输出。

（2）馅料加工

①原料预处理

a. 菜类处理：原料菜去除不可食用部分后，进入原料清洗车间清洗并用流动水冲洗干净，有些蔬菜洗净后要在沸水中适度浸烫。洗净的菜去除多余水分，用切菜机切成符合馅料所需的细碎状，一般机器水饺适合的菜类颗粒为 3 ~ 5mm 左右。含水量较高的蔬菜需要进行脱水处理，各种蔬菜的脱水情况依季节、天气状况及存放时间而有所区别，通常可用挤压法来判断脱水程度，即将脱水后的蔬菜抓在手中用力捏，手指缝中有少许液体流出，说明脱水合适。把不符合工艺要求的大颗粒及杂质拣出，按配方比例准确称量备用。有些原料（如干蘑菇）需先浸泡软化，然后斩切成粒。

b. 肉类处理：将验收合格的原料肉切成小块，或刨成薄片，根据肉质不同用绞肉机绞成一定大小的颗粒，如冷冻精碎、冷冻羊肉、冷冻肥膘等均可用单刀外算孔为 10mm 的绞肉机绞一遍，而冷冻鸡皮等用双刀外算孔为 8mm 的绞肉机绞一遍。因冻肉处理时是采用硬刨、硬绞的方式，绞出的肉馅还没有完全解冻。

c. 冷冻虾仁处理:将合格的冷冻虾仁先放入清水中完全解冻,拣出虾皮及杂质,去除多余水分后斩切,颗粒大小控制在 2mm 左右。

d. 腐皮处理:将检验合格的腐皮放入油温在 180℃ 左右的色拉油中炸至金黄色捞出沥油,经冷却变脆后捣碎成 6mm 左右大小的颗粒。

e. 大豆组织蛋白处理:将符合要求的原料用水浸泡至完全软化,冬季可用温水,夏季用自来水即可,然后用水冲洗除去异味,在脱水机中脱水并在 -18℃ ~ -5℃ 的条件下预冷至中心温度降到 0℃ 以下,用双刀外算孔为 8mm 的绞肉机绞一遍,按配方要求准确称量后备用。

②制馅

制馅中投料顺序很重要,同样的配方,不同的投料顺序会得到不同的制馅效果。搅拌的程度、肉料搅拌中加水量的多少等也会对制馅效果产生影响。水饺馅料配方实例见表 2 – 13。

表 2 – 13 　　　　　　　　　　牛肉水饺馅配方表 　　　　　　　　　　单位:kg

原料名称	用 量	原料名称	用 量	原料名称	用 量
牛肉	60.0	香油	5.0	水	15.0
萝卜	130.0	牛肉风味酵母精	1.6	酱油	20.0
葱	40.0	味精	0.6	香辛料	0.6
食盐	8.0	牛油	40.0		

a. 将肉类与食盐、味精、白砂糖、酱油、虾油及其他调味品等先进行充分搅拌,使各种味道能充分被肉吸收,同时,盐可溶解肉中的盐溶性蛋白,产生黏性,有利于成型工艺的完成。

b. 在肉类与调味品混合搅拌时,要根据肉的种类、肥瘦比等控制好肉中加水量。通常鲜肉加水量高于冷冻肉,肥肉多时加水量少。一般饺子馅在不影响口感风味的情况下尽量少加水。肉馅中加水必须是在加入调味品之后,这样调料易渗透入味,且搅拌时水分易吸收,制成的饺馅鲜嫩味浓。

c. 肉的肥瘦比以 1 : (3 ~ 4) 左右为宜。

d. 搅拌必须充分才能使馅料均匀、有黏性,生产时才会有连续性,不会出现出馅不均匀,不会在成型过程中脱水,发生水饺包合不严、烂角、裂口、流汁现象。但也不可搅拌过度,否则肉类的颗粒性被破坏,造成食用时口感不良。

e. 菜类需先和花生油或芝麻油等油类拌和后再与拌好的肉馅拌匀。如果先将菜类与油类拌和,油会分散在菜的表面对菜中的水分起保护作用,不仅有利于水饺成型和冻藏,而且当水饺蒸煮时,油珠受热分散,菜中的水分充分逸出,水饺口感更佳。

(3)成型

①速冻水饺成型设备

水饺成型机的类型及操作技术不同,制成的成品水饺形状、大小、重量、饺皮薄厚、皮馅比例等会有所不同。水饺成型机主要由制皮与输皮机构、饺子皮成型机构、供馅填馅机构、饺子捏合成型机构、饺子生坯输送机构等组成,如图 2 – 15 所示。

图2－15　饺子成型机

②速冻水饺成型的工艺技术要求

包好的水饺要形状整齐、包口严密、大小均匀，避免漏馅、缺角、瘪肚、变形或连体等异常饺子出现。

a. 做好成型前准备工作，检查成型机运转是否正常，保持成型机清洁无异物。

b. 成型时，饺馅要呈均匀无拉断流动状态，饺皮大小、薄厚以及水饺重量要符合产品质量要求。

c. 在成型工艺中调节好皮速是至关重要的，皮速慢，水饺易出现缺角现象；皮速快则会使水饺出现裂纹、皮厚。

d. 水饺成型时要在机头上方放适量的撒粉，在确保水饺不黏模的前提下，尽可能减少撒粉量；撒粉量过多，经过速冻包装时，水饺表面的撒粉容易发生潮解，使水饺表面发黏，影响质量。

e. 包好的水饺要轻拿轻放，经手工适当整形、剔出不符合要求的水饺后及时送速冻间速冻。

（4）速冻

①速冻设备

可利用水饺速冻机完成速冻工艺。

a. 隧道式连续速冻机：主要由绝热隧道、蒸发器、液压传动、输送轨道、风机五部分组成，有单体和双体两种机型，单体机隧道内有一条轨道，双体机隧道内有两条轨道，载货铝盘在轨道上往复行走，完成冻结过程。图2－16所示隧道网带式速冻机。

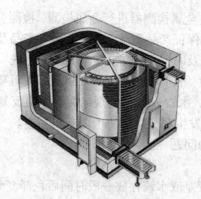

图 2 - 16　隧道网带式速冻机

b. 升降式速冻机:升降式速冻机主要由保温壳体、机械部分和制冷系统组成,其中包括传动部件、进出盘推进器、提升装置、下降装置、拨盘器、给盘架、制冷压缩冷冻机组、冷风机等(如图 2 - 17 所示)。通过升降循环,使盛有食品的货盘在 -35℃ ~ -30℃的低温装置内完成速冻工艺。

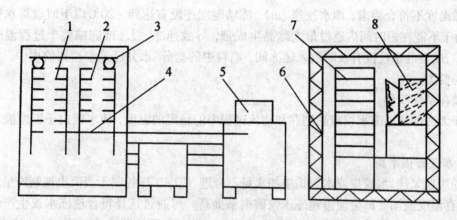

图 2 - 17　升降式速冻机局部示意图

1 - 下降装置,2 - 提升装置,3 - 拨盘器,4 - 进出盘推进器,

5 - 给盘架,6 - 保温壳体,7 - 货盘,8 - 冷风机。

②速冻的工艺技术要求

水饺速冻原则上要求低温短时快速。一般在 -35℃ ~ -30℃条件下速冻 20min 左右,冻结后的水饺中心温度必须达到 -18℃以下。水饺初入速冻机隧道时,隧道内温度必须在 -34℃以下,冻结过程中隧道温度保持在 -30℃以下。

③速冻中应注意的问题

成型的水饺要及时送入速冻机速冻;水饺放入速冻机速冻时,冻结温度必须达到要求的温度;整个冻结过程都要在要求的温度下完成。

(5)计量包装

剔除不合格水饺,准确称重并按要求排气封口包装。称重时注意扣除包装袋的分量,另外要考虑冻品在冻藏过程中的重量损失,可根据冻藏时间长短适当增加分量。封口要严实牢固、平整美观,日期打印准确清晰。

(6)检测、装箱入库

包装好的成袋水饺要通过金属检测器进行金属检测，检测合格的产品根据不同品种规格装箱，并及时转入冷藏库。为保证产品质量，要注意确保产品品温在 −18℃ 以下时才能进入冷藏库，因而转入要力求快速及时，一般要求在 10min 内完成。冷藏库库温及其是否稳定是保证速冻水饺品质的重要因素。冷库库温要在 −18℃ 以下；且要保持稳定，温度波动不超过 ±1℃。若库温出现较大波动，水饺表面易出现冰霜，库温反复波动，会使整袋水饺出现冰渣，水饺表面产生裂纹，甚至发生部分解冻使水饺互相黏连。

3. 速冻水饺生产中常见的问题

（1）水饺颜色发暗

生产中常出现水饺白度较差或水饺存放一段时间后色泽变暗的现象，其主要原因有原料面粉方面的，也有加工储藏方面的。

①原料面粉色泽较差

生产速冻水饺的面粉白度一般在 82° 以上。要选择符合要求的面粉。添加变性淀粉（其白度 >90°）可提高面粉的白度。

②速冻工序控制不良

冻结温度不符合要求，即水饺速冻时，冻结温度还没有达到 −20℃ 以下时就将水饺放大速冻，由于不能在短时间内通过最大冰晶生成带，导致速冻、缓冻或冻结整个过程温度达不到 −18℃；成型的水饺没有及时放入速冻间，馅料中的盐分、水分已经渗透到饺皮中，水饺速冻后最易变黑。

③储存温度波动

由于无法保证速冻水饺成品储存和物流过程中的稳定的温度，使水饺由于温度波动而色泽变暗。

（2）水饺破损率高

面粉质量欠佳、水饺皮或水饺馅中加水量不合理、速冻工序控制不当而出现制冷量不足或过大、储存温度波动等都会使得速冻水饺破损率提高。可通过选择符合速冻水饺生产的优质面粉、适量添加改善面质的食品添加剂、完善制作工艺，合理控制速冻程序，减少冷藏、物流时的温度波动等方法降低速冻水饺破损率。

（3）熟后特性差

水饺煮时由于内部淀粉不能接触更多的水分而造成糊化不完全，导致夹生。为了使水饺皮完全糊化，只有延长蒸煮时间，但长时间蒸煮易造成水饺皮表面淀粉流失而导致水饺口感差、浑汤。添加变性淀粉可以明显改善水饺的熟后特性，使水饺入口爽滑细腻、有弹性、不黏牙，表皮光亮有一定透明度，煮后汤清。

4. 速冻水饺的质量标准

（1）产品外观和感官质量要求

①组织形态：外形完整，具有该品种应有的形态，不变形，不破损，不偏芯，表面不结霜，组织结构均匀。

②色泽：具有该品种应有的色泽，且均匀。

③滋味：具有该品种应有的滋味和香气，不得有异味。

④杂质：外表及内部均无杂质。

（2）速冻水饺理化指标

速冻水饺的理化指标应符合表 2 - 14 的规定。

表 2 - 14　　　　　速冻水饺的理化指标

项目	肉类	含肉类	无肉类
馅料含量占净含量比例(%)	自定需标注	自定需标注	自定需标注
蛋白质(%)	≥6.0	≥2.4	–
水分(%)	≤65	≤70	≤60
脂肪(%)	≤14	≤14	–

（3）速冻水饺卫生指标

速冻水饺卫生指标应符合表 2 - 15 的规定。

表 2 - 15　　　　　速冻水饺卫生指标

项目	肉类	含肉类	无肉类
铅(以 Pb 计)(mg/kg)		≤0.4	
砷(以 As 计)(mg/kg)		≤0.5	
酸价(以脂肪计)(mgKOH/g)		≤3.0	
过氧化值(以脂肪计)(%)		≤0.20	
挥发性盐基氮(mg/100g)	≤10	≤10	–
添加剂		按 GB2760 - 2011 有关规定执行	
菌落总数(cfu/g)		≤3000000	
致病菌(肠道致病菌、致病性球菌)		不得检出	

三、挂面加工

1. 挂面加工工艺流程

原辅料→ 面团调制 → 熟化 → 压片 → 切条 → 湿切面 → 干燥 → 切断 → 计量 → 包装 → 检验 →成品

2. 操作要点

（1）面团调制

面团调制又称和面、调粉、打粉。它是挂面加工的第一道工序。面团调制效果的好坏直接影响产品质量，与后续操作关系很大。

①面团调制的基本原理

通过调粉机的搅拌作用将各种原辅料均匀混合，使小麦面粉中的麦胶蛋白和麦谷蛋白逐渐吸水膨胀，互相黏结交叉，形成具有一定弹性、延伸性、黏性和可塑性的面筋网络结构，使小麦面粉中常温下不溶解的淀粉颗粒也吸水膨胀并被面筋网络包围，最终形成具有延伸性、黏弹性和可塑性的面团。面团调制的过程可概括为四个阶段，即原料混合阶段、面筋形成阶段、成熟阶段和塑性强化阶段。

a. 原料混合阶段:此阶段包括各种固态原料混合及随后的面粉与水有限的表面接触和黏合，其结果是形成结构松散的粉状或小颗粒状混合物料，大约需时 5min 左右。

b. 面筋形成阶段:水分从湿润的面粉颗粒表面渗透到内部,面团中有部分面筋形成,进而出现网络结构松散、表面粗糙的胶状团状物。此阶段约需 5 ~ 6min。

c. 成熟阶段:团块状面团内聚力不断增强,物料因摩擦而升温,面筋弹性逐渐增大。由于水分不断向蛋白质分子内部渗透,游离水减少,使团块硬度增加。同时,由于物料间不断相互撞击、摩擦,使团块表面逐步变得光润。此阶段约需 6 ~ 7min。

d. 塑性强化阶段:成熟阶段的面团有一定的黏弹性,但延伸性和可塑性不够,通常需要在成熟阶段后继续低速调制 1 ~ 2min,才能使面团既具有一定的黏弹性又具有较好的延伸性和可塑性,从而完成面团调制过程。

②面团调制设备

使用的调粉机有卧式和立式两种。卧式调粉机在我国应用较为广泛,它是由搅拌桶、搅拌轴、卸料部件、传动装置、进水管等组成。主要结构如图 2 - 18 所示。

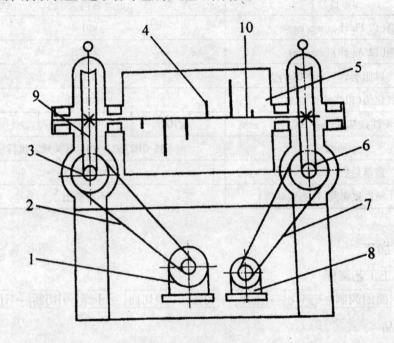

图 2 - 18 卧式调粉机原理示意图

1、8 - 电动机,2、7 - 三角带,3、6 - 蜗杆,4 - 搅拌轴,5 - 容器 9 - 蜗轮,10 - 主轴

立式连续调粉机是将小麦粉和水按比例投入调粉机,在高速旋转下产生气流,小麦粉和水在雾化状态下接触、面粉快速而均匀地吸水,形成具有良好加工性能的面团。此种机型面团调制效果较好,并可实现连续生产。

③面团调制的技术要求

a. 确定原辅料用量,并进行预处理。要固定每次加入调粉机的面粉量,一般要求面粉在面团调制前要过筛,以去除杂质同时使面粉疏松。同一批面粉每次面团调制的加水量要基本相同,而且要一次加好,不可边调制边加水。食盐、食碱及其他食品添加剂要根据工艺要求定量,在碱水罐中按要求加入食盐及其他添加剂并充分溶解备用。

b. 检查调粉机电源情况以及底部卸料闸门关闭是否正常,同时查看调粉机内有无异物。

c. 检查碱水定量罐,启动盐水泵,在定量罐中加入盐水。

d. 正式调粉前要先试车，启动搅拌轴空转 3~5min，确保设备完好后停车加入面粉。

e. 加面粉开始搅拌，然后加水，时间为 1~2min。搅拌时间控制在 15~20min，中途一般不停车。要控制好面团调制温度，通过调整水温来保证面团调制温度在 25℃~30℃左右。

f. 搅拌完成后，打开卸料开关，将面团放入熟化喂料机中。待面团全部放出后再停止调粉机轴转动，关闭卸料阀门。

④面团调制中注意的问题

a. 原辅料的使用与添加：首先是面粉应符合要求，特别是湿面筋含量应不低于 26%，一般为 26%~32%；另外是水的质量和加水量，挂面面团调制的加水量一般控制在 25%~32%。可根据面粉中面筋情况增减水量，一般按面筋量增减 1%，加水量相应增减 1%~1.5%。

b. 面头加入量：挂面生产中产生的干、湿面头回机量也会影响面团调制效果。湿面头虽然可以直接加入调粉机中，但一次不可添加太多。干面头虽然经过一定的处理，但其品质与面粉相差较大，因而回机量一般不超过 15%。

c. 面团调制时间：面团调制时间的长短对面团调制效果有明显的影响。比较理想的调粉时间为 15min 左右，最少不低于 10min。

d. 面团温度：温度对湿面筋的形成和吸水速度均有影响，面团的最佳温度为 30℃左右，由于环境温度不断变化，面粉温度也随之变化，水温也需要调整。

e. 调粉设备及搅拌强度：面团调制效果与调粉机形式及其搅拌强度有关。在一定范围内，搅拌强度高则面团调制时间短，搅拌强度低则需延长面团调制时间。搅拌强度与调粉机的种类及其搅拌器结构有关。

（2）熟化

熟化是面团自然成熟的过程，是面团调制过程的延续。机制挂面生产中常用的熟化机有立式和卧式两种。立式熟化机的结构如图 2-19 所示。这种熟化机搅拌转速很低，可防止面团搅拌过程过快而升温，熟化效果好，但搅拌时易结团，一机只能与一台制面机配套。

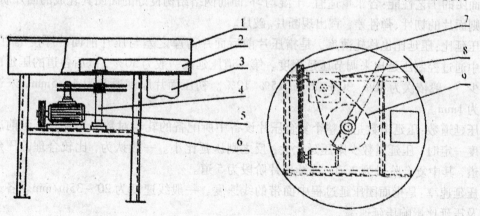

图 2-19 立式熟化机结构

1-喂料器，2-搅拌桨叶，3-下料管，4-搅拌轴，5-电动机，
6-机架，7-皮带轮，8-减速器，9-链轮

（3）压片与切条

压片与切条是将松散的面团转变成湿面条的过程，此过程是通过压片机与切条机来

完成的。

①压片：压片对面条产品的内在品质、外观质量及后续的烘干操作都有较大的影响。

a. 压片的基本原理：将熟化好的颗粒状面团送入压面机，用先大后小的多道轧辊对面团碾压，形成厚度为 1 ~ 2mm 的面片，在压片过程中进一步促进面筋网络组织细密化及相互黏结，使分散、疏松、分布不均匀的面筋网络变得紧密、牢固、均匀，从而使得面片具有一定的韧性和强度，为下道工序做准备。压片基本过程如图 2 - 20 所示。面团从熟化喂料机进入复合压片机中，两组轧辊压出的两片面带合二为一，再经过连续压片机组的辊轧逐步成为符合产品要求的面片。

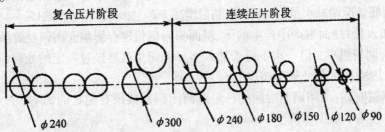

图 2 - 20　复合延压过程示意图

b. 压片设备：压片是通过复合压片机组来完成的。复合压片机组由复合压片设备与连续压片设备组成。

c. 压片的工艺要求：压片后的面片要求薄厚均匀，光滑平整，无破损，色泽一致。

d. 压片的技术要求：保证面带运行正常、无跑偏、无连续积累、无拉断现象。按工艺要求确定压延比，调好轧距，空车运转确认机器正常后再行操作。复合压片装置落料斗内面团高度达 2/3 时，启动复合压片机和连续压片机开始压片。

e. 影响压片效果的因素

面团的工艺性能：含水量适宜、干湿均匀、面筋网络结构良好的面团其轧成的面片质量好，反之则面片的韧性、弹性差，宜出现断片、破片。

压延比：压延比也称轧薄率，是指压片前后面片薄厚之差与压片前面片厚度的百分比，生产中通过控制压延比来调节压延程度。第一道压延比一般为 50%，以后各道的压延比应逐渐减少，一般依次为 40%、30%、25%、15%、10%。初压面片厚度通常为 4 ~ 5mm，末道面片减薄为 1mm。

压延道数：压延道数是在整个复合压片设备中所配备的轧辊对数。当复合压延前后面片的厚度一定时，压延道数少则压延比大，反之则压延比小。一般认为，比较合理的压延道数为 7 道，其中复合阶段为 2 道，连续压片阶段为 5 道。

压延速率：是指面团压延过程中面带的线速度。一般线速度为 20 ~ 35m/min。各道辊的转速及压延比影响压延速率。

②切条

将成型的薄面片纵向切成一定长度和宽度的湿面条以备悬挂烘干的过程称为切条。

a. 切条设备：一般由面刀、篦齿（面梳）、切断刀等部件组成，见图 2 - 21 所示。面刀的作用是将面带切成一定宽度的面条。面梳的作用是将面刀切好的面条铲下，并清理面刀齿槽内所黏附的面屑。切断刀的用途是将从面刀切下而下落的湿面条切成所需长度。

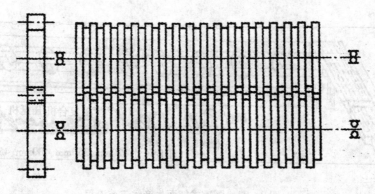

图 2－21　面刀结构示意图

b. 切条工艺要求：切成的湿面条表面要光滑、厚度均匀、宽度一致、无毛边、无并条，且落条、断条要少。

c. 切条的技术要求：选择加工精度优良的切条设备，调整好面刀的啮合深度，精度优良的面刀啮合深度为 0.1～0.2mm，啮合深度过大会增加磨损，降低面刀使用寿命。面梳压紧度要合理，不可过紧过松。

d. 影响切条效果的主要因素：面片质量对切条成型效果有重要影响，面片含水量高以及面片有破边破洞均会增加面条断条量。面刀的机械加工精度不高，易出现并条现象。若面梳压紧度不够，则切刀齿槽内的杂质不易清理，造成面条表面不光洁。

（4）干燥

干燥是挂面生产工艺中的一道关键工序。通过干燥使湿面条脱水最终达到产品标准规定的含水量。该工序对产品质量的影响很大。

①挂面干燥的基本原理

挂面的干燥过程是在温度、相对湿度、通风及排潮四个条件的相互配合下，湿面条的水分逐渐向周围介质蒸发扩散，再通过降温冷却固定挂面的组织和形状的过程。当热空气的能量逐渐转移到面条内部时，面条内温度上升，并借助内外水分差所产生的推力使内部水分出现由内向外移动的"水分转移"过程。"表面汽化"和"水分转移"协调进行，面条逐步被干燥。

②挂面干燥设备

主要由供热系统、通风系统、烘道和输送机械等组成。不同的挂面干燥工艺其相应的设备类型不同。采用静置干燥工艺的设备为固定式烘房；采用移动干燥工艺为移动式烘房。目前生产上普遍采用的是移动干燥工艺，因而移动式烘房较为常见。

移动式烘房是一种连续的烘干装置，分为多行和单行移动两种方式，也称隧道式和索道式。生产上大多采用多行移动隧道式烘房见图 2－22 所示，其特点是挂面多行并列进入烘房，行数为 3～9 行，由总体传动装置通过传动轴带动各行链条在烘房内运动。

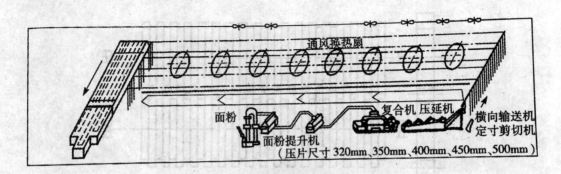

图 2 – 22　隧道式挂面生产线工艺流程

③挂面干燥的要点

a. 预备干燥阶段:湿面条进入干燥室初期,一般不加温,只通风,不排潮或少排潮,以自然蒸发为主。干燥温度为室温或略高于室温,即干燥室的温度控制在 20℃ ~30℃ 左右,相对湿度控制在 85% ~90% 。此阶段干燥时间占总干燥时间的 15% ,湿面条的水分由 33% ~35% 下降为 27% ~28% 。

b. 主干燥阶段,前期的保潮出汗阶段干燥温度为 35℃ ~45℃ ,相对湿度为 80% ~90% ,干燥时间为总干燥时间的 20% ~25% 、湿面条的水分下降为 25% 以下。后期的升温降湿阶段要加大通风,适当升高温度降低湿度,此阶段干燥温度为 45℃ ~50℃ ,相对湿度 55% ~60% ,干燥时间为总干燥时间的 25% ~30% ,湿面条的水分下降为 16% ~17% 。

c. 完全干燥阶段:此阶段不再加温,而是以每分钟降低 0.5℃ 的速度将干燥温度降至略高于室温,相对湿度为 65% 左右。在面条降温散热的同时,除去部分水分,使挂面的含水量达到 14% 左右。降温速度不可太快,否则会因面条被急剧冷却而产生酥断现象。干燥时间占总干燥时间的 30% 以上。

(5)切断、称量与包装

①切断

干燥好的挂面要切成一定长度以方便称量、包装、运输、储存、销售流通及食用。切断工序是整个挂面生产过程中产生面头量最多的环节,因而在保证按要求将长面条切成一定长度挂面的同时,还要尽可能减少挂面断损,把断头量降到最低限度,我国挂面的切断长度大多为200mm 或240mm,长度的允许误差为 ±10mm。切断断头率控制在 6% ~7% 以下。

常用的切断装置有圆盘式切面机和往复式切面机。圆盘式切面机是利用圆盘锯片的旋转运动及面条输送带的运动来切断面条,切断过程中产生的碎面头可通过锯片下部的特定装置送出机外。

②称量

切好的挂面须经过称量。称量是半成品进行包装前的一道重要工序,有人工称量和自动称量两种。称量一般要求是计量准确,要求误差在 1% ~2% 。

③包装

挂面包装多数是借助包装机手工完成,也有采用塑料热合包装机和全自动挂面包装机来完成。

3.挂面的质量标准

（1）技术要求

①规格 长度为180mm、200mm、220mm、240mm（±8mm）；厚度为0.6~1.4mm；宽度为0.8~10.0mm。

②净重偏差 净重偏差≤±2.0%。

③感官要求

色泽：色泽正常，均匀一致；

气味：气味正常，无酸味、霉味及其他异味；

烹任性：煮熟后口感不黏、不牙磣、柔软爽口。

（2）理化要求

挂面的理化要求见表2-16。

表2-16　　　　　　　　　　　　　　挂面的理化标准

项目	水分（%）	酸值	不整齐度（%）	弯曲折断率（%）	熟断条率（%）	烹调损失（%）
一级	≤14.5	≤4.0	≤8.0	≤5.0	0	≤10.0
二级	≤14.4	≤4.0	<15.0	≤15.0	≤5.0	<15.0

（3）卫生要求

①无杂质、无虫害、无污染。

②食品添加剂应符合GB2760-2011的规定。

四、方便面加工

1.方便面加工工艺流程

配料（面粉、水、食盐等）→ 面团调制 → 熟化 → 复合压延 → 切条折花成型 → 蒸面 → 定量切断 → 油炸或热风干燥 → 冷却 → 检测、加调味料包装 →成品

2.操作要点

方便面加工中的面团调制、熟化、复合压延的基本原理、工艺要求、设备和操作均与挂面相似。

（1）面团调制

①控制好加水量及水温。一般加水量为32%~35%，水温约为20℃~30℃；

②面粉用量、回机面头等要定量，干面头回机量不得超过15%；

③盐、碱等可溶性辅料需溶于水后按比例加入；

④开机前要在确定机内无异物后先开机试转1~2min，正式面团调制中，要注意观察运行情况，发现异常立即停机检查，取出机内湿粉，重新启动；

⑤搅拌混合时间约为15~20min。

（2）熟化

①和好的面团要在低温条件下低速搅拌，熟化机转速一般不超过10rpm/min，机体内物料要控制在2/3以上；

②熟化时间一般要求在10~20min；

③注意观察喂料器进料情况，避免堵塞。

（3）复合压延

①初轧面片厚度一般为 4～5mm，经过反复压延后最终厚度为 1～2mm；末道压辊线速度一般≤0.6m/s；压延比分别为 50%、40%、30%、25%、15%、10%；

②开机前要检查压辊中是否有异物并试车 2～3min。注意调整好轧距，且要随时检查校正。

（4）切条折花成型

①面带由面刀纵切成条后垂直落入面刀下方的折花成型器内，面条不断摆动下落堆积成波纹状，然后再经下面短网带的慢速输送，使形成的波纹更加密集，最后由紧贴在短网带下面的长网带将其快速送入蒸煮锅内进行蒸煮，将波纹基本固定下来。面条下落的线速度与短网带线速度的速比大小将影响波纹成型效果，进而影响方便面的定量，速比大则波纹密，速比小则波纹稀，一般以 7∶1～10∶1 为宜。另外，长网带的运行速度比短网带快得多，由于两条输送带的速差使密集的波纹面带被拉成花纹较稀疏平坦的面带，这样更利于蒸熟。长网带与短网带的运行速度比约为 4∶1～5∶1。

②方便面的切条折花成型装置（如图 2-23 所示）主要由面刀、面梳、成型盒及网带等组成。面刀是一对并列安装、相向旋转的齿辊，面刀和面梳相互配合，将面带切成规定宽度的面条。成型盒与网带共同作用使面条折花成型。

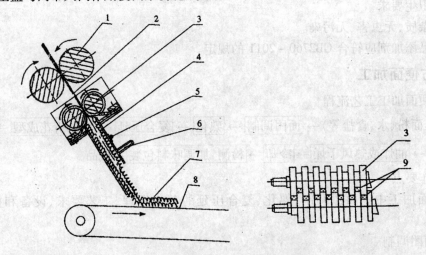

图 2-23 切条折花自动成型装置示意图

1-轧辊，2-面带，3-面刀，4-成型导向盒，5-铰链

6-压力门重力调节，7-折花面块，8-输送带，9-面条

③切条折花成型的工艺要求：面条光滑，波纹整齐，疏密适宜，无并条。

（5）蒸面

①蒸面的基本原理是生淀粉在蒸汽的作用下受热糊化，蛋白质发生热变性。蒸煮工艺要求淀粉的糊化程度要在 80% 以上，淀粉的糊化程度越高，面条的复水性能及口感和黏弹性越好。

②方便面的蒸面通常是在连续蒸面机上完成的。由于蒸面机的主体是一条方形隧道，内设蒸汽喷管及运送面条的网带，因而连续式蒸面机又称为隧道式蒸面机。常用的蒸面机是倾斜式连续蒸面机。

③蒸面的工艺技术要点

a.蒸面温度:小麦淀粉完成糊化的温度为64℃,所以蒸面的温度一定在64℃以上。方便面生产中采用的连续式蒸箱属常压蒸面设备,最高温度只能在100℃以下,一般工艺要求蒸箱进口温度为60℃~70℃,出口温度为95℃~100℃。

b.蒸面时间:淀粉糊化有一个过程,需要一定时间。通常在常压蒸煮的条件下,蒸面时间为90~120s。

c.面条含水量:在蒸面温度和时间不变的情况下,面条含水量与糊化程度成正比,生面条的含水量越高,面条的糊化程度越高。在不影响轧片和成型的前提下,面团调制时尽可能多加水。在蒸箱进口处设置喷水装置、适当降低蒸箱进口温度,可以提高面条的含水量。

d.蒸汽量:蒸箱内应有合理的蒸汽量,要控制好蒸箱蒸汽阀的开度。蒸汽阀开度过大,蒸箱进口处温度过高,面条表面温度快速上升,由于表面糊化迅速完成,影响水分进入面条内部,致使面条内部糊化过程不能正常进行,面条质量下降。蒸汽用量一般为0.2~0.4t/h,

(6)定量切断

①由蒸面机蒸熟的波纹面带从蒸面机出来后,被定量切断装置按一定的长度切断,然后对折成大小相同的两层面块,再分排输出,送往热风或油炸干燥工序。定量切断是将质量转换成长度,以长度来衡量质量。每块面块的质量随花纹的疏密而变化,所以成型折花时花纹的疏密应保持一致。

②定量切断的工艺技术要点:定量切断要求定量准确,折叠整齐,喷淋均匀充分,入盒到位。因此要调整好各传动单元的线速度,特别是均衡配合,防止出现面带阻塞、面块折叠不齐及"连块"、"掉面"等现象。

(7)方便面的油炸或热风干燥

油炸或热风干燥是制作方便面普遍使用的干燥方式。通过干燥,降低水分以利于保存,同时固定蒸熟面块的糊化状态并进一步提高其糊化度,改善产品的品质。

①油炸干燥

a.油炸干燥的基本原理:油炸是一种快速干燥方法,是将蒸熟的定量切块的面块放入油炸盒中,在130℃~150℃的棕榈油中脱水。油炸过程中面块体积膨胀充满面盒,当面条含水量降到3%~5%后,面块硬化定型。由于油温较高,面块中的水分迅速汽化逸出,并在面条中留下许多微孔,浸泡时,热水很容易进入这些微孔;因而油炸方便面复水性好于热风干燥方便面。

b.油炸干燥设备:方便面油炸干燥是通过方便面自动油炸机及其附属设备共同完成的。油炸设备为连续式油炸机见图2-25所示。主要包括主机、油加热系统、循环用油泵、粗滤器和储油罐等部分。

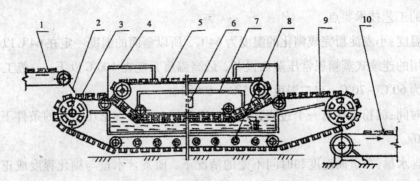

图 2 - 25 连续式油炸机示意图

1 - 输面带, 2 - 滑板, 3 - 面盒, 4 - 护罩, 5 - 面盒盖, 6 - 排烟道,

7 - 排烟罩, 8 - 燃烧口, 9 - 输送链, 10 - 冷却器输送带

c. 油炸干燥的工艺技术要点:选用棕榈油,油炸时油温要保持在130℃~150℃,其中低温区油温为130℃~135℃,中温区油温为135℃~140℃,高温区油温为140℃~150℃;油炸锅的油位为油表面高于油炸盒顶部30~60mm,油炸时间70~90s,面块含水量降为8%以下,一般为3%~5%。

d. 油炸干燥中应注意的问题:首先要控制好各阶段的油温,形成逐步升高的温度区间,防止出现"干炸"现象;其次要掌握好油炸时间,避免由于油炸时间过长或油炸不足而造成面块含油量过大、炸焦或脱水不彻底的现象发生;还要注意油位要适宜,油位太低,面块不能完全浸入油中,影响脱水速度和效果,油位太高,会增加高温油的循环量,加快油的劣化速度,成品过氧化值增高。

②热风干燥

a. 热风干燥的基本原理:热风干燥是生产非油炸方便面的主要干燥方法。热风干燥工艺是使面块表面水蒸气分压大于热空气中的水蒸气分压,使面块的水蒸发量大于吸附量,从而使面块内部的水分向外逸出并被干燥介质带走,达到干燥的目的。

b. 热风干燥设备:热风干燥通常采用往返式链盒干燥机进行干燥见图 2 - 26 所示,该机主要由机架、链条、面盒、鼓风机、散热器、传动装置等部分组成。链盒式干燥机的主要特点是往返均满载着面块,面块始终在盒内,因而经链盒式干燥机干燥的面块碎面很少,产品形状完整。

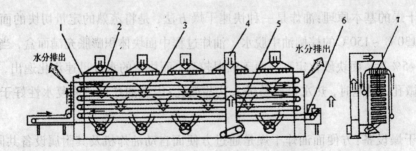

图 2 - 26 链盒式连续干燥机示意图

1 - 机架, 2 - 热交换器, 3 - 链条, 4 - 风管, 5 - 热风循环鼓风机,

6 - 传动装置, 7 - 不锈钢面盒

c.热风干燥的工艺技术要求:干燥时热风温度保持在 70℃ ~85℃,干燥介质的相对湿度低于 70%,干燥时间一般为 30 ~60min。

d.热风干燥应注意的问题:干燥机要先进行预热处理,面块要准确导入面盒,要求入盒整齐;注意调节进气与排潮阀门,确保干燥温度、湿度正常。注意检查面块脱离面盒及面盒复位情况,避免轧坏面盒。

(8)冷却

干燥后的面块必须要进行冷却处理才能够检测包装。因为经热风干燥或油炸后的面块输送到冷却机时温度仍在 50℃ ~100℃左右,如果不冷却直接包装,会使包装内产生水蒸气,容易导致产品吸湿发霉。

冷却方法有自然冷却和强制冷却。通常是采用强制冷却的方法进行冷却,即从干燥机出来的高温面块进入冷却机隧道,在输送的过程中与鼓风机产生的冷风进行热量交换从而降低面块温度,使其接近室温或稍高于室温。冷却时间一般约 3 ~5min。

(9)检测、包装

从冷却机出来的面块由自动检测器进行金属和重量等检查后才能配上合适的调味料包进行包装。一般在面块进包装机之前安装一台重量、金属物检测机,面块连续进入检测机的传送装置,其自动测量系统就可以迅速测量出超过重量标准和含有金属物的面块,并用一股高速气流或机械拨杆把不合格的面块推出传送带,由此来保证面块的质量。方便面包装包括整理、分配输送及汤料投放、包封等工艺。

①整理是将冷却机输送出来的多列面块排列成与包装机数量相适应的列数,目前这一工作基本是手工完成。

②分配输送是指通过分配输送机将面块分送到各台包装机去进行包装。目前方便面使用的分配输送机有两种,即带式输送机和可转弯式链板输送机。

③汤料投放通常是将每包方便面配备的不同的汤料或调味料投放在每块面块上,与面块一起进行包装。

④方便面的包装形式主要有袋装、碗装和杯装三种。袋式包装方便面在我国方便面生产行业中是产量最多的产品。袋式包装材料一般采用玻璃纸和聚乙烯复合塑料薄膜,或使用聚丙烯和复合塑料薄膜等,通过自动包装机完成包装。

(10)方便面着味

将着味原料溶于水中在面团调制时加入,通常面团调制时加入食盐、味精等。在面团调制时着味均匀性好,特别是加入水溶性物质,因为可以把它们溶解在水中。也可将着味原料配制成着味液在蒸面后定量切断前采用浸泡的方法着味。还可在定量切断后油炸前将着味液喷洒于面块上着味。在定量切断后油炸前喷淋着味的方法比较常用。也可将着味液在油炸后冷却前喷洒于面块上。

3.调味汤料

调味汤料是方便面的重要组成部分,不同的汤料可以形成多种不同的产品。生产调味汤料的原料种类很多,如咸味剂、鲜味剂、甜味剂、香辛料、风味剂、香精、油脂、脱水蔬菜、着色剂等应根据消费者的喜好及产品的定位来选择原料并合理调配。

调味汤料的形态有粉状、颗粒状、膏状和液体状等。

调味汤料配方实例见表 2 –17、表 2 –18。

表 2-17　　　　　　　　　　　　　　牛肉汤料　　　　　　　　　　　　　　单位:%

配料	含量	配料	含量	配料	含量
味精	9.00	姜粉	0.05	葡萄糖	11.25
黑胡椒粉	0.15	呈味核苷酸	0.20	牛肉精	9.90
精制食盐	59.20	洋葱粉	0.10	韭菜粉	0.10
琥珀酸钠	0.50	焦糖色素	1.70	合计	100.00
大蒜粉	0.05	豆芽粉	2.00		
粉状酱油	5.50	柠檬酸	0.30		

表 2-18　　　　　　　　　　　　　　辣味汤料

配料	含量	配料	含量	配料	含量
精制食盐	60.27	姜粉	1.89	砂糖	7.51
榨菜粉	4.56	胡椒粉	2.17	芥末粉	1.75
大蒜粉	2.13	辣椒粉	3.78	咖喱粉	3.12
味精	10.70	花椒粉	2.12	合计	100.00

4. 方便面质量标准

（1）技术要求

①感官要求　色泽正常均匀，气味正常，无霉味、哈喇味及其他异味。

②烹任性　煮（泡）3~5min 后不夹生，不牙碜，无明显断条现象。

（2）理化要求

理化要求见表 2-19。

表 2-19　　　　　　　　　　　　　　方便面的理化标准

项目	水分	酸值	α 化	复水时间	盐分	含油	过氧化值
油炸	≤10.0%	1.8	85%	3min	2%	20~22%	≤0.25%
热风干燥	≤12.5%	-	80%	3~5min	2~3%	-	-

（3）卫生要求

①无杂质，无霉味，无异味，无虫害，无污染。

②添加剂符合 GB2760-2011。

③细菌指标参照 GB2726-2005。

❖ **思考与练习**

1. 面粉的化学成分如何影响焙烤食品的加工？

2. 焙烤食品所用的原辅料有哪些？它们的加工特性各有什么不同？

3. 面包、饼干、蛋糕生产中所使用的原料有哪些不同？

4. 简述饼干、面包及糕点的分类。

5. 写出各类饼干的生产工艺流程，如何控制饼干的质量？

6. 为什么面包面团搅拌过程中，必须控制面团温度？

7. 写出各类面包的生产工艺流程，如何控制面包的质量？

8. 糕点生产中面团或面糊调制的关键是什么？

9. 写出糕点的基本生产工艺流程，并简述其操作要点。

10. 挂面加工的基本原理是什么？

11. 挂面加工的工艺流程及各工序的工艺技术要求是什么？

12. 影响压片效果的主要因素有哪些？

13. 方便面加工的工艺流程及各工序的工艺技术要求是什么？

14. 方便面切条折花成型的基本原理是什么？

15. 馒头加工的工艺流程及各工序的工艺技术要求是什么？

16. 面团发酵产生的有机酸如何处理？

17. 为什么要进行醒发？如何判断醒发是否适宜？

18. 食品速冻的基本原理是什么？

19. 速冻水饺加工的工艺流程及各工序的工艺技术要求是什么？

20. 速冻水饺生产中易出现的问题有哪些？

实验实训四　面包的加工

课前预习

1. 面包加工的原理、工艺流程、操作步骤与方法。
2. 按要求撰写出实验实训报告提纲。

一、能力要求

1. 熟悉面包加工的工艺流程与工艺条件要求。
2. 掌握面包加工中面团调制、发酵与成型以及烘烤的基本操作技能;
3. 能够进行产品感官质量分析,正确评价,发现问题,分析原因并找出解决办法。

二、原辅材料及设备用具

1. 原辅材料

面粉(水分14%)100g;食盐1g;砂糖3g;酵母3g;水55g(参考值)。

2. 设备用具

揉面机,烤炉,烤模,醒发箱,电子秤,包装材料等。

三、实验步骤

1. 配方:面粉(水分14%)100g;食盐1g;砂糖3g;酵母3g;水55g(参考值)。

2. 调粉:先在揉面机中放入水,然后放入食盐、砂糖、酵母,最后放入面粉,开动机器,低速1min,中速3min。根据情况,也可用手和面。

3. 发酵:用手揉面后放入发酵容器,在恒温恒湿器内发酵120min,95min时取出撅粉一次。

4. 整形:120min后取出,折叠翻揉20次,整形一般有专用机械,但用手工也行,先揉成团,再压成圆饼,一端卷成长条,放入型箱中,缝要向下。

5. 醒发:30℃、相对湿度为75%、55min。

6. 烘烤:230℃、25min。

7. 出炉:振动,静置1h。

四、产品感官质量标准

参照本章面包质量标准。

五、注意事项

①面粉选择要符合要求,质量要有保障,必要时加工前面粉要过筛。
②面团调制时注意控制好加水量,最好一次加好。
③压面时喂料不足或短暂断料,会使面带出现破损,影响下道工序,增加断面头量。

六、学生实训程序

1. 课前预习,写出实训报告提纲。

2.原料、用具与设备准备。

3.指导教师讲解演示，学生分组操作练习。

4.进行产品评价与分析。

5.写出实训报告。

实验实训五 挂面加工

课前预习

1. 挂面加工的原理、工艺流程、操作步骤与方法。

2. 按要求撰写出实验实训报告提纲。

一、能力要求

1. 熟悉挂面加工的工艺流程与工艺条件要求。

2. 掌握挂面加工中面团调制、压片与切条以及干燥的基本操作技能；

3. 能够进行产品感官质量分析，正确评价，发现问题，分析原因并找出解决办法。

二、原辅材料及设备用具

1. 原辅材料及参考配方

小麦特一粉（或面条专用粉）100%，精制加碘食盐 2%，食用纯碱 0.2%，海藻酸钠 0.4%，水适量。

2. 设备用具

调粉机，熟化机（或大面盆），压面机，切条机，烘房及面架，操作台及面板，切面机，电子秤，包装材料等。

三、工艺流程及操作要点

1. 工艺流程

原料分别称量 → 面团调制 → 熟化 → 压片 → 切条 → 干燥 → 切断 → 计量包装

2. 操作要点

（1）面团调制 将面粉计量准确后，放入调粉机，将食盐、纯碱、海藻酸钠溶解后一并加入调粉机，加水至最终量达 30% 左右，水温 20℃～25℃。启动调粉机，将面团调制 15～20min。

（2）熟化 将调粉机中流出的面料置于熟化机中熟化，熟化机转速 5～10rpm/min，熟化时间 20～30min。也可将调粉机中流出的面料置于大面盆中，每 5～10min 翻动一次，约 30min，其间要用湿布将面盖上，防止上层干皮。

（3）压片 将熟化后的面团经压辊压成厚约 1mm 的面带。

（4）切条 用切条机将面带切成宽度为 2～3mm 左右的面条。

（5）干燥 利用低温干燥工艺将切条后的面条干燥至含水量为 13%～14%。

（6）切断、计量、包装 经干燥后的挂面下架，用切面机将其切成 240mm 的长度，计量、包装即为成品。

四、产品感官质量标准

参照本章挂面质量标准。

五、注意事项

1. 面粉选择要符合要求，质量要有保障，必要时加工前面粉要过筛。

2. 面团调制时注意控制好加水量，最好一次加好。

3. 压面时喂料不足或短暂断料，会使面带出现破损，影响下道工序、增加断面头量。

4. 低温烘干时适当增加冷风定形的通风量，减少面条密度，使面条尽快失去表面水分，以减少落杆现象。在整个干燥过程中，温度、湿度不可剧烈波动，防止升温过快而出现酥面现象。

5. 切断称量的一般要求是计量要准确，要求误差在 1% ~2%。

六、学生实训程序

1. 课前预习，写出实训报告提纲。

2. 原料、用具与设备准备。

3. 指导教师讲解演示，学生分组操作练习。

4. 进行产品评价与分析。

5. 写出实训报告。

实验实训六　速冻水饺加工

课前预习

1. 速冻水饺加工的原理、工艺流程、操作步骤与方法
2. 按要求撰写出实验实训报告提纲。

一、能力要求

1. 熟悉速冻水饺加工的工艺流程与工艺条件要求。
2. 掌握速冻水饺加工中的馅料加工、和面制皮、成型、速冻等基本操作技能。
3. 能够进行产品感官质量分析，正确评价，发现问题，分析原因并找出解决办法。

二、原辅材料及设备用具

1. 原辅材料及参考配方

高筋粉1000g，五花肉600g，芹菜1000g，酱油20g，猪油100g，香油100g，味精15g，料酒、五香粉、葱、姜、盐适量。

2. 设备用具

切菜机，脱水机，调粉机，制皮机，速冻机，封口机，不锈钢盘，不锈钢盆，切刀，操作台及面板，电子秤，馅料拨（或小勺），塑料薄膜，包装材料等。

三、加工过程与要求

1. 馅料原料预处理

(1) 菜处理　按要求选取质地鲜嫩、叶柄宽厚、颜色青绿的实心芹菜，摘除其腐叶、黄叶，去根，清洗干净，用切菜机切碎，在脱水机中脱水；去除葱、姜不可食部分并将其清洗切碎。

(2) 肉处理　将五花肉洗净后用绞肉机绞碎。

2. 制馅

先将切碎的五花肉及各种调味料加入搅拌机中搅拌至肉发黏，再加入芹菜（可先用少许油拌好）搅拌均匀，取出。

3. 调粉制皮

将面粉倒入调粉机，加水搅拌，加水量为面粉量的38%～40%，水温25℃左右，搅拌13～15min，静置5～10min，再搅拌1～2min即可。将和好的面团投入制皮机制皮，将面皮放在不锈钢盘中备用。

4. 成型

手工成型（也可用饺子自动成型机）后，将成品摆放在垫有塑料膜的不锈钢盘上。

5. 速冻

将水饺均匀整齐地摆放在速冻机隧道的传输网带上，在 -35℃ ～ -30℃温度下冻结约10～20min，使其中心温度达到 -18℃以下。

6. 包装、冻藏

将成品装入包装袋中，称重，封口，转入 -18℃冻藏。

四、产品感官质量标准

参照本章速冻水饺质量标准。

五、注意事项

1. 洗菜时要认真细致，最好用流动水冲洗干净。

2. 和面时注意控制好加水量、水温及搅拌时间，面团搅拌要充分，但不可过度搅拌，否则降低筋度。

3. 手工成型时，要求水饺表面无漏馅及开口现象。

4. 水饺速冻时其入机初期温度要低于 −34℃。

5. 转入冻藏要迅速。

六、学生实训顺序

1. 课前预习，写出实训报告提纲。

2. 原料、用具与设备准备。

3. 指导教师讲解演示，学生分组操作练习。

4. 进行产品评价与分析。

5. 学出实训报告。

项目三　植物油脂加工

1. 了解植物油脂原料的基本特性。
2. 了解油脂提取、精炼的基本原理。
3. 能够掌握油脂提取、精炼的加工工艺和操作要点。

项目基础知识

一、油料籽粒的形态结构

油料籽粒的形态是鉴别油料种类、评价油料品质、选择油脂制取工艺与设备的重要依据之一。不同的油料籽粒呈现不同的形态。油料籽粒的结构包括种皮、胚、胚乳(或子叶)等部分。

1. 种皮

种皮在油料籽粒的外层，其颜色和斑纹随品种而异，据此可鉴别油料及其质量。如大豆以黄色为佳，葵花籽以小颗粒黑色为佳。

2. 胚

胚是种子的最重要组成部分，生长在胚乳或子叶之间。

3. 胚乳

胚乳是胚发育时的营养源，有些种子的胚乳在发育过程中被耗尽。根据胚乳耗尽与否，分为有胚乳种子和无胚乳种子两种。无胚乳种子中，营养物质贮存在胚内，尤以子叶内最多。

油脂在植物油料中，主要以油粒和油体原生质形式，呈不连续颗粒状，与颗粒蛋白体一起无规则地分散在细胞内。油料通过软化、轧坯和蒸炒等预处理，有助于颗粒油脂的聚集。

二、植物油脂的主要化学成分

植物油脂的主要化学成分是甘油三酸酯，其余少数成分为单甘油酯类、双甘油酯类、游离脂肪酸类、类脂、酚类化合物、色素、脂溶性维生素等其他物质。

1. 甘油酯类

(1) 三甘酯类

甘油三酸酯是由一分子甘油和三分子高级脂肪酸形成的中性酯，约占三甘酯总量的90%，而甘油仅占10%左右，可见三甘酯主要是脂肪酸构成的。

（2）单甘油酯、双甘油酯类

单甘油酯、双甘油酯类在油料中含量很少，仅为1%～2%主要是油料的代谢产物或是三甘酯类水解产生的。

2. 脂肪酸类

油脂主要的构成部分为脂肪酸。构成油脂的脂肪酸的种类很多，主要分布两类：饱和脂肪酸和不饱和脂肪酸。

3. 类脂

类脂是性质和油脂类似，但分子结构和油脂不同的一类有机物质。在植物油料中的类脂主要有：

（1）磷脂

磷脂是类似三甘酯但比三甘酯成分更复杂的一种有机化合物，一般由多元醇（通常为甘油）类与脂肪酸类、磷酸以及含氮化合物结合而成。卵磷脂和脑磷脂是植物油脂中常见的磷脂类，以大豆毛油含量最多。

（2）甾醇

游离甾醇是植物油脂不皂化物的主要组成物质。它的组成主要是 β - 谷甾醇、豆甾醇、菜油甾醇以及少量的游离三萜醇和微量的胆固醇。油脂中的甾醇对食用及保管均无害处。

（3）蜡质

高分子一元醇类与脂肪酸所形成的产物称为蜡。蜡在植物油脂中除米糠油内含量较高外，一般油中含量不多，微量蜡质对人体无害，但能引起油脂的混浊而降低透明度，故须在精炼过程中将其除去。

4. 酚类化合物

油脂中所存在的酚类化合物可以延长油脂的贮藏期限，但某些酚类化合物是对人体有害的，如棉籽油中的棉酚会引起中毒，故有毒的酚类化合物在油脂精炼时必须除去。

5. 黏蛋白

黏蛋白的存在对油脂品质有较大的影响，它可以引起油脂混浊，颜色变暗以及微生物繁殖。这些物质虽对食用无害，但会降低油脂的贮藏品质。

6. 色素

植物油脂中含有微量的脂溶性色素，如类胡萝卜素和叶绿素。类胡萝卜素是油脂的天然着色剂，是一种从黄到橙红色的无氮色素群，它含有许多个连续的共轭双键，往往与油共生。最有代表性的胡萝卜素是 β - 胡萝卜素，在动物和人体内，β - 胡萝卜素可以转变成为维生素 A。虽然对人体有益，但它能使油脂色泽加深而降低油脂的等级。

7. 维生素

植物油脂原料中含有多种维生素，但大多属于水溶性维生素，在制油过程中混入油中的只有脂溶性维生素 E 和少量的维生素 K，成为植物油脂中极为重要的少量成分之一。维生素 E 能防止油脂的氧化变质，同时，植物油也是获取维生素 E 的重要来源。

三、植物油料的预处理

1. 油料的清理

清理目的是清除杂质、分清优劣、提高品质、增加得率、安全生产、提高能力。清理的方法可以根据杂质与油籽之间物理性质的差别，确定有效的分离方法。这些物理性质包括颗粒度大小、密度差、表面性状、弹性、硬度、磁性以及气流中的悬浮速度等。杂质清理主要方法有筛选、风选、磁选与石选等四种。有关这方面内容在前面章节已有叙，现不再赘述。

2. 脱绒、剥壳与脱皮

大多数油料都带有皮、壳。但通常只把含壳率高于20%的称为带壳油籽，如棉籽、油葵籽、油茶籽、油桐籽、红花籽、大麻籽等。含壳(皮)率低于20%的如大豆、菜籽、芝麻等，除要求提取食用植物蛋白以外，一般制油工艺中均不必考虑脱壳工序。脱绒主要是针对如毛棉籽这类壳上带有6%~12%的棉绒的油料，必须脱除回收，以免影响出油率。

(1)剥壳、脱皮的目的意义

剥壳后制坯能提高出油率、减少油分损失。尤其某些油料的壳(如葵花籽壳)吸油力强，增大了油脂分离的难度；可降低油脂的杂质含量，为油脂的精炼创造有利条件。油料壳中都带有杂质组分，在提取油脂的工序中，杂质就直接溶解到油脂中，如带壳浸出毛油含蜡率为0.499%，而脱壳压榨油中含蜡率为0.069%；可降低加工过程中的设备磨耗、节省动力，使单机原料处理量相应提高。同时，影响坯的均匀一致性；分离出来的皮壳，可利用其有效成分加以综合利用，增加经济效益。如棉籽壳提取糠醛、制活性炭、培养食用菌、生产纤维板；大豆、油菜籽皮提取植酸，葵花籽壳粉碎作饲料配方，亚麻籽水溶提胶、脱壳粉碎作优质饲料等。

(2)剥壳的要求

剥壳率是指油籽经剥壳后剥出的仁占油籽总质量的百分比。剥壳率愈高愈好，一般要求不低于80%~90%，壳中含仁率不高于0.5%为宜。

(3)剥壳的主要方法

根据不同的油料壳的结构特点，有不同的剥壳方法和相应的设备对其进行剥壳处理，目前常见的主要方法有摩擦搓碾法、剪切法、撞击法和挤压法。

3. 油料调质

油料调质处理几乎贯穿于制油工艺的每个过程。"调质"即调整物料的加工性质，主要是指对油料或半成品水分与温度的调节，即所谓"湿、热处理"。

湿、热处理主要包括调温与调湿两个方面，经常需要两者相结合。湿、热处理的调质作用有两点，一是改变油籽或料坯的可塑性，适应加工时承受变形压力的要求。二是改变油料成分的化学与生化性质，用以改善料坯加工性质与提高产品质量。

4. 破碎与软化

(1)破碎

破碎主要是针对于轧坯、成型、压榨等后续工序进行的有效加工。需要破碎的是一些颗粒较大的油料如大豆、花生仁、椰子干、预榨饼块等。破碎的一般要求：颗粒度均匀，大小适当、粉末少而不出油。必须控制好油料的水分才能有效破碎，水分过低，将增大粉末度，水分过高，油料不易破碎，容易出油成团。

(2)软化

软化就是将油料调节到适宜的水分和温度，改变其硬度和脆性，使其质地变软，可塑性增加，具备最佳的轧坯条件。

5. 轧坯

经过破碎、软化的物料，要经过轧坯设备对其进行碾轧，使之成为有一定厚度的坯片，通常称之为料坯或生坯。它是油料预处理的重要工序。

（1）轧坯对于压榨法制油的作用

尽可能破坏细胞组织。通过轧坯可破坏细胞壁，碾轧得越细，细胞组织被破坏得越多，对于蒸炒工序就更为有利；减小物料厚度，增加物料表面积；使油料各部分的物理性质趋于一致，这样热传递效应高，料坯在蒸炒时，成熟快，均匀一致。

（2）轧坯对于浸出法制油的作用

油料中的细胞组织被破坏得越彻底，从中浸出油脂的速度就越快、越完全；轧坯使料坯粒度接近一致，全部颗粒的油脂浸出速率趋于相同；轧坯要求料坯薄而均匀、粉末少、不露油迹，并具有一定的机械强度。

任务1　植物油脂的提取

本任务将完成植物油的提取。目前植物油提取主要有机械法和萃取法两种方法，其关键技术由料坯的结构性质、温度、时间等确定。

任务实施

一、机械压榨法制油

1. 工艺流程

料坯→ 调理料坯 → 压榨 →榨饼

↓

毛油

2. 操作要点

（1）调理料坯

调理料坯就是将轧坯后的生坯经过加水、加热、烘干等湿热处理而变成熟坯的过程称为蒸炒。蒸炒效果的好坏直接影响出油率的高低和油、粕的质量。生坯经蒸炒后压榨取油称热榨，不经过蒸炒直接取油称为冷榨。绝大多数油料都经热榨取油，只有大豆粕制豆腐时才用冷榨。此外，油脂含量高的油料也可以冷榨，油得率较低，但油品质好。蒸炒大致有三种方法。

①"只蒸不炒"，生坯只通过蒸煮即包饼上榨，由于该法蒸的时间短，蛋白质变性不够，油分不易析出，吸收水分过多，不利于压榨，目前该法已基本淘汰。

②"先炒后蒸"，生坯先用间接蒸汽加热，再在蒸桶中用直接蒸汽蒸煮，这是木榨及水压机榨油普遍应用的蒸炒方法，出油率远高于第一种方法，但该法由于第一次加热时，生坯中缺乏足够的水分，蛋白质变性不够彻底，虽然还有蒸煮过程，但也不能达到理想的程度，加上先经加热去水，后又加热吸水，热量浪费较多。

③"先蒸后炒"，蒸和炒两个过程连续进行，先让生坯接受足够多的蒸汽或热水进行蒸煮，然后再去间接蒸汽加热，脱去多余的水分以达到适宜的入榨含水量，这样蛋白质变性就非常充分，完整的细胞因吸水和受热也能充分破裂，由于水分充足，以水代油使油滴逐片汇

集而出,因此该法出油率最高,热源利用也充分。

(2)压榨

借助机械外力的作用,将油料的细胞壁压破而挤出油脂的方法。其设备结构形式较多,包括静压式、搅拌挤压、螺旋挤压、偏心轮回转挤压以及离心重力沉降分离等,常用的主要有液压榨油机和螺旋榨油机两大类。现分别介绍如下。

①液压机制油

根据液体能将压强大小不变的传递到液体各个部分去的基本原理,改变活塞的面积就可以获得较大的压力的特点,利用较大的压力对油料进行挤压压榨制油。液压机制油系统包括液压机本体和液压系统。

②螺旋榨油机制油

利用旋转的螺旋轴推动物料在榨膛内前进,起到喂料、压榨和排渣作用。根据这一过程压力的分布状况,可将压榨取油的基本过程分为三个阶段:进料预压(低压)段、主压榨(高压出油)段和成饼沥干(稳压)段。见图3-1所示。

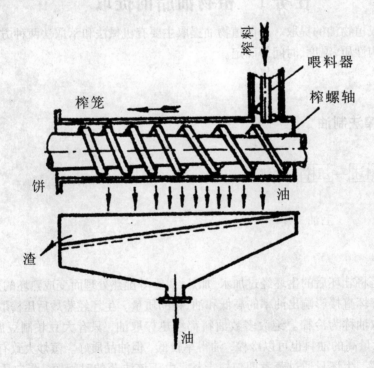

图3-1 压榨取油的过程图

螺旋榨油机按照压榨阶段数分成一级压榨、二级压榨与多级压榨,按照用途可分为一次压榨、预榨、冷榨和特种榨油机,根据生产能力也可分为大型、中型和小型。目前国产的螺旋榨油机有小型 ZX10 型、大型 ZX18 型和预榨机 ZY24 型等,国外较著名的有美国的安迪生、德国的克虏伯、英国的罗斯唐斯等。

3.影响压榨取油效果的主要因素

(1)入榨料坯的结构性质

主要通过能承受压力的必要可塑性、水分、温度的调节以及含油率、蛋白质变性程度等能综合反映出榨料结构性质对出油率的影响。

（2）合理的压榨条件

包括压力大小、榨料的受压状态、加压速度及其变化规律三个方面。

①足够的饼面压力：据测定，实际生产中的饼面压力要求略超过榨料的"临界压力"。其范围在9~100MPa不等，须视实际需要而定。

②榨料受压状态：分动态压榨（如螺旋榨油机）与静态压榨（如水压机）两类。其中"动态瞬时压榨法"榨料发生强烈摩擦运动。产生热量，易打开油路，压榨时间短，出油率高，但对油饼质量影响较大，而静态压榨则相反。

③加压速度及其过程压力变化规律：压榨过程要求先轻后重，轻压勤压，流油不断，以保证实现最高出油率。从理论上讲，压榨过程分为预压、重压和沥干三个阶段。

（3）足够的压榨时间。

不同的压榨方式对时间长短要求不同。一般地说，时间长，流油较尽，出油率高。动态压榨仅1~5min，而静态压榨时间较长，可达15~90min。

（4）压榨过程必须保持适当的高温

温度高，油脂流动性好，易于出油。一般动态压榨易产生高温（可达220℃以上），必要时需要降温；而静态压榨则必须保温。一般地说，压榨温度保持在100℃~135℃为佳，温度过高会影响油饼质量。

二、浸出法制油

1. 浸出制油工艺流程

（1）常压工艺流程

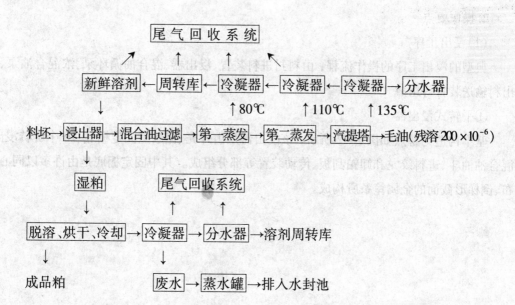

整个系统在常压或微负压（如浸出器）条件下操作；连续化生产，工艺参数采用仪表显示控制；未考虑二次蒸汽余热利用，能量消耗较大，湿粕脱溶与混合油回收系统均在常压下进行，温度较高，粕和油的质量相对较差。

（2）负压蒸发、余热利用工艺流程

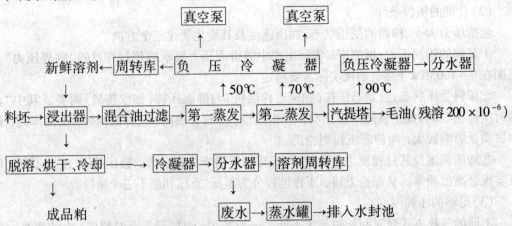

混合油蒸发、汽提系统采用负压（残 0.015 ~ 0.040MPa）条件，可降低混合油沸点，减少油脂的热影响、提高毛油品质，利用脱溶烤粕器的二次蒸汽加热混合油和第一长管蒸发器，可节约大量的新鲜蒸汽（55% ~ 65%）与冷却水循环量（电能 40% ~ 57%），采用预脱溶，有利于脱溶烤粕器节省直接蒸汽消耗量，同时能提高饼粕质量，负压操作，使混合油蒸发和湿粕蒸脱系统的操作阻力大大减小，从而使冷凝器总面积大为缩小，与常规工艺的总面积相比，可省 1/2 ~ 2/3；要求生产过程的各项操作工艺参数（温度、蒸汽压力、混合油流量和浓度以及物料流量等）能够自动控制，负压系统（蒸汽喷射泵或水环真空泵）的操作要求也较高。

2. 操作要点

（1）浸出工序

典型的浸出工序的操作流程，由料封进料装置、浸出器、混合油循环泵、浓混合油泵、湿粕出料输送装置等组成。

①平转式浸出器

基本构造与特点如图 3 - 2 所示，该浸出器是由外壳、箅条型固定栅底、16 个旋转浸出格、混合油油斗、进料绞龙和卸粕刮板、传动装置等部分组成。其中固定栅底是由许多以同心圆排布、倒梯形截面的金属箅条所构成。

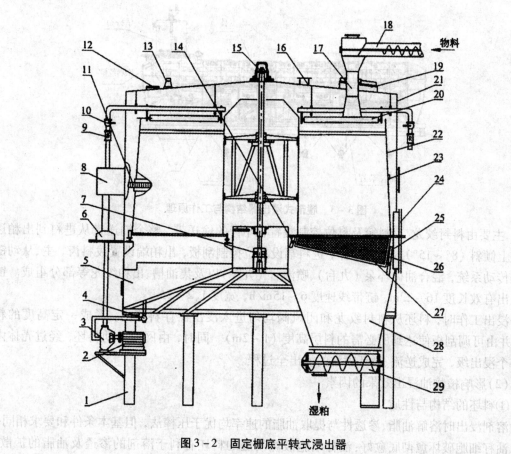

图 3 - 2　固定栅底平转式浸出器

1 - 底座, 2 - 电机, 3 - 混合油循环泵, 4、10 - 阀门, 5 - 油斗, 6 - 减速器, 7 - 轴承,
8 - 传动箱, 9 - 管道视镜, 11 - 齿条, 12 - 平视镜, 13 - 视孔灯, 14 - 滚轮,
15 - 主轴, 16 - 自由气体管, 17 - 进料管, 18 - 封闭绞笼, 19 - 人孔,
20 - 喷液器, 21 - 外壳, 22 - 转子, 23 - 链条, 24 - 检修孔, 25 - 托轮轴,
26 - 外轨, 27 - 假底, 28 - 落料斗, 29 - 双绞龙

平转浸出器浸出取油过程属于高料层逆流浸出。浸出时,料坯先经料封绞龙,按流量要求均匀喂入进料格内。在浸出格存满料后,沿着回转方向一周,就可依次完成进料、循环喷淋和沥干(4 次到 6 次)、新鲜溶剂洗涤,沥干(10 ~ 15min 或 2 ~ 3 格)以及出粕,形成一个周期,实现连续化生产。按照不同的料坯和残油率指标等因素;每一周期为 50 ~ 120min。生产操作过程必须注意以下几点:进料段的存料箱与料封绞龙必须保持料位和充满,不得逸出溶剂气体;保持浸出格装料量一致,溶剂温度 50℃ ~57℃,注意在开车前调整回转周期;采用大喷淋、浸泡、沥干方式为佳,注意保持在喷淋格有液面高出料层面 30 ~50mm,若为新鲜溶剂则喷淋格内的溶剂不得进入沥干段;控制溶剂比的范围;注意保持浸出器的微负压操作条件(196.13 ~1471.0Pa)、定期化验粕残油、勤检查与排除常见故障,如渗透性差的溢流、漏渣以及混合油泵和管道堵塞等。

②履带式浸出器

履带式浸出器的主要结构与工作原理如图 3 - 3 所示。

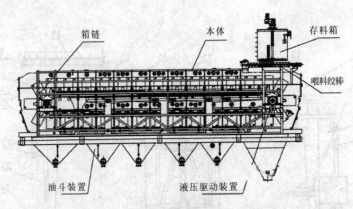

图 3-3　履带式浸出器结构与工作原理

主要由料封绞龙、存料箱及料位控制装置，环行的输送带，整个输送带从进料到出粕逐渐向上倾斜（8°~15°）封闭型壳体，进料端设料位控制刮板，出粕端设置拨料齿，主、从动链轮及传动系统，混合油循环泵（九台）、喷淋管（九个）以及集油槽、出粕绞龙等部分组成。链带浸出有效长度 16~22m，链带线速度 6~15m/h，宽度 1.2~2m。

浸出工作时，料坯从料封绞龙和闭风阀均匀进入浸出器存料箱内，形成一定高度的料封，并由可调刮板使达到所必需的料层高度（1~2m）。同时，由网带带动料坯，经过壳体内的各个浸出级，完成逆流、循环喷淋的浸出全过程。

（2）影响植物油浸出效果的因素

①料坯的结构与性质

溶剂浸出时溶解油脂、渗透性与提取油脂的速率均优于压榨法，但基本条件和要求相同。

油籽细胞破坏愈彻底愈好：油籽细胞破坏彻底的料坯有利于溶剂的渗透及油脂的扩散，对提高出油率至关重要。

料坯薄而结实、粉末度小而空隙多：料坯越薄，油料的细胞就破坏的越彻底。较结实和粉末度小的料坯容易形成多孔的浸出料，有利于油脂的浸出，比如多孔而结实的膨化料比轧坯料更佳。

适宜的料坯水分：一般溶剂只能溶解油脂而不溶于水（醇类除外），所以含水量太大，溶剂就不容易渗透到细胞内部溶解油脂。如：乙醇的浓度为 98% 以上才更有利与浸出油脂。

适当的高温：温度高，油脂黏度低、流动性好，浸出效率高。但要注意浸出温度不得超过溶剂的沸点温度，却又要接近此沸点温度。

②浸出方式与浸出阶段数

浸出方式：按油脂浸出过程中溶剂与料坯的接触方式一般分为浸泡式、渗滤式与混合式三种。最佳方式应该是浸泡和渗滤相结合之所谓"混合式"，其浸出效率高。

浸出阶段数（级数）：浸出过程从理论上讲，应该是个连续的过程，而实际生产中，料坯与溶剂（或混合油）的接触往往分成若干次数，即所谓的"浸出阶段"。每一个阶段是指溶剂（或混合油）与料坯经过一次接触，溶解油脂后达到平衡的过程。欲达到低残油率指标，必有足够的阶段数。

③浸出的工艺条件

浸出温度和时间：浸出温度与上述理论一致。在实际生产中发现油脂浸出过程一般分为两个阶段。在第一阶段溶剂首先溶解大量的油脂，提取量相当于总含油量的85%～95%，在正常操作条件下，只需15～20min；在第二阶段，溶剂能渗透到未破坏的油籽细胞中，溶解并提取出剩余的油脂、但需要的时间很长。必须考虑生产中的生产效率，以达到合理的残油率指标为限。同时，它与浸出方式、溶剂比、渗滤速率、设备结构、温度等因素相关联。

料坯层高度：如果料坯结构强度较高，粉末度小，在浸出效率不受影响的前提下，料层愈高设备利用率就愈高。根据实践，预榨饼高度不超过2.5m，轧坯尤其膨化成型料坯，料层可达2.5～3.5m。料层高度与浸出方式、设备结构形式密切相关。而对于粉末度较大的料坯（如米糠、玉米胚芽），则采取低料层浸出，料层低至30～100cm，如环形浸出器、履带式（或翻斗式）浸出器适应低料层浸出。

溶剂（混合油）的喷淋量：在浸出过程中，加快渗透速率即提高单位时间溶剂（混合油）的喷淋量，对提高每一级浸出、以至整个浸出过程的出油效率至关重要。实践证明，提高单位时间喷淋量达到料坯流量的40%～100%时，正常操作情况下（如大豆坯直接浸出）可将有效浸出时间缩短到20～28min。一般渗透速率要求大于0.5cm/s，膨化成型料坯可控制在2～3cm/s。

溶剂温度、用量与溶剂比：浸出温度是由料坯温度和溶剂温度共同决定的。尤其是一次浸出工艺，料坯温度不高、更需要将溶剂预热到接近浸出温度才能进行有效的浸出。当预榨饼浸出时，由于饼温较高，溶剂的温度可低一些。溶剂用量通常用"溶剂比"来衡量。其定义为单位时间内所用的溶剂质量与浸出料坯质量之比值。一般浸泡浸出溶剂比在（1.6～1.8）：1范围，多阶段、混合式浸出控制在（0.5～0.8）：1 高油分油料一次（或两次）浸出控制在（1.5～2.5）：1

沥干时间与湿粕含溶量：残溶量仍高达18%～35%。其中膨化成型料坯残溶量较低此，一般为18%～25%，而未成型、粉末度大的米糠、玉米胚、油菜籽等，高达35%以上。在浸出器内的沥干时间一般为8～25min不等。

（3）脱溶烤粕工序

从浸出器出来的湿粕通常含有23%～40%的溶剂，要求经过脱溶工序回收溶剂（同时去除水分），最后得到溶剂残留量符合50～100ppm，并具有安全贮藏水分含量≤13.5%的合格成品粕。

①脱溶与烤粕一般分两个阶段进行

脱溶阶段：主要利用直接蒸汽（压力0.13～0.2MPa）穿过湿粕料层接触传热，使溶剂升温沸腾挥发，并由不凝结蒸汽带出器外，达到脱溶目的。

烤粕（烘干）阶段：通过脱溶，一般粕中水分有不同程度的增加，必须经过第二阶段烤粕脱水使粕中的水分达到安全水分含量以下。脱水的方法一般有采用间接蒸汽加热、通热风沸腾床干燥、通冷风沸腾床冷却脱水等。

②主要脱溶设备

脱溶设备一般均设计成脱溶与烤粕相结合的组合装置。常用的有多段卧式烘干机，立式高料层蒸烘机和DTDC型（如图3－4所示）脱溶、烤粕、冷却器等。

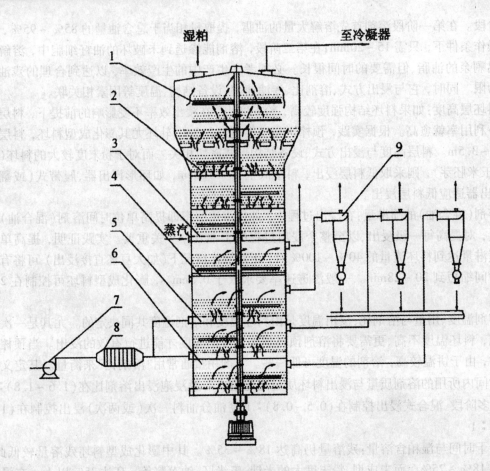

图3-4　DTDC蒸脱机结构图

1-预热层，2-透气层，3-直接气层，4-烘烤层，5-热风层，
6-冷风层，7-风机，8-加热器，9-旋风分离器

③操作要点

气相总压力为常压或微负压，气相温度75℃～85℃（属主要控制参数），直接蒸汽压力（0.13～0.15MPa）和用量（由脱溶量计算而定，用孔板流量计控制），总脱溶时间25～45min（包括预脱溶段），主轴转速15～24r/min，夹套和夹底间接蒸汽压力0.4～0.6Mpa（表压），DTDC型出粕温度要求低于70℃（高料层蒸脱机105℃，出粕后须立即冷却）。随时调整每一层的料位，定时检查和分析成品粕质量，包括水分指标、残溶指标（引爆试验合格）以及外观品质；及时排除因停电、蒸汽压力的变化、水分过高等原因引起的堵塞，结块，质量下降等故障，确保正常安全生产。

（4）混合油处理工序

混合油处理就是将混合油中溶剂进行回收的工序。从浸出器抽出的混合油浓度一般为10%～40%。要回收毛油，必须蒸脱掉混合油中的溶剂。常用的方法是加热蒸发与直接蒸汽汽提脱溶（脱臭）相结合。浸出毛油的残溶指标为40×10^{-6}～100×10^{-6}。根据溶剂与油脂互溶而两者沸点相差很大的特点，采取蒸发和汽提分阶段脱溶工艺可达到预定的残溶指标。

①混合油蒸发

混合油蒸发即利用间接加热使混合油沸腾、溶剂汽化蒸发将混合油含量提高，混合油是二种互溶的均匀液体，在一定压力或真空的条件下，某含量就有一定的沸点。利用混合油沸点与含量的关系可以进行有效的分离，只蒸发是除不尽溶剂的，尤其在常压条件下，如果要使混合油含量提高到95%以上，加热温度就要超过142℃。这样会使得油脂氧化变质、色泽变深、影响毛油质量。因此，在实际生产中只是利用蒸发作为初步浓缩，并且根据实际需要，进行分阶段蒸发。一般分为两个阶段，即所谓："一蒸"（蒸浓到60%~70%），"二蒸"（蒸浓到94%~98%）。根据油脂种类性质、混合油浓度高低、毛油残溶指标以及加热介质的不同采用不同的工艺方案。包括常压或负压、常规的或带余热利用的以下两种工艺路线。

常规常压混合油蒸发系统的工艺流程如下。

混合油→洗涤→沉降→预热→第一蒸发→第二蒸发→汽提→毛油

余热利用负压蒸发，汽提、脱溶（或干燥）系统与常规常压混合油蒸发系统很相似，见图3-5所示。

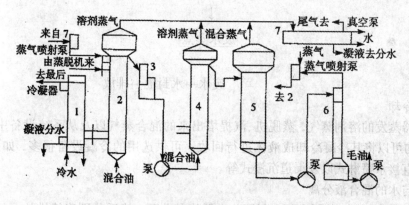

图3-5 余热利用负压蒸发、汽提、脱溶系统

从浸出器出来的混合油经过沉降洗涤罐用5%盐水洗涤，分离出部分水溶性胶质和粕渣。而后预热从第一蒸发器下部进入，经升膜蒸发脱出大部分溶剂，使含量达到70%~75%。再由上面的浮球式液位控制阀。均匀地使混合油进入第二蒸发器，蒸发后含量达到90%~95%，而从汽提塔出来的毛油已基本无溶剂味。在规模化生产条件下，一般要求毛油达到外销或出口水分（0.5%）与残溶（40×10^{-6}以下）指标时，在汽提后加油真空干燥塔或汽提脱溶塔。其设备可选用逆流层碟式或逆流塔板式。整个真空蒸发系统压力为34.66kPa，而干燥、脱溶的压力为21.33kPa。

②汽提脱溶

进入汽提阶段的混合油含量很高（94%以上），在常压下，即使使用直接蒸汽能降低气相分压，但脱溶仍需要很高的温度，一般常压气相温度达120℃~145℃。油脂在高于135℃情况下，很容易氧化，聚合、分解产生过氧化物和许多热稳定性产物，如环氧化物、含氧酸等有害物质。在高温与水蒸气的共同作用下，毛油中的胶质如还原糖和磷脂产生作用以及磷脂的氧化分解作用，将导致酸价升高，形成黑磷脂，使油色变深。因此，尽可能降低汽提的气相压力，这对降低操作温度至关重要。一般要求残压在41.33~61.33kPa，气相温度控制在80℃~95℃。这样可以确保毛油中磷脂的质量不受影响，有利于磷脂产品的进一步开发利用（如大豆毛油）。

汽提效果还取决于直接蒸汽与混合油的接触的充分程度,根据这一原理,研制了许多汽提装置,如由直接蒸汽推动的顺流升膜管式汽提塔(结构简单、耗汽量大),逆流降膜层碟式汽提塔,逆流闪急蒸发式、斜板降膜式以及填料塔式等。

(4)溶剂回收工序

溶剂回收在浸出工艺中已成为不可缺少的组成部分。它直接影响到节能与安全生产的问题。

①溶剂回收工艺流程

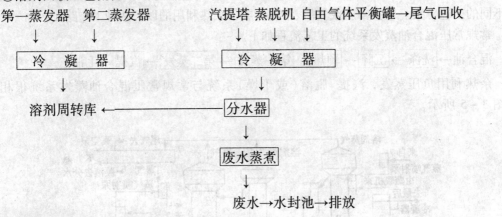

②冷凝冷却

凡蒸发器蒸发的溶剂蒸气,蒸脱机、汽提塔出来的混合蒸气以及从系统设备中排出的自由气体等,均可以将其冷凝冷却成液体进行回收。可供选用的冷凝设备很多,如列管式、列板式、板式、直接水喷淋式以及渠道沉浸式等。

③溶剂与水的混合液分离

借助两者密度不同,静置分层,利用分水器将其分开,然后分别连续排放。另外一种蒸水罐将分水器排出的废水,再继续用间接蒸汽加热到92℃~94℃,使残留于废水中的溶剂最后蒸发出来,进行冷凝回收。

④尾气中回收溶剂

所谓"尾气"就是从各个设备中排出的不凝结气体,又称为自由气体。它的成分主要包括空气、溶剂蒸气和少量水蒸气。有效地回收尾气中溶剂的主要措施有:控制和减少排气量(加强设备和管路密封、控制料封、提高系统尾气冷凝效果),降低尾气温度,采用有效的回收技术措施和设备等。具体的方法有尾气冷凝冷冻法、液蜡或植物油吸收法、活性炭吸附法等。

任务 2　植物油脂的精炼

本任务将完成采用压榨法和浸出法提取的毛油进行必要的系列处理以满足食品安全要求的食用油脂。

任务实施

一、毛油的预处理

1. 工艺流程

毛油→ 预处理 → 脱胶 → 脱酸 → 脱色 → 脱臭 →成品油

2. 操作要点

（1）预处理

预处理即除掉毛油中的不溶性杂质，其方法以机械杂质居多，一般都可以通过沉降、过滤或离心分离等物理方法将其除去。

①沉降分离

沉降法的基本原理是根据杂质与油脂的相对密度不同，借助重力作用，达到自然分离杂质的方法。该法设备简单，容易操作。但除杂不完全，也因耗时较长而导致油脂发生氧化、水解等品质变坏。

②过滤分离

过滤分离从本质上讲，是按照颗粒度大小，利用设定的开孔滤网，将杂质进行分离的方法。它是油厂应用最普遍的方法。一般需要在动力强制（包括重力、压力、真空或离心力）作用下，才能使油脂通过过滤介质，从而达到分离杂质的目的。过滤效果的好坏与油脂的黏度、过滤介质的特性等都有关系，目前过滤设备种类很多，技术较成熟，处理量大，分离效果较好。

③离心分离

离心分离是利用物料组分在旋转时产生不同的离心力而进行的分离方法。

（2）脱胶

脱胶就是利用磷脂等胶溶性杂质的亲水性，将一定数量的水或电解质稀溶液加入毛油中混合，使胶质吸水膨胀、凝聚形成相对密度较大（较油大）的"水合物"，从而利用重力沉降或离心分离法达到分离的目的。按照生产过程的连续状况，水化工艺可分为间歇式，半连续式和连续式。按照操作条件可分为高温、中温、低温水化和直接喷汽法四种，而操作步骤基本相同，仅在工艺条件上有差别。

（3）脱酸

脱酸就是脱除毛油中的游离脂肪酸的过程。即利用碱液和毛油中的游离脂肪酸发生皂化生成肥皂后将其分离除去，达到降低油脂中游离脂肪酸的一种精炼方法。生成的肥皂具有较强的吸附能力，能将其他杂质如固粒的蛋白质、胶质、色素等带入皂角中而被分离。

①间歇式脱酸

间歇式脱酸操作全过程包括进油、加碱、搅拌升温（约每分钟升高 1℃）、加水、静置沉淀、水洗、真空干燥以及皂角撇油等步骤。它的特点是投资低，操作稳定可靠、适应性强。但由于其操作周期长、炼耗大、质量不稳定、相对能耗大、废水多而一般仅应用于小规模生产。

②连续式脱酸

连续式脱酸就是油、碱之间接触时间很短，中性油皂化很少、皂角含油低、处理量大、生产自动化程度高，具有生产的连续性与产品质量的稳定性特点。

典型工艺流程简介（一次脱皂、一次水洗）：

毛油→ 加热 → 加入磷酸 → 加入烧碱 → 离心分离 → 碱炼油加热 → 加入水或烧碱 →

离心分离 → 净油 → 干燥 →脱酸油

该过程的碱与油在20℃~40℃条件下有3~10min的混合时间。接着迅速升温至65℃~90℃，以达到离心分离前皂粒的絮凝、乳状液的破坏，有利于提高离心机的分离效果。

(4)脱色

油脂脱色就是利用吸附力强的吸附剂在热油中能吸附色素及其他杂质的特性在过滤去除吸附剂的同时也把被吸附的色素及杂质除掉，从而达到脱色净化的目的。

①对吸附剂的要求

吸附剂应吸附力强，选择性好，吸油率低，与油脂不发生化学反应，无特殊气味和滋味，价格低，来源丰富。活性白土是应用最广泛的吸附剂。

②脱色温度

温度低时有利于表面吸附，温度高时可化学吸附，但却易使皂质分解产生脂肪酸。所以最高脱色温度一般常压下为104℃~110℃。

③脱色时间

间歇式操作15~30min，连续脱色为5~10min。

④油脂水分含量

油脂水分含量在0.2%以下，达到0.3%时就会影响白土吸附。含磷量小于10~30mg/kg。

⑤白土用量

以达到规定的脱色效果为限。

(5)脱臭

脱臭就是利用甘油三酸酯与影响油脂风味、气味、色泽以及稳定的"臭味物质"之间挥发度(气化分压)存在的很大差异，在高温、高真空条件下，借助水蒸气蒸馏原理加以脱除的工艺过程。

①汽提蒸汽

直接蒸汽的作用主要是促使与油脂的充分混合翻动，扩大挥发表面积；降低气相分压，有利于在较低的温度下脱除臭味物质。同时，有足够的时间完成脱色过程。在间歇式或浅盘塔式脱臭器中，用气量较多(油重的2%~5%)。而在薄膜式脱臭器中，耗气量很少(油重的0.5%~1.0%)、时间短，需要增加额外的热脱色所必需的时间。

②升高脱臭油温度

升高脱臭油温度能增加油脂与臭味物质之间的蒸汽压差，有利于脱臭。同时，也会破坏类胡萝卜素色素以及其他杂质，使其挥发或脱色，即所谓"热脱色"。但是过高的温度是产生油脂氧化、水解、聚合变质的重要原因，也是不允许的。以达"足够脱臭压差"必要高温为限。

在真空(1kPa以下)条件下，一般为200℃~275℃。

③必需的高真空度

真空度起着提高压差、降低脱臭油温和耗气量、防止氧化变质，以及缩短汽提脱臭时间等重要作用。真空度控制是根据脱臭油成分、产品质量指标以及设备性能等多种因素决定的。一般为0.133~1kPa。

④原料油的"脱气"加热

为避免溶解于油脂中的空气导致油脂氧化，在常压下加热油脂一般不超过100℃~120℃。因此，将进入脱臭前的原料油，首先脱出溶解的空气是十分必要的。

⑤脱臭后的真空冷却

对于一些风味敏感的油脂如大豆油，为防止因热反应而很快产生新的气味物质，希望在完成脱臭后立即进入冷却阶段，快速降温至150℃~190℃，即所谓真空冷却、"低温"脱臭。如果单靠外部热交换器冷却，不仅在塔内完成脱臭的时机不易掌握，而且热反应所产生的新气味物质与新的脂肪酸，不可能再通过真空脱除，这就容易产生所谓"反味"，甚至"反色"和"反酸"现象。

任务3　油脂食品加工

本任务将完成植物油的常规深加工方法，目前油脂深加工常见品种有氢化油、人造奶油、色拉油等。

任务实施

一、氢化油加工

1. 氢化工艺流程

原料油预处理→ 除氧脱水 → 添加催化剂 → 氢化 → 过滤 → 后脱色 →脱臭→成品氢化油

2. 操作要点

(1)对原料油的预处理

进入氢化反应器之前必须要尽可能除去原料油中的杂质，杂质的允许残留量:FFA≤0.05%，水分≤0.05%，含皂≤25mg/kg，硫≤5mg/kg，POV≤2mmol/kg，磷≤2mg/kg，色泽R1.6，Y16(13.34cm)，茴香胺值≤10，铜≤0.01mg/kg，铁≤0.03mg/kg。

(2)除氧脱水

原料油预处理后由于中间贮存或输送会导致氢化反应前水分和氧气含量超出允许值，间歇式一般在氢化反应器内进行。连续或半连续式工艺，原料油在进反应器前须设立一台真空脱气器。条件:真空度94.7kPa以上，温度110℃~150℃。

(3)氢化

①间歇式或间歇-连续式氢化生产周期

进料(吸入与少量油脂预混合的催化剂)5~7min，升温脱气20~30min，通氢气进行氢化反应 40~46min，放料 5~7min，共计 70~90min。热交换预热、脱气后进料工艺的生产周期为 50~60min。

②工艺过程的一般条件

油温到 140℃~150℃开始通入氢气发生氢化反应，反应温度 150℃~200℃，氢气压力 0.1~0.5MPa，催化剂用量 0.01%~0.5%，搅拌转速 600r/min 以上。

③氢化终点的测定方法

氢化时间的长短，往往通过检测氢化终端产物质量指标(Ⅳ，碘价与熔点)是否符合产品质量指标要求而定。目前最精确的测定终点反应程度的方法仍然是用计量计(如孔板流量计)测定氢气的消耗量。

④过滤

过滤的目的在于脱除氢化油中的催化剂。当油温降低到 70℃左右进过滤机过滤。

③后脱色与后脱臭

后脱色的目的是借白土吸附进一步去除残留催化剂。工艺条件：温度 100℃~110℃，时间 10~15min，白土量 0.4%~0.8%，压力 6.7kPa，镍残留量低于 5mg/kg。氢化过程中会产生一些新的异味物质，这些物质也称为"氢化臭"；后脱臭就是要除去这些异味物质。操作条件：真空度 1.3kpa，温度 170℃~185℃，蒸汽压力 0.05MPa，脱臭时间 8h 左右。

二、人造奶油加工

1. 人造奶油工艺流程

油脂→ 调和乳化 → 急冷 → 机械捏合 → 静置熟成 →包装

2. 操作要点

(1)调和乳化

原料油按规定比例计量后与油溶性添加物混合成油溶性部分，水溶性添加物与经过消毒后的水按比例混合成水溶性部分。然后混合两部分，升温(保持 43℃~49℃)并快速搅拌形成乳化液。

(2)急冷

将乳状液快速冷却(即 A 单元)，而使其达到析出结晶的程度。快速冷却的同时进行强烈搅拌，因搅拌产生的强烈剪切效应而使乳状液不会形成大的结晶，成为带有微粒化晶体的过冷液。

(3)机械捏合

从 A 单元出来的部分结晶过冷液，还需要经过捏合单元(即 B 单元)进一步完成结晶。即在此过程中，采用剧烈的搅拌捏合，使其网状结构不能形成，重新缓慢结晶、降低稠度、提高可塑性。

(4)静置熟成

如果要求产品具有较大的稠度，可以采用静态的 B 单元来实现。延长并调节停留时间，使物料进一步完成结晶、提高稠度(也叫熟成)。

(5)包装

包装以后，置于比熔点低 10℃的仓库中保存 2~5d，才能完成结晶，称其为"熟成"。

三、色拉油加工

1. 色拉油工艺流程

菜籽毛油 → 过滤 → 磷酸脱胶 → 加碱中和 → 升温 → 静置沉淀 → 净油 → 水洗 → 静置沉淀 → 净油 → 预脱色 → 过滤 → 脱色 → 过滤 → 脱臭 → 过滤 → 成品色拉油

2. 操作要点

(1)磷酸脱胶

毛油升温至30℃~32℃，并以60r/min的转速搅拌以除去油中气泡，加大油重0.1%~0.2%的磷酸(浓度为85%的工业磷酸)搅拌30min。这一过程也采用水化脱磷的工艺。

(2)加碱中和

以浓度16~18°Bé，超量碱为0.2%~0.3%的液体碱进行碱炼。先以60r/min搅拌10~15min，继续以27r/min搅拌40min。

(3)升温

升温中和搅拌40min后升温至50℃~60℃继续慢速搅拌10min，等待肥皂粒聚集后停止搅拌，关闭后接蒸气静置沉淀6h，分离时油中不带皂角。

(4)水洗

将分离皂角后的净油升温至85℃，撇去面上的皂角，加入油重15%、温度为90℃的盐碱水，边喷水边搅拌。加水完毕后停止搅拌。静置30min，放掉下层废水，以沸清水水洗2~3次。洗涤后要求油中含皂角量低于0.003%。

(5)预脱色

碱炼水洗后的净油，用真空泵吸入脱色锅内，升温至90℃，干燥脱水30min，真空度98.658kPa。脱水后吸入少量活性白土，保持真空和温度条件下搅拌20min，真空条件下冷却至70℃进行过滤。

(6)脱色

将预脱色油吸入脱色锅内，真空度为98.658kPa。在搅拌下升温至90℃，并吸入油重2%~8%(根据油的品质决定)的活性白土。继续搅拌10~15min，直到油温降至70℃(用冷水间接快速冷却)时进行过滤。

(7)脱臭

脱色油吸入脱色锅，以间接蒸气加热至90℃~190℃时，开始喷直接蒸气，维持温度185℃，残压400~667Pa脱臭5h以上，脱臭后油脂在真空下迅速冷却到70℃以下，过滤后即得成品色拉油。

❖ 思考与练习

1. 简述油料预处理工艺。

2. 比较压榨法提取油脂与浸出法提取油脂的优缺点。

3. 通过对油脂精炼工艺的学习，谈谈怎样才能精炼出品质优良的精炼植物油脂。

4. 简要叙述色拉油的加工技术。

5. 列举一种调和油的生产方法。

6. 通过资料查阅，拟写一份参观油脂加工厂的预参观计划（要求能够针对学习过程中发现的问题提出设想）。

实验实训七 参观油脂加工企业

一、实训目的

通过参观实训，使学生进一步了解油脂提取及深加工工艺流程和技术要点，并对工业化生产油脂有一个系统的了解。同时，通过参观实训培养学生具有良好的职业道德素质，为从事实践工作打下良好的基础。

二、实训内容

1. 了解油脂原料的选择及相关技术参数。
2. 了解油脂原料的清理流程及操作要求。
3. 了解油脂原料的预处理流程及设备操作要领。
4. 了解油脂提取工艺及参数控制。
5. 了解油脂提取设备运转性能。
6. 了解油脂精炼工艺及设备操作要求。
7. 了解油脂品质鉴定方法。
8. 了解油脂加工的整体设备安装工艺流程和油脂工厂规划的要求。

三、实训思考

1. 讨论影响油脂品质的因素。
2. 写一份观后总结(1000~1500字)。

项目四　大豆制品加工

【学习目标】

1. 了解大豆的分类、化学构成。
2. 掌握大豆蛋白制品的加工工艺。
3. 熟悉影响产品质量的因素和控制方法。

项目基础知识

一、大豆籽粒的形态结构与成分

1. 大豆籽粒的形态结构

大豆为一年生草本植物，籽粒由种皮、子叶和胚三部分构成，各个组成部分由于细胞组织形态不同，其构成物质也不相同。

（1）种皮

种皮位于种子的表面，起保护作用。种皮约占整个大豆籽粒质量的8%，主要由纤维素、半纤维素、果胶质和少量的蛋白质和脂肪构成。

（2）胚

胚由胚芽、胚轴、胚根三部分构成，约占整个大豆籽粒质量的2%。胚是具有活性的幼小植物体，当外界条件适宜时便萌发生长。

（3）子叶

子叶又称豆瓣，约占整个大豆籽粒质量的90%。子叶中贮存有丰富的蛋白质。

2. 大豆的主要化学成分

（1）碳水化合物

大豆中碳水化合物的含量约占总质量的25%，主要成分为蔗糖、棉子糖、水苏糖、毛芯花糖等低聚糖和阿拉伯半乳糖等多糖类。成熟的大豆中淀粉含量为0.4%～0.9%。大豆中的碳水化合物可以分为可溶性与不溶性两大类。在全部碳水化合物中，除蔗糖外均难以被人体消化，其中有些碳水化合物在人体肠道内还会被菌类利用并产生气体，使人食后有胀气感。

（2）蛋白质

蛋白质是人类生命活动不可缺少的物质基础。大豆的蛋白质含量随大豆品种和栽培区域的不同而变化，一般占35%～45%。大豆蛋白质含有人体必需的9种氨基酸（仅蛋氨酸略少一些），其中赖氨酸的含量特别丰富，而一些谷物类食品却缺乏赖氨酸，因此将大豆蛋白质或大豆制品与谷物类食品配合食用，可以弥补谷物类食品中缺乏的赖氨酸。

（3）脂肪

大豆中脂肪含量约为18%，大豆油在室温下为黄色液体，是半干性油，在人体内的消化吸收率达97.5%，为优质食用植物油。其中不饱和脂肪酸占全部脂肪酸的60%以上，有防止血管中胆固醇沉积的效果。大豆油中含有1.1%～3.2%磷脂，主要为卵磷脂和脑磷脂。卵磷脂具有良好的乳化性，脑磷脂具有加速血液凝固的作用。大豆油脂中的不皂化物主要是醇类、类胡萝卜素、植物色素及生育酚类物质，总含量为0.5%～1.6%。

（4）大豆中的酶及抗营养因子

大豆中含有许多种酶，食品加工中密切关注的主要有脂肪氧化酶、脲酶、磷脂酶D；抗营养因子有胰蛋白酶抑制素和血球凝集素。

①脂肪氧化酶

大豆中脂肪氧化酶的活性很高，当大豆籽粒破碎后，只要有少量的水分存在它就可以与大豆中的亚油酸、亚麻酸等底物发生降解反应，其降解产物有近百种，其中许多与豆腥味有关。脂肪氧化酶的活力与pH有关，pH为7～8时，脂肪氧化酶的活性最高。

脂肪氧化酶的作用对食品质量的影响有两方面。比如在焙烤食品生产中，在面粉中加入1%（按面粉质量计）含脂肪氧化酶活力的大豆粉，能够改善面粉的色泽和质量。这主要是其降解产物氢过氧化物对胡萝卜素有漂白作用，能够使面筋蛋白质的巯基（-SH）氧化成二硫键（-S-S-），起到了强化面筋蛋白质的作用。但有时由于脂肪氧化酶的作用，产生一些不良风味，会导致食品质量的下降。因此，有时需要钝化脂肪氧化酶的活性，其方法有加热、调节pH及使用化学抑制剂等。

②脲酶

脲酶属于酰胺酶类，是分解酰胺和尿素产生CO_2和NH_3的酶，也是大豆中抗营养因子之一，在大豆中的含量较高。由于脲素酶容易受热而失去活性，而且容易准确测定，经常作为确认大豆制品湿加热处理程度的指标。

③淀粉分解酶和蛋白分解酶

大豆α-淀粉酶对于支链的碳水化合物的分解作用超过从其他原料中提取的α-淀粉酶。大豆β-淀粉酶活性比其他豆类中的高，对磷酸化酶有钝化作用，其在pH5.5，60℃加热30min将会有50%的活性损失掉；而在70℃加热30min将会全部失活。

④胰蛋白酶抑制素

具有抑制小肠中胰蛋白酶活力的作用，因而食用后会妨碍食物中蛋白质的消化、吸收和利用，其毒性是可引起胰肠肥大。在湿热条件下加热时，胰蛋白酶阻碍因子容易被破坏。

⑤血球凝集素

通过试验发现大豆中至少有4种血球凝集素。脱脂后的大豆粉中约含3%的血球凝集素。研究发现血球凝集素能够引起红血球凝聚，同时很容易被胃蛋白酶钝化。大豆血球凝集素受热很快失去活性，甚至活性完全消失。因此，加热过的大豆食品，血球凝集素不会对人体造成不良影响。

（5）无机盐

大豆中的无机盐有10种，主要有钙、磷、铁、钾等。它们的总含量一般为4.0%~4.5%。钙的含量在不同品种的大豆中差异较大，范围为163~470mg/100g大豆。大豆的含钙量越高，蒸煮后大豆的硬度越大。在大豆的无机盐中钾含量最高，磷的含量占第二位，大豆中大部分的含磷化合物是植酸钙镁，植酸钙镁是由植酸与钙镁离子络合而成的盐，它严重影响人体对钙、镁的吸收。但是大豆经过发芽后，植酸被分解为无机酸和肌醇，被络合的金属游离出来，使钙、镁的利用率提高。

（6）维生素

大豆中的维生素含量较少，品种不多。其中以水溶性维生素为主，脂溶性维生素很少，并且大豆中的维生素在大豆制品加工中热处理破坏很多，制品中含量就更少了。

（7）皂苷

在大豆中约占干基的2%，脱脂大豆中的含量约为0.6%。皂苷多呈中性，少数为酸性，容易溶解于水和90%以下的乙醇溶液中。它对热稳定，但是在酸性条件下遇热容易分解。皂苷具有溶血性和毒性，所以通常认为是抗营养成分。但是有研究表明，大豆皂苷不仅对人体无生理上的阻碍作用，而且有降低过氧化脂类生成的作用，因此，对高血压和肥胖病有一定的疗效，也有抗炎症、抗溃疡和抗过敏的功效。

（8）大豆中的风味

大豆具有特殊的气味，被称为豆腥味或臭味。除去这种气味成分，是大豆加工中需要考虑的问题。这种气味成分较复杂，并不是起因于其中某一特定物质，而是几种香味成分的总和对嗅觉的刺激。

（9）大豆中的有机酸、异黄酮

大豆中含有多种有机酸，其中柠檬酸含量最高，还有醋酸、延胡索酸等，利用大豆中的有机酸可以生产大豆清凉饮料。大豆中含有少量的异黄酮，它具有一定的抗氧化能力，其生理活性和提取方法是目前研究的热点。

二、豆制品的分类

1. 传统豆制品

包括豆腐、豆腐干等非发酵制品和酱油、腐乳等发酵制品；

2. 新兴豆制品

包括豆奶粉、豆奶等全脂大豆制品以及分离蛋白、浓缩蛋白、组织蛋白、蛋白饮料等蛋白制品及油脂制品；

3. 大豆营养保健功能成分开发利用制品

包括大豆磷脂制品、大豆低聚糖、大豆异黄酮、大豆纤维等。

三、豆制品加工特性

大豆及其制品的加工特性主要是指大豆在加工过程中的吸油性、水合性、乳化性、黏结性、溶解性、凝胶性等。

1. 吸油性

大豆蛋白可以与磷脂、甘油三酯形成脂－蛋白络合物，故具有吸油性。大豆蛋白在制造食品的过程中，能促进脂肪的吸收，或与脂肪结合，减少蒸煮时油的损失，还可起到稳定食品外形的作用。大豆组织蛋白的吸油率以干基计可达60%～130%，最大的吸油率发生在15～20min内。煎炸面包时如添加大豆粉，可以减少油的吸收。

2. 水合性

大豆蛋白的水合性包括三个方面，即吸水性、保水性和膨胀性。这是由于大豆蛋白沿着它的肽链骨架含有很多极性基团的缘故。它涉及到食品中蛋白质的可分散性、结合性、黏结性、凝胶性和表面活性等重要性质。

（1）吸水性

吸水性一般指蛋白质对水分的吸附能力。用大豆粉替代脱脂奶粉，就需要添加更多的水分。如在面包中，每添加1%的分离蛋白，水分吸收量就增加1.5%。

（2）保水性

大豆蛋白在加工时还有保持水分的能力，这与黏度、pH值、电离强度和温度有关。

（3）膨胀性

大豆蛋白吸收水分后会膨胀起来，即蛋白质扩张作用。取一种大豆分离蛋白分别在不同温度下烘烤30min，分别测定其膨胀性，结果表明，加热处理可增加大豆蛋白的膨胀性，以80℃时为最好，当然大豆蛋白膨胀性的最适温度因产品不同而略有差异。

3. 乳化性

大豆蛋白是表面活性剂，既能降低水和油的表面张力，具有乳化性，又能降低水和空气的表面张力，具有泡沫性，易于形成乳状液。乳化的油滴被聚集在油滴表面的蛋白质所稳定，形成一种保护层，这个保护层可以防止油滴聚集和乳化状态破坏，促使乳化性能稳定。一般大豆分离蛋白乳化能力比浓缩蛋白大6倍。

4. 黏结性

蛋白质分子量大，其较强的溶解性和吸附能力使它具有黏结性，故可用于调整食品的物性。

5. 溶解性

大豆蛋白分子中的极性部位有些是可以电离的，如氨基等，这样通过pH值的改变，可以改变其极性和溶解性。当某一体系的pH达2.0时，约80%的蛋白质被溶解；随着pH的增加，蛋白质的溶解度降低，直至pH为4～5的等电点范围内，蛋白质溶解度趋于最小，约为10%。而后，随着pH的逐渐增加，蛋白质的溶解度再次迅速增加，pH为5.6时蛋白质溶解度可达80%以上，在pH为12时溶解度最大量可达90%以上。根据大豆蛋白这一溶解特性，可以在腌制盐水中添加大豆分离蛋白，通过注射和滚揉，使盐水均匀扩散到肌肉组织中并与盐溶性肉蛋白配合，保持如火腿、咸牛肉等大块肉制品的完整性，提高出品率。

6. 热敏性

大豆蛋白溶解性随加热时间延长而降低。加热10min后，其溶解性可由原来的80%降低到20%～25%。由于湿热能够很快地把蛋白质变为不溶解物质，故常用溶解度来确定热处理程度。酸和碱以及极端的pH（14或1）等均能引起次单体解聚。对大豆蛋白提取液或大豆蛋白加热溶液进行冻结，在−3℃～−1℃下冷藏，解冻后蛋白质变为不溶，并可浓缩脱水，形成海绵状，这就是大豆蛋白的冻结变性。

7. 凝胶性

含有80%以上分离蛋白的溶液加热则形成胶凝体，可改善肉制品的硬度、弹性、切片性和质构。由于大豆蛋白优良的功能特性，它除了应用在传统肉制品中外，还为创造新食品提供了机会。如用大豆分离蛋白代替脂肪，同时有软化和增嫩的作用，可制作蛋白质含量高达19%而脂肪含量仅3%的法兰克福鱼肉香肠。

8.组织形成性

大豆蛋白具有组织化作用。把含有8%的蛋白液加热，可形成胶体，蛋白液浓度在16%～17%时，可得到有弹性的自承重凝胶。在高温下，强力搅拌豆粉液可使蛋白质定向凝聚，并得到与肉相似的物质。这对于发展新的蛋白质食品具有特别重要的意义。

大豆蛋白还有一个优点就是不同的加工方法对必需氨基酸的含量和特性没有显著影响。

任务1 传统豆制品加工

本任务将完成传统豆制品的加工，主要有传统豆腐、腐竹和腐乳等加工工艺及操作要点的确定。

任务实施

一、传统豆制品生产的原辅料

1.凝固剂

(1)石膏

石膏主要成分是硫酸钙，由于结晶水含量不同，又分为生石膏、半熟石膏、熟石膏、过熟石膏。生石膏对豆浆的凝固作用最快，熟石膏较慢，而过熟石膏则几乎不起作用。生石膏作凝固剂，制得的豆腐弹性好，但由于凝固速度太快，生产中不易掌握，因此，实际生产中基本都采用熟石膏。

控制豆浆温度85℃左右，添加量为大豆蛋白质的0.04%（按硫酸钙计算）左右。在实际生产中，由于搅拌条件、豆浆温度、石膏粉颗粒大小等因素的影响，使用量往往超过这个添加量。合理使用可以加工出保水性好、质地均匀细腻的豆腐。

(2)盐卤

盐卤又称为卤水，主要成分为氯化镁，有固体和液体两个品种。液体浓度一般为25～27°Bé，固体是含氯化镁约46%的卤块。无论是液体还是固体，使用时均需调成浓度为15～16°Bé的溶液。用盐卤作凝固剂，盐卤溶解性好，蛋白质凝固速度快，蛋白质的网状结构容易收缩，制品持水性差，但盐卤豆腐具有极好的风味。

2.消泡剂

豆制品生产的制浆工序中会产生大量的泡沫，泡沫的存在对后续操作极为不利，因此，必须使用消泡剂消泡。

(1)油脚膏

它是由酸败油脂与氢氧化钙混合制成的膏状物，配比为10：1，使用量为1.0%。

(2)硅有机酸树脂

它是一种较新的消泡剂，它的热稳定性和化学稳定性高，表面张力低，消泡能力强。硅有机酸树脂有两种类型，即油剂型和乳剂型，豆制品生产中使用水溶性能好的乳剂型，其使用量为 0.05g/kg 食品。

（3）脂肪酸甘油酯

它分为蒸馏品（纯度达 90% 以上）和未蒸馏品（纯度为 40% ~ 50%）。蒸馏品使用量为 1.0%。使用时均匀地添加在豆浆中一起加热即可。

3. 水

水是大豆制品生产中必不可少的，水的硬度对豆浆的凝固有一定的影响，直接关系到大豆蛋白质的溶解提取、凝固剂的使用量和豆腐的出品率、质量等。软水制豆腐要比硬水好得多，用软水制得的豆浆蛋白质含量比自来水高 0.28%，豆腐得率高 5.9% 左右。用软水生产豆腐可以大大提高大豆蛋白质的利用率。另外，生产中应注意水的 pH 最好为中性或微碱性，而要尽量避免使用酸性或碱性较强的水。

从食品卫生和安全角度来说，水质应符合 GB5749 - 2006《生活饮用水卫生标准》，水质须经检验，贮水池应定期清洗消毒。

二、传统豆腐加工

1. 工艺流程

大豆→ 清理 → 浸泡 → 磨浆 → 滤浆 → 煮浆 → 凝固 → 成型 →成品

2. 操作要点

（1）选料

选用颗粒饱满、色泽黄亮的优质新大豆为原料，不宜选用陈豆。将原料大豆筛选，去掉生霉、虫蛀的颗粒及其他杂物。

（2）浸泡

大豆浸泡的目的是为了软化组织结构，提高胶体分散程度，有利于大豆粉碎后提取其中的蛋白质，生产时大豆的浸泡程度因季节而不同，通常将大豆浸泡于 3 倍的水中，夏天浸泡 8~10h，冬天 16~20h。浸泡好的大豆吸水量为 1:（1~1.2），即大豆增重至原来的 2.0~2.2 倍。浸泡后大豆表面光滑，无皱皮，用手搓豆，较容易分成两半，且分开面光滑平整，中心部位与边缘色泽一致，表明浸泡适度。

（3）磨浆

控制磨碎细度为 100~120 目。实际生产时应根据豆腐品种适当调整粗细度，并控制豆渣中残存的蛋白质低于 2.6% 为宜。

磨浆一般采用三道磨制。在浸泡好的大豆中加入三浆水进行磨制，并掌握流速，保持稳定，可得到头浆和头渣；头渣加适量三浆水或清水搅拌均匀，然后磨制得到二浆和二渣；二渣加适量清水磨制得到三浆，三浆再作头磨用水。头浆、二浆合并成豆浆。磨浆黄豆与水的比例为 1:3，磨浆为便于过滤可加入 1.5% 的消泡剂或油渣。

采用石磨、钢磨（如图 4-1 所示）或沙盘磨进行破碎，磨浆时要边加水边加大豆，加水量应为浸泡好大豆重量的 2~2.7 倍。加水时，水流要稳，要与进豆速度相适应，只有这样才能使磨出的豆浆细腻均匀，达到预期的要求。

图 4 – 1　大豆磨浆机

（4）过滤

过滤是除去豆浆中的豆渣，调节豆浆浓度的过程。根据豆浆浓度及产品不同，过滤时的加水量也不同。豆渣不但使豆制品的口感变差，而且会影响到凝胶的形成。豆浆的过滤方法有很多，大体上可分为传统手工式和机械式过滤法两种。目前在小型的手工作坊主要应用传统的过滤方法，如吊包过滤和挤压过滤。而在工厂，则主要采用卧式离心筛过滤、平筛过滤、圆筛过滤等。卧式离心筛过滤是应用最广泛的过滤分离方法图（4 – 2 所示）。它的主要优点是速度快、噪声低、耗能少、豆浆和豆渣分离较完全。也有大豆粉碎机内部设置有过滤网，大豆磨浆过程中通过过滤网将豆浆和豆渣分离。采用这种方法，在磨浆过程中的能耗有所增加，但豆浆中只有很少一部分颗粒较小的豆渣需要进行进一步分离。

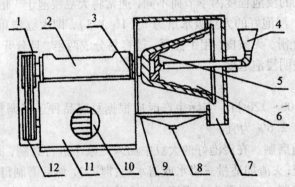

图 4 – 2　卧式离心筛滤浆机

1 – 皮带罩，2 – 轴承盒，3 – 主轴，4 – 进料管，5 – 分离伞，6 – 离心转子，
7 – 出渣口，8 – 出浆口，9 – 外套，10 – 电机，11 – 机座，12 – 传动轮

使用卧式离心筛过滤时，分离过程中要分阶段地定量加水，加水后要充分搅拌，使蛋白质充分溶解；水温最好在 55℃ ~ 60℃，以利于蛋白质分离；分离过程要连续进行，尽量减少临时停车，以保证生产的稳定性及豆浆的浓度；分离机的过滤网要选择适当，且应先粗后细，如第一级分离用 80 目过滤网，后面的分离则可用 100 目过滤网。

（5）煮浆

煮浆可使蛋白质变性，为点脑创造条件，煮浆还能够降低大豆豆腥味，消除对人体的不良因素。同时大豆蛋白在形成凝胶的同时，还能与少量脂肪结合形成脂蛋白，脂蛋白的形成可以使豆浆产生香气。它是豆腐生产过程中重要的环节之一。

①煮浆的方法与生产技术要求

煮浆的方法很多，从原始的土灶煮浆到现代的通电连续加热法等都在我国得到了应用。

a.土灶直火煮浆法主要以煤、秸秆等为燃料，其成本低且简便易行，锅底轻微的焦糊味使豆制品有一种独特的豆香味。不过，火力较难控制，易使豆浆焦糊，给产品带来焦苦味。

煮浆时，要求要快，时间越短越好，一般不超过15min。在火候掌握上必须先文火，后急火。一般可先用文火煮3～5min，待豆浆温度达到一定后，再开动鼓风机加大火力。直火煮浆时，豆浆表面很容易产生泡沫而浮于其上，阻碍蒸汽散发，形成"假沸"现象，稍不注意，就会发生溢锅。所以加温的时候，要采取措施，以保证蒸汽顺利散发。必要时可使用一些消泡剂。直火煮浆待豆浆完全沸腾，温度达100℃以上时应马上停火，并立即出锅，否则易导致产品色泽灰暗，缺乏韧性。

b.敞口罐蒸汽煮浆法在中小型企业中应用比较广泛。它可根据生产规模的大小设置煮浆罐。敞口煮浆罐的结构是一个底部接有蒸汽管道的浆桶。

煮浆时，让蒸汽直接冲进豆浆里，待浆面沸腾时把蒸汽关掉，防止豆浆溢出，停止2～3min后再通入蒸汽进行二次煮浆，待浆面再次沸腾时，豆浆便完全煮沸。之所以要采用二次煮浆，就是因为用大桶加热时，蒸汽从管道出来后，直接冲往浆面逸出，而且豆浆的导热性不是太好，因此豆浆温度由上到下降低，所以第一次浆面沸腾时只是豆浆表面沸腾，停顿片刻待温度大体一致后，再放蒸汽加热煮沸，则可以使豆浆完全沸腾。

c.封闭式溢流煮浆法是一种利用蒸汽煮浆的连续生产过程。常用的溢流煮浆生产线是由五个封闭式阶梯罐组成，罐与罐之间有管路连通，每一个罐都设有蒸汽管道和保温夹层，每个罐的进浆口在下面、出浆口在上面。

煮浆时，先把第五个罐的出浆口关上，然后从第一个罐的进浆口注浆，注满后开始通汽加热，当第五个罐的浆温达到98℃～100℃时，开始由第五个罐的出浆口放浆。以后就在第一个罐的进浆口进浆，通过五个罐逐渐加温，并由第五个罐的出浆口连续出浆。从开始到最后，豆浆温度分别控制为40℃、60℃、80℃、90℃和98℃～100℃。五个罐的高度差均在8cm左右。采用重力溢流，从生浆进口到熟浆出口仅需2～3min，豆浆的流量大小可根据生产规模和蒸汽压力来控制。

②煮浆过程中应注意的问题

a.煮浆温度和煮沸时间：煮浆温度和煮沸时间应保证大豆中的主要蛋白质能够发生变性。另外，煮浆还可破坏大豆中的抗生理活性物质和产生豆腥味的物质，同时具有杀菌作用。因此，煮浆时一般应保证豆浆在100℃的温度下保持3～5min。

b.豆浆的浓度：煮浆前要按照需要加入不同比例的水将豆浆的浓度调整好。一般来说，加水量越多，豆浆浓度降低，豆腐的得率就越高，但如果豆浆浓度过低，凝胶网络的结构不够完善，凝固后的豆腐水分离析速度加快，黄浆水增多，豆腐中的糖分流失增加导致豆腐的得率反而下降。因此，加水量应主要考虑所生产的豆腐品种以及消费者的喜好。

（6）凝固

凝固就是通过添加凝固剂使大豆蛋白在凝固剂的作用下发生热变性，使豆浆由溶胶状态变为凝胶状态。凝固也是豆腐生产过程中的重要工序之一，可分为点脑和蹲脑两个环节。

①点脑

点脑是豆制品生产的关键，要使豆浆中的蛋白质凝固，必须具备两个条件：一是蛋白质发生热变性，二是添加凝固剂。目前常用的凝固剂有石膏、卤水、葡萄糖酸内酯等。蛋白质凝固是利用煮浆使蛋白质变性，蛋白质卷曲的多肽链展开，通过添加凝固剂，也就是加入一定量的碱金属中性盐，破坏蛋白质表面的水化膜，中和蛋白质静电荷，使蛋白质分子相互吸引而交织在一起形成网络结构的胶体。

a. 点脑的技术要求：点脑要控制豆浆的温度在 80℃～84℃，豆浆中蛋白质浓度为 3% 以上，pH 为 6～6.5。点脑如用盐卤作凝固剂，卤水流量先大后小，快慢适宜，当浆全部成凝胶后方停止加卤。点脑如用石膏作凝固剂，膏液浓度为 8%，用量为大豆干原料的 2.5% 左右，点脑温度要高，一般控制在 85℃。

b. 影响点脑质量的因素：大豆的品种和质量、水质、凝固剂的种类和添加量、煮浆温度、点浆温度、豆浆浓度与 pH、凝固时间以及搅拌方法等均会对凝胶过程产生一定的影响。其中又以温度、豆浆浓度、pH、凝固时间和搅拌方法对质量影响较为显著。

豆浆的温度：点脑时蛋白质的凝固速度与豆浆的温度高低密切相关。点脑温度越高，则豆腐脑的硬度越大，表面显得越粗糙。点脑温度过低，凝胶速度慢，导致豆腐含水量增高，产品缺乏弹性，易碎不成型。因此点脑温度应根据产品的特点和要求，以及所使用的凝固剂的种类、比例和点脑方法的不同灵活掌握。南豆腐和北豆腐的点脑温度一般控制在 70℃～90℃ 之间。要求保水性好的产品，如水豆腐，点脑温度宜稍低一些，以 70℃～75℃ 为宜；要求含水量较少的产品，如豆腐干，点脑温度宜稍高一些，常在 80℃～85℃ 左右。以石膏为凝固剂时，点脑温度可稍高，以盐卤为凝固剂时，点脑温度可稍低，而对于充填豆腐，由于凝胶速度特别快，因此一般要将豆浆冷却后再加入凝固剂。

凝固时间：豆腐的硬度在最初 40min 内变化最快，在此阶段凝胶基本完成，但即使在 2h 后，豆腐的硬度也还在不断增加，因此点浆后豆腐至少应放置 40min 以上，以保证凝胶过程的完成。但在凝胶过程中应注意保温，防止温度下降过快影响后续的成型过程。

凝固剂的比例：凝固剂比例受蛋白质含量以及点脑温度的影响。一般来说，凝固剂用量少，则凝固不充分而使豆腐硬度降低，凝固剂用量过多，则会发生凝胶不均，离析水增加，得率下降。

豆浆的浓度：豆浆浓度主要是指豆浆中的蛋白质浓度。豆浆的浓度低，点脑后形成的脑花太小，保不住水，产品发死发硬，出品率低；豆浆浓度高，生成的脑花块大，持水性好，有弹性。但浓度过高时，凝固剂与豆浆一接触，即会迅速形成大块脑花，造成凝胶不均和出现白浆等现象。点脑时豆浆中蛋白质浓度要求北豆腐为 3.2% 以上，南豆腐为 4.5% 以上。

搅拌：为了保证蛋白质在凝固前与凝固剂均匀地混合，在点脑时要加以搅拌。豆浆的搅拌速度和时间直接关系到凝固效果。搅拌速度越快，凝固剂的使用量就越少，凝固的速度也越快，相应的凝固物的结构和体积变小、硬度增加。搅拌速度慢，凝固剂的使用量就多，凝固的速度也缓慢，使得凝固物的体积增大、硬度降低。搅拌时间要视豆腐花的凝固情况而定，豆腐花如已经达到凝固要求，就应立即停止搅拌，防止破坏凝胶产物。如果搅拌时间没有达到凝固的要求，豆腐花的组织结构不好，柔而无劲，产品不易成型，有时还会出现白浆，也会影响产品得率。搅拌方式要保证豆浆与凝固剂均匀接触。如果搅拌不当，可能会使一部分大豆蛋白接触过量的凝固剂而使组织粗糙，而另一部分大豆蛋白接触的凝固剂却不足，从而不能凝固，因此影响了产品的产量和质量。

②蹲脑

蹲脑又称为涨浆或养花，是大豆蛋白凝固过程的继续。从凝固时间与豆腐硬度的关系来看，点脑操作结束后，蛋白质与凝固剂的凝固过程仍在继续进行，蛋白质网络结构尚不牢固，只有经过一段时间的凝固后，其组织结构才能稳固。蹲脑过程宜静不宜动，否则，已经形成的凝胶网络结构会因振动而破坏，使制品内在组织产生裂隙，外形不整，特别是在加工嫩豆腐时表现更为明显。不过，蹲脑时间过长，凝固物温度下降太多，也不利于成型及以后各工序的正常进行。

（7）成型

成型就是把凝固好的豆腐脑放入特定的模具内，通过一定的压力，榨出多余的黄浆水，使豆腐脑紧密地结合在一起，成为具有一定含水量、一定弹性和韧性的豆制品。成型后，南豆腐的含水率要在90%左右，北豆腐的含水率要在80%~85%之间。

豆腐的成型主要包括破脑、上脑（又称上箱）、压制、出包和冷却等工序。

破脑是把已形成的豆腐脑进行适当破碎，不同程度地打散豆腐脑中的网络结构，在上箱压榨前从豆腐脑中排除一部分黄浆水。破脑程度既要根据产品质量的要求确定，又要适应上箱浇制工艺的要求。南豆腐的含水量较高，可不经破脑，北豆腐只需轻轻破脑，脑花大小在8~10cm范围较好，豆腐干的破脑程度宜适当加重，脑花大小在0.5~0.8cm为宜，而生产干豆腐时豆腐脑则需完全打碎，以完全排除网络结构中的水分。

豆腐的压制成型是在豆腐箱和豆腐包内完成的，使用豆腐包的目的是在豆腐的定形过程中使水分通过包布排出，从而使分散的蛋白质凝胶连接为一体。豆腐包布网眼的目数与豆腐制品的成型有相当大的关系。北豆腐宜采用空隙稍大的包布，这样压制时排水较畅通，豆腐表面易成"皮"。南豆腐要求含水量高，不能排除过多的水，则必须用细布。

为使压制过程中蛋白质凝胶黏合得更好，除需一定的压力外，还必须保持一定的温度和时间。

①压力

压力是豆腐成型所必需的，但一定要适当。加压不足可能影响蛋白质凝胶的黏合，并难以排出多余的黄浆水。加压过度又会破坏已形成的蛋白质凝胶的整体组织结构，而且加压过大，还会使豆腐表皮迅速形成皮膜或使包布的细孔被堵塞，导致豆腐排水不足，内外组织不均。一般压榨压力在1~3kPa左右，北豆腐压力稍大，南豆腐压力稍小。

②温度

开始压制时，如豆腐温度过低，即使压力很大，蛋白质凝胶仍然不能很好黏合，豆腐水不易排出，生产的豆腐结构松散。一般豆腐压制时的温度应在65℃~70℃之间。

③时间

豆腐压制成型时，还需要一定的时间，时间不足不能成型和定型。而加压时间过长，会过多地排出豆腐中应持有的水。一般压榨时间为15~25min。

豆腐压制完成后，应在水槽中出包，这样豆腐失水少、不黏包、表面整洁卫生，可以在一定程度上延长豆腐的保质期。

图4-3为全自动豆腐机,由磨浆机,无压煮浆机,气压成型机组成,电加热,蒸汽煮浆,气动压榨等最新技术。具有外形精致美观,占地面积小,易于操作等特点。可生产豆花,豆腐脑,豆腐等一系列豆制品。

图4-3　全自动即食豆腐机

二、腐竹加工

1. 腐竹加工工艺流程

选料→ 脱皮 → 浸泡 → 磨浆 → 煮浆 → 过滤 → 加热 → 保温揭竹 → 烘干 → 包装 →成品

2. 操作要点

(1)浸泡

大豆的浸泡程度不但影响产品的得率,而且影响产品的质量。浸泡的目的在于子叶吸收水分细胞膨胀,以利于研磨时磨破细胞壁使细胞质溶出。浸泡适度的大豆蛋白体呈脆性状态,在研磨时蛋白体可得到充分破碎,使蛋白体能最大限度地溶离出来。如果浸泡过度,制成的豆制品组织松散,没筋性,保水性差。如果浸泡不足,蛋白质溶出不彻底,整个细胞随同纤维素一起被滤掉,这样出浆率降低,浆中所含蛋白质、脂肪减少,既影响产品质量也影响出品率。浸泡好的大豆增重至2.0~2.2倍。大豆表面光滑,无皱皮,手感有劲。最简单的判断方法就是把浸泡后的大豆搓成两瓣,以豆瓣内表面基本成平面,略有塌坑,易断,断面已浸透无硬心为宜。

(2)磨浆

腐竹生产的磨浆方法与豆腐生产磨浆相似,只是要求豆浆浓度控制在6.5~7.5°Bé,豆浆浓度过低,难以形成薄膜;豆浆浓度过高,虽然膜的形成速度快,但是形成的膜色泽深。

(3)滤浆

浆渣分离操作对蛋白质和固形物回收影响较大。采用热浆过滤,可降低浆体黏度,有利于蛋白质等营养成分的分离提取。用0.3MPa左右压力蒸汽煮浆,混合物沸腾后即过滤,滤出浆进贮浆池,再煮沸后保温揭竹。

(4)保温揭竹

煮沸后的豆浆,放大腐竹成型锅内成型揭竹,目前国内已研制出腐竹揭皮机,正在推广使用。腐竹皮的形成是蛋白质一脂类物质在空气表面相互作用聚合,同时蒸发脱水凝结而成。保温揭竹工序,应该注意温度、时间、pH和通风条件。

①温度

一般控制82±2℃,温度过高处于微沸状态,腐竹易起"鱼眼",产品颜色加深,易起锅巴,腐竹的产率低,质量差;温度过低,成膜速度慢,影响生产效率,甚至不能形成薄膜。

②时间

揭竹时间工艺要求而定,一般为 10～20min 所形成的薄膜厚度最适宜。揭竹时间太短,皮膜过薄,腐竹易碎;时间太长,皮膜过厚,腐竹坚硬,质量差。在保温揭竹过程中由于水分蒸发,3 个多小时后浆液将变稠形成胶体,此时加入适量煮沸的豆渣滤出液可继续正常生产出腐竹薄膜。

③pH 值

在保温揭竹过程中豆浆的 pH 因有机物的分解而逐渐下降,温度越高下降得越快。如果初始豆浆的 pH 是 6.4 或更低,加热保温始终在 85℃以上甚至 90℃以上,浆液的 pH 便很快降到 6.2。此时浆液便会出现稠黏状,表面结皮龟裂,不成片,pH 下降到 6.17 以下便开始出现凝聚絮状物,造成很大浪费。如果保温始终在 80℃左右,浆液的 pH 即使下降到 6.07 还不会出现凝聚现象,分析产生这种现象的原因,可能是由于蛋白质溶液处于等电点时,其溶解度最小,即出现絮沉。何时出现絮沉既与 pH 有关,也与豆浆温度有关。

④通风

通风良好,也是提高腐竹质量和生产效率的必备条件。揭竹锅周围如果通风不良,成型锅上方水蒸气浓度过高,豆浆表面的水分蒸发速度慢,形成膜的时间长,影响生产效率和腐竹质量。

(5)烘干

湿腐竹揭起后,搭在竹竿上沥尽豆浆后,应及时烘干。目前国内基本上采用热风干燥烘干腐竹,且多为一次性烘干。这样要使腐竹含水量降到 8%左右,极易造成碎品率高。经改进的三次烘干法,生产的腐竹不易断裂,内外干燥均匀。其大体方法是:第一次在 60℃左右烘房内烘 0.5h 左右,使腐竹表面不黏后即出烘房,稍凉后从杆上收起平摆在竹篷上,再进同一烘房相同温度下再烘 2h 左右,至水分降至 15%～20%便可出烘房。经分选等级后进另一烘房,此烘房无需通风,可利用前一烘房的余热,在 45℃～50℃持续烘干 6h 左右,水分即可降至 7%～8%。经这样烘干的腐竹不会扭曲且内外干燥度均能达到要求,且不那么容易断碎,质地和组织结构也令人满意。

3. 腐竹加工中注意的问题

(1)分离大豆蛋白的添加

豆浆中分离大豆蛋白浓度为 1.5%～3.0%时,腐竹出品率提高。因此,往豆浆中添加少量分离大豆蛋白能有效地提高腐竹的出品率。

(2)磷脂的添加

往豆浆中添加 0.1%的磷脂对腐竹出品率有明显改进。磷脂是大豆蛋白膜的表面活性剂,它能促使大豆蛋白膜胶态分子团的形成。磷脂可以与分离大豆蛋白开放的多肽键进行反应,形成脂 - 蛋白质复合物或将分散的蛋白质吸附在大豆蛋白质薄膜上。可见磷脂是腐竹生产中十分有用的乳化剂。

(3)脂类的添加

脂类的乳化作用对腐竹薄膜的形成有促进作用。为此,在腐竹生产时,往豆乳中添加浓度为 0.02%的红花油少量,能促进腐竹成皮速度。

三、腐乳加工

1. 腐乳加工的工艺流程

大豆→浸泡→磨浆、煮浆→过筛→点浆→撇浆→上榨→压榨→划块、摆架→

接种→前期发酵→搓毛→腌坯→装瓶、加汁→上盖→后期发酵→成熟→换盖→成品

2. 操作要点

（1）大豆磨浆

依照豆腐加工方法，经选料、浸泡、磨浆与过滤等工序加工成浓度为 $6 \sim 6.5°Bé$ 的生豆浆。豆浆要求细腻、均匀，无粒状感，呈乳白色。

（2）煮浆、点浆

①煮浆时，要求 20min 内达到 100℃，最多不应超过 30min，否则点脑时不易凝聚成块。煮浆必须一次性煮熟，严禁复煮。熟浆过 60～80 目筛，除去熟豆渣，放大豆浆缸中，待熟浆温度至 80℃～85℃时，用勺搅动豆浆，使其翻转。

②点浆时，先将 $28°Bé$ 盐卤稀释成 16～18°Bé 盐卤，然后缓缓滴入浆中，直至蛋白质渐渐凝固，再把少量盐卤浇于面上，使蛋白质进一步凝固，静置养浆 10min。点浆要求 5min 内完成，点浆时温度在 85℃为适宜，当温度高于 90℃时制成的乳坯发硬，会变脆且呈暗红色；当温度低于 75℃时会出现乳坯松散，不易成脑，弹性较差等状况。盐卤用量一般是 1200kg 豆浆用 $28°Bé$ 盐卤 10kg。

（3）制坯

蹲脑后，豆腐花下沉，用筛箩滤去黄浆水或撇去约 60% 的黄浆水，除去浮膜，即可上箱。把呈凝固状态的豆脑倒入框内，梳平，花嫩多上，花老少上，缸面多上，缸底少上。然后用布包起，取下木框，加上套框，再加榨板 1 块，如上操作，直至缸内豆腐花装完。保持榨板平衡，缓缓压榨，将压成的整板坯块取下，去布平铺于板上，加以整理。划坯时，应避免连刀歪斜，同时剔除不合格的坯块。趁热划块，平方面积宜比规格要求适当放大。划好的坯块置于凉坯架上冷却。坯块要求厚薄均匀，轻而有弹性，有光泽，无水泡及麻面，水分在 75% 左右。

（4）前期发酵

前期发酵多采用三面接菌法。首先把培养好的毛霉加入烘干的面粉中，充分混合，将混合后的菌粉均匀撒在豆腐坯表面，然后放入笼内转移到发酵室，接种时要求干坯温度冷却至 25℃～30℃。将前发酵豆腐坯接种入室后的前 14～16h 为静置培养期，发酵室温度一般控制在 28℃，保持品温 26℃～28℃，笼内铺湿布，以保持湿度。经过 16～20h 后，要求上下倒笼，其目的是调节温差、散热、补充氧气。约 24～26h，毛霉菌丝长度达 8～10mm，菌丝体致密，毛坯呈小白兔毛状即可搓毛，前期发酵结束。

（5）腌坯

搓毛是指将菌丝连在一起的毛坯一个个分离。毛坯凉透后即可搓毛。用手抹平长满菌丝的乳坯，让菌丝裹住坯体，以防烂块，把每块毛坯先分开再合拢，整齐排列在筐中待腌，要求边搓毛边铺坯，防止升温导致毛坯自溶，影响质量。准确计量毛坯，在缸底撒一层盐，再将毛坯整齐摆在上面，每摆一层撒一层盐。

在腌坯时，要求坯与坯之间互相轧紧，用盐底少面多，其间要浇淋，使池中坯块盐分上下均匀一致。上层放一层竹垫，用重物平稳压住。腌坯第二天加卤，使坯腌没于 $20°Bé$ 盐卤

中，用盐量为 16% ~ 17%（以毛坯计），腌坯含盐量为 12% ~ 14%，腌坯时间为 5 ~ 6d。在腌制过程中添加不同的配料，经发酵可制得不同风味的腐乳。

（6）装瓶

装瓶前一天将卤水放出，放置 12h，使腌坯干燥、收缩；将空瓶洗净、倒扣，消毒后待用；将腌坯取出，每块搓开，分层均匀撒入面曲。铺坯装瓶后，配卤，最后兑入黄酒，瓶口用薄膜扎紧，加盖密封，入库堆放。装瓶时，坯与坯之间要松紧适宜，排列整齐，计数准确。

（7）后期发酵

将事先兑好的卤汁分数次兑入瓶内，兑汁过程需 4 ~ 6d，最后用酱曲封顶，以塑料薄膜扎口，即进入后发酵期。装瓶后在 28℃ ~ 30℃ 发酵 30d。

（8）成品

腐乳成熟后，进行整理，用冷开水清洗瓶外壁，擦干，打开瓶盖，去除薄膜，用 75% 酒精消毒瓶口，调节液面到瓶口 10 ~ 12mm 处，加盖、贴标、装箱入库。

3. 腐乳加工过程中常见的几种质量问题

（1）腐乳发硬与粗糙

在腐乳酿造过程中，由于操作不当，会造成豆腐坯过硬与粗糙，其原因主要有以下几个方面。

① 豆浆纯洁度不佳

在制浆分离时，使用的豆浆分离筛网过粗，造成豆浆中混有较多的粗纤维，这些纤维随蛋白质凝固混于腐乳白坯之中，使白坯中豆渣纤维含量太多，这样既减小了白坯的弹性，又使白坯发硬与粗糙，同时也影响了出品率。筛网一般为 96 ~ 102 目。

② 豆浆浓度不够

在磨浆及浆渣分离时，加水量过大，造成豆浆浓度小，蛋白质含量少。在点浆时大剂量凝固剂与少量蛋白质接触，导致蛋白质过度脱水，使白坯内部组织形成粗粒的鱼子状，称"庶煞浆"，从而造成白坯发硬与粗糙。

③ 点浆温度控制不佳

白坯的硬度与豆浆加温蛋白质热变性、豆浆的冷却及时间有一定关系。若点浆温度过高，加快凝固速度，进而使其固相包不住液相的水分，因而制出的白坯结实与粗糙，为此点浆最佳温度一般控制在 75℃ ~ 85℃ 之间。

④ 凝固剂浓度过大

白坯的硬度与凝固剂浓度有直接关系。凝固剂浓度过大，会促使蛋白质凝固加快，造成保水性差，导致白坯结构粗糙、质地坚硬。

⑤ 用盐量过大

在腌坯时主要是使坯身渗透盐分，析出水分，把坯中的含量为 68% 的水分降为 54%，这样有利于后发酵。由于用盐量过多，腌制时间过长，使蛋白质凝胶脱水过度，造成坯子过硬，阻碍酶的水解，俗称"腌煞坯"。一般咸坯食盐应控制在 12% ~ 14% 之间。

（2）发霉与发酸

腐乳发霉亦称生白及浮膜。发霉的腐乳基本上呈偏酸性，而发酸的腐乳不一定是发霉。产生原因主要是工艺操作不当。在生产过程中，从制坯、毛霉接种、前期发酵（培菌）、腌制、配料一直到装坛（瓶），基本上是处于敞开式生产，如在某个环节操作不当，就容易造成腐乳发霉与发酸。造成发霉与发酸大致有以下几方面原因。

①制坯

工艺流程中的浸泡、磨浆、浆渣分离、煮浆、点浆、上箱及成型等步骤均与水有着密切关系，在煮浆之前用水一直使用生水，但在煮浆之后的工序操作中，则严禁与生水接触，因生水中含有多种微生物，如生水进入中间体后，在适宜条件下，这些微生物就会生长，导致后发酵发霉与发酸。

②食盐及酒精用量不当

在腌坯时食盐有渗透作用，同时析出毛坯中的水分，使毛坯达到一定咸度，一般咸坯的咸度应控制在12%～14%。如果用盐量没有达到腐乳后发酵要求，则起不到抑制微生物的酶系作用，容易导致发霉与发酸。酒精浓度不足也同样如此。

③消毒灭菌不彻底

从接种、培养到翻格笼等操作均是暴露在空气中，若空气不清洁，就会有多种微生物污染于豆腐坯表面，特别是酵母和芽孢杆菌，在后发酵中，遇有适宜条件，酵母和芽孢菌生长繁殖，就能使腐乳发霉与发酸。为此要做好发酵房及用具等的消毒灭菌工作，一般的消毒方法主要有以下几种。

a.甲醛熏蒸法：按15ml/m³甲醛的比例，将甲醛置于搪瓷器中放在300W电炉上烘，将甲醛烘完即可，并密封20～24h。

b.硫黄消毒法：按25g/m³硫黄的比例，将硫黄置于旧铁锅中（锅内预先放些木屑及干草），点燃火，使其燃烧完，密封20～24h。

c.漂白粉消毒法：发酵容器用2%漂白粉溶液消毒，先将容器洗净，再将漂白粉放入容器中消毒。

发酵房每15d即用硫黄或甲醛熏蒸1次，保持通水、通电、通气，干净卫生。笼具每5～6d即用$KMno_4$水溶液或漂白粉消毒1次。

（3）发黑与发臭

白腐乳置于容器中发酵，有时会出现瓶子内的腐乳面层发黑，或者是离开卤汁后逐渐变黑，这都是一种褐变。褐变大体上分为酶促褐变和非酶促褐变。发生酶促褐变必须具有三个条件，即有多酚类、多酚氧化酶和氧，其中缺一不可，非酶促褐变主要是美拉德反应，这种反应只要具有氨基酸、蛋白质与糖、醛、酮等物质，在一定条件下，就能产生黑色褐变。在腐乳中产生这种反应，不仅影响产品外观，同时也会影响腐乳中蛋白质的营养价值。

①防止白腐乳发黑的方法

缩短毛霉培养时间，控制毛霉老熟程度，是减少多酚氧化酶生成和积累的有效措施。若培养时间过长，毛坯的水分挥发过大，有利于氧化酶和酪氨酸酶的生成和积累。所以不要使毛霉生长过老呈灰色，培养时间以36～40h为佳。控制发酵房湿度及毛坯含水量是防止发黑措施之一。毛霉生长时除了需要营养成分之外，还要具备水分、空气和温度三个条件，同时其具有"喜湿怕风"特性。水分适中有利于毛霉菌丝生长呈白色，后期缺水毛霉呈灰色。风吹后毛霉停止生长，菌丝短细，呈灰色。一般发酵房相对湿度控制在95%左右，坯子水分掌握在71%～74%之间，品温在28℃～30℃之间。减少美拉德反应的措施是，在白腐乳配料中，控制碳水化合物含量，使腐乳中还原糖控制在2%以下。产品中不添加面曲，因面曲中含有氨基酸、糖分及色素等物质。

②防止白腐乳发臭的方法

白腐乳发臭与臭腐乳的制作工艺不同,前者由于操作工艺不当,造成腐乳变质而发臭,不该臭的而臭了。后者是使用工艺不同,且添加配料不同而制成的臭腐乳。

白腐乳发臭的主要原因:一是在酿造中,煮浆未能使蛋白质变性,点浆(凝固)不到位,这是造成发臭原因之一。因此煮浆要求达到100℃,点浆凝固时缸中要有分层的黄浆水出现。白坯水分应控制在71%～74%之间。二是由"一高二低"所造成。所谓"一高二低"就是在后发酵中出现白坯含水分高,盐分低、酒精度低。由于这"一高二低"的产生,导致蛋白质加快分解,促使生化作用加速,生成硫化氢的臭气。为此存放时间就不能太长,否则就会造成发臭。

(4)腐乳易碎与酥烂

①造成腐乳易碎的原因

a.豆浆浓度控制不当:在磨豆、浆渣分离时操作不当,用水量过多,降低了豆浆中蛋白质浓度。在点浆时大量凝固剂与少量蛋白质接触,使蛋白质过度脱水收缩,形成细小颗粒状。则腐乳成熟后就会出现松散易碎。豆浆浓度一般为6～6.5°Bé。

b.消泡剂使用量过大:在制浆与煮浆操作中,由于物理作用,使豆浆中生成大量的蛋白质泡沫,这些泡沫坚厚、表面张力大、内外气压相等。泡沫不能自破,必须采用消泡剂消泡,因消泡剂在自身的破解过程中能产生巨大的激动力量,使液面波动,促使消泡剂渗透,因而达到消泡的目的。但是由于使用不适当,操之过急,加大使用量,给蛋白质凝固联结造成困难,在蛋白质联结处增添了一层隔膜,影响蛋白质联结,造成坯子易碎。

c.热结合差:造成坯子热结合差的原因是点浆温度太低(特别在冬季更要注意),蹲脑时间过长,品温下降,其次是在上箱成型时,操作速度太慢,温度降低,导致豆脑与豆脑之间联结的热结合差,使腐乳成熟后容易松散易碎。

d.杂菌污染:在培养毛霉时,由于菌种纯度不佳,抵抗力差,其次是发酵房、工具及用具不卫生且没有及时消毒和清洗,被杂菌污染,一般14h后产生"黄衣"和"红斑点"等杂菌,结果毛坯无菌丝、表面发黏发滑,并且发酵室内充满游离氨味。这种腐乳坯因无菌丝,形不成菌膜皮,所以易碎。

②造成腐乳酥烂的原因

a.凝固品温低:凝固品温度一般控制在75℃～85℃。凝固品温低,蛋白质联结缓慢且不完全,有较多的蛋白质不能结合而随废水流失。由于持水性关系,坯子难以压干,坯子胖嫩,成熟后容易酥烂。

b.操作不当,造成腐乳"一高二低"现象,导致蛋白质过度分解,坯子无骨分,使其酥烂。

(5)预防或减少腐乳中白点形成的方法

腐乳成熟过程中,在其表面生成一种无色的结晶体及白色小颗粒,白腐乳更为明显,大部分附在表面菌丝体上,严重影响了腐乳的外观质量。此现象的出现是毛霉起主导作用,从多年生产实践看,毛霉菌丝生长越旺,菌丝体呈浅黄色,其白点物质积累越多,反之就少。为此白腐乳的前发酵时间最好是36～40h。

任务2　大豆蛋白加工

本任务将完成大豆蛋白制品的加工，主要有脱脂豆粉、浓缩大豆蛋白、分离大豆蛋白和组织状大豆蛋白等产品形式和主要操作的确定。

任务实施

一、浓缩大豆蛋白加工

浓缩大豆蛋白是从脱脂豆粉中除去低分子可溶性非蛋白质成分，主要是可溶性糖、灰分以及其他可溶性的微量成分，制得的蛋白质含量在70%（以干基计）以上的大豆蛋白制品。生产浓缩大豆蛋白的原料以低变性脱溶豆粕为佳。

目前工业化生产浓缩大豆蛋白的工艺主要有三种，即稀酸浸提法、含水酒精浸提法以及湿热浸提法。不同方法制取的浓缩蛋白质的成分组成和性质见表4-1。从表4-1中看出，以稀酸浸提法制取的浓缩蛋白质的氮溶解指数（NSI）最高，达69%；而酒精浸提法制取的浓缩蛋白质的NSI只有5%。但如从产品气味来看，以酒精浸提法制得的浓缩蛋白质优于用其他两种方法制取的产品。酒精浸提法是利用体积分数为50%～70%的酒精洗除低温豆粕中所含的可溶性糖类、可溶性灰分及可溶性微量组成部分。酒精浸提法可以改善产品气味，但蛋白质变性较多。

表4-1　　　　　　　　　　用不同方法制取的浓缩蛋白质质量比较

项　目	工艺过程		
	酒精浸洗	酸浸洗	湿热处理
氮溶解指数（NSI）（%）	5	69	3
1∶1 水分散液 pH	6.9	6.6	6.9
蛋白质含量（N×6.25）（%）	66	67	70
水分含量（%）	6.7	5.2	3.1
脂肪含量（%）	0.3	0.3	1.2
粗纤维含量（%）	3.5	3.4	4.4
灰分含量（%）	5.6	4.8	3.7

（一）稀酸浸提法制取浓缩大豆蛋白

1.稀酸浸提法制取浓缩大豆蛋白工艺流程

稀酸浸提法制取浓缩大豆蛋白的工艺流程如图4-4所示。

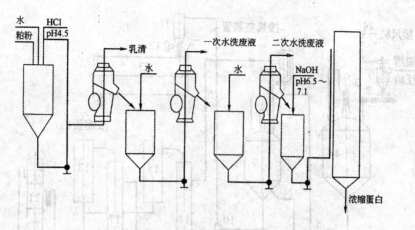

图4-4　稀酸浸提法制取浓缩大豆蛋白的工艺流程

2. 稀酸浸提法制取浓缩大豆蛋白操作要点

（1）粉碎

通过粉碎将低温脱溶豆粕加工至0.15～0.30mm。

（2）浸酸

在脱脂豆粕中加入10倍水，再在不断搅拌下缓慢加入37%盐酸，调节pH至4.5～4.6，40℃左右恒温搅拌、浸提40～60min。

（3）分离、洗涤

酸浸后，将混合物搅拌并输入碟式自清式离心机中进行分离，分离所得的固体浆状物流入一次水洗池内，在此池内连续加入10倍50℃的温水洗涤搅拌。然后输入第二台碟式自清式离心机，分离出第一次水洗废液。浆状物流入二次水洗池内，在此池内进行二次水洗。再经第三台碟式自清式离心机分离，除去二次水洗废液。

（4）中和、干燥

待浆状物流入中和池内，在池中加碱进行中和处理。然后来用真空干燥，也可采用喷雾干燥。真空干燥时、干燥温度最好控制在60℃～70℃；若采用喷雾干燥，在洗涤后再加水调浆，使其浓度在18%～20%，然后用喷雾干燥塔干燥。

（二）含水酒精浸提法制取浓缩大豆蛋白

1. 含水酒精浸提法制取浓缩大豆蛋白工艺流程

以日本日清制油公司浓缩蛋白的生产工艺设备流程为例，参见图4-5。

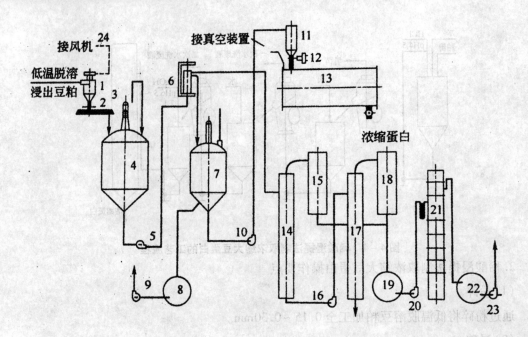

图4-5　浓缩蛋白生产工艺设备流程图

1-旋风分离器，2-封闭阀，3-螺旋运输机，4-酒精萃取罐，5-曲泵，6-超速离心机，
7-二次萃取罐，8-酒精储藏罐，9、10、16、20-泵，11、19-储罐，
12-封闭阀，13-卧式真空干燥塔，14-一效蒸发器，15、18-冷凝器，
17-二效蒸发器，21-酒精蒸馏塔，22、23、24-风机

2. 含水酒精浸提法制取浓缩大豆蛋白操作要点

先将低温脱溶豆粕进行粉碎，用100目筛进行过筛。粉碎后的低温豆粕由风机吸入旋风分离器1（图4-5），经封闭阀2。和螺旋输送机3送入酒精萃取罐4（萃取罐共2个，可供轮流使用，罐内装有搅拌器）。装料时由泵9从酒精储藏罐8中泵入体积分数为60%～65%的酒精溶液，按原料与溶剂比为1：7（质量比）加入萃取罐4中，搅拌萃取，操作温度为50℃，每次搅拌萃取时间30min。经搅拌萃取后的悬浆混合物由泵5打入离心机6中，分出固体浆状物和酒精糖溶液，酒精糖溶液送入一效蒸发器14，蒸发的部分酒精流至冷凝器15冷凝后回收，蒸发的浓糖液再由泵16打入二效蒸发器17，连续浓缩的两个蒸发器的操作条件相同，真空度为66.7～73.3kPa，蒸发温度为80℃，蒸发的酒精同样通过冷凝器18冷凝后至酒精液储罐19，由泵20送入酒精蒸馏塔21浓缩。从离心机中分离出来的固体浆状物进入二次萃取罐7中，再用80%～90%的浓酒精处理，操作时间30min温度70℃，同样是有两个萃取罐且两罐轮流使用。经二次酒精洗涤后，可使浓缩蛋白的气味和色泽得到改善，并提高了氮溶解指数。处理后的酒精流入酒精储藏罐8中，可供下次萃取用。二次萃取后的浆状物由泵10打入储罐11，通过封闭阀12落入卧式真空干燥塔13，在此进行干燥脱水，时间60～90min，真空度为77.3kPa，操作温度80℃。这种方法对酒精的回收及重复利用是不可忽视的重要问题，即浸提液一般要经过两次以上的蒸发精馏，乙醇的回收率对经济效益影响很大。经分离出来的酒精液，先在真空低温条件下进行浓缩蒸发，再将酒精蒸气进行冷凝回收，然后再经蒸馏浓缩成为体积分数在90%～95%的酒精，以供再循环使用。蒸发器的操作条件是：真空

度 66~473kPa，温度 80℃左右。为了除去酒精中的不良气味物质，可以在蒸馏塔气相温度 82℃~93℃处设排气口。

3.影响产品质量的因素

在浸提工序中，影响蛋白质溶出率和蛋白质分散指数的因素，除了乙醇浓度和浸提温度外，还有原料的粒度、固液比、浸提时间、pH 以及搅拌强度等。

(1)浸提时间

浸提时间主要影响蛋白质的溶出率，在一定条件下，浸提时间越长，蛋白质溶出率越高，蛋白质分散指数也有增加的趋势，较长的浸提时间，且在较高的乙醇浓度下，会导致蛋白质的变性程度发生变化，这种变化可能直接影响到浓缩大豆蛋白的蛋白质分散指数，且当达到一定时间后，蛋白质的溶出率也趋于恒定。因此，在实际生产中，浸提时间以 60min 为宜。

(2)固液比

确定 1:6 的固液比有利于浓缩大豆蛋白溶解性的提高。但从蛋白质的溶出率来看并不理想，且从经济角度考虑也不适用，故一般采用 1:5 的固液比。

(3)浸提温度

浸提温度提高，有利于蛋白质溶出率的增加，但当温度提高时，在较高的乙醇浓度下，蛋白质的变性程度增加，从而使浓缩大豆蛋白的溶解性降低，影响产品的工艺性能。另外高温浸提耗能较多，因而浸提温度建议采用 30℃。

(4)乙醇浓度

提高乙醇浓度不利于豆粕中小分子有机物如低聚糖、皂苷等的浸出，从而使浓缩大豆蛋白中的蛋白质含量降低。如使用 95% 的乙醇时，蒸馏回收酒精几乎不产生泡沫，说明皂苷基本上没有被浸出，仍留在浓缩大豆蛋白中。但乙醇浓度的提高可除去豆粕中与蛋白质结合的脂类物质、风味前体及色素类物质等，因而使用乙醇洗豆粕可去除异味及使其色泽变浅。另外研究发现，乙醇使蛋白质变性的机理不同于热变性，热变性使蛋白质松散、无序，而乙醇变性则使蛋白质分子重新构造，形成了比天然大豆蛋白更加有序的结构。

(三)湿热浸提法制取浓缩大豆蛋白

1.湿热浸提法制取浓缩大豆蛋白工艺流程

豆粕→ 粉碎 → 热处理 → 水洗 → 分离 → 干燥 →浓缩蛋白

2.湿热浸提法制取浓缩大豆蛋白操作要点

(1)粉碎

将低温脱溶豆粕进行粉碎，用 100 目筛进行筛分。

(2)热处理

将粉碎后的豆粕粉用 120℃左右的蒸汽处理 15min，或将脱脂豆粉与 2~3 倍的水混合，边搅拌边加热，然后冻结，放在 -2℃~ -1℃温度下冷藏。这两种方法均可以使 70% 以上的蛋白质变性，从而失去可溶性。

(3)水洗、分离

将湿热处理后的豆粕粉加 10 倍的温水洗涤两次，每次搅拌 10min。然后过滤或离心分离。

(4)干燥

一般采用真空干燥，也可以采用喷雾干燥。采用真空干燥时，干燥温度最好控制在 60℃ ~70℃。采用喷雾干燥时在两次洗涤后再加水调浆，使其浓度在 18%~20% 左右，然后用喷雾干燥塔干燥即可生产出浓缩大豆蛋白。

二、分离大豆蛋白加工

分离大豆蛋白(SPI)又名等电点蛋白粉,它是脱皮脱脂的大豆经进一步去除所含的非蛋白质成分后,所得到的一种精制大豆蛋白产品。与浓缩蛋白相比,生产分离蛋白不仅需要从低温豆粕中去除低分子可溶性非蛋白质成分,而且还要去除不溶性的高分子成分等。蛋白质含量高达90%以上,具有良好加工特性的食品用中间原料,其广泛应用于肉制品、乳制品、冷食冷饮、焙烤食品及保健食品等行业。

(一)碱提酸沉法制取分离蛋白

1. 碱提酸沉法制取分离蛋白工艺流程

$$粗渣 \rightarrow 水洗 \rightarrow 挤压 \rightarrow 干燥 \rightarrow 干燥渣(饲料用)$$
$$\uparrow$$
$$低变性脱溶豆粕 \rightarrow 碱液萃取 \rightarrow 离心分离$$
$$\downarrow$$
$$蛋白质溶液 \rightarrow 澄清 \rightarrow 酸处理沉析 \rightarrow 离心沉析 \rightarrow 水洗$$
$$\rightarrow 中和灭菌 \rightarrow 喷雾干燥 \rightarrow 过筛 \rightarrow 成品$$

2. 碱提酸沉法制取分离蛋白加工操作要点

(1)选料

原料豆粕应无霉变,含壳量低,杂质少,蛋白质含量高(45%以上),尤其是蛋白质分散指数应高于80%。高质量的原料可以获得高质量的分离大豆蛋白。

(2)粉碎与浸提

将低温脱溶大豆粕粉碎至粒度在0.15~0.30mm左右,加入原料量12~20倍的水,溶解温度一般控制在15℃~80℃,溶解时间控制在120min以内,在抽提缸内加入NaOH溶液,将抽提液的pH调至7~11之间,抽提过程中需搅拌,搅拌速度以30~35r/min为宜。提取终止前30min停止搅拌,提取液经滤筒放大酸沉罐,剩余残渣进行二次浸提。

(3)粗滤与一次分离

粗滤与一次分离的目的是除去不溶性残渣。在抽提缸中溶解后,将蛋白质溶解液送入离心分离机中,分离除去不溶性残渣。粗滤的筛网一般在60~80目。离心机筛网一般在100~140目。为增强离心分离机分离残渣的效果,可先将溶解液通过振动筛除去粗渣。

(4)酸沉

将二次浸提液输入酸沉灌中,边搅拌边缓慢加10%~35%酸溶液,并将pH调至4.4~4.6。加酸时,需要不断搅拌,同时要不断抽测pH,当全部溶液都达到等电点时,立即停止搅拌,静置20~30min,使蛋白质形成较大颗粒而沉淀下来,沉淀速度越快越好,一般搅拌速度为30~40r min。

(5)二次分离与洗涤

用离心机将酸沉下来的沉淀物离心沉淀,弃去上清液。固体部分流入水洗缸中,用50℃~60℃温水冲洗沉淀两次,除去残留氢离子,水洗后的蛋白质溶液pH应在6左右。

(6)打浆、回调及改性

经分离沉淀的蛋白质呈凝乳状，有较多团块，为进行喷雾干燥，需加适量水研磨、搅打成匀浆。为了提高凝乳蛋白的分散性和产品的实用性，将经洗涤的蛋白质浆状物送入离心机中除去多余的废液，固体部分流入分散罐内，加入5%的NaOH溶液，进行中和回调，使pH为6.5～7.0。将分离大豆蛋白浆液在90℃加热10min或80℃加热15min，这样不仅可以起到杀菌作用，而且可明显提高产品的凝胶性。回调时搅拌速度为85rpm/min。

（7）干燥

一般采用喷雾干燥，即将蛋白液用高压泵打入喷雾干燥器中进行干燥，浆液浓度应控制在12%～20%，浓度过高，黏度过大，易阻塞喷嘴，喷雾塔工作不稳定；浓度过低，产品颗粒小，比容过大，使喷雾时间加长，增加能量消耗。喷雾干燥通常选用压力喷雾，喷雾时进风温度以160℃～170℃为宜，塔体温度为95℃～100℃，排潮温度为85℃～90℃。

（二）超滤法制取分离蛋白

1. 超滤法制取分离大豆蛋白工艺流程

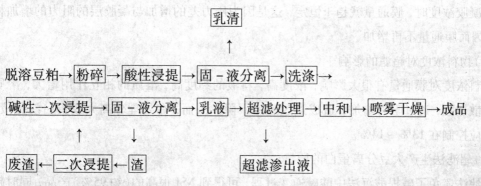

2. 影响超滤速度与超滤效果的因素

（1）pH对超滤过程的影响

大豆蛋白是由一系列氨基酸通过肽键结合而成的高分子聚合物，因此在化学性质方面表现为酸碱双重性。pH为4.5左右时蛋白质的溶解度最低，而pH值越远离4.5，蛋白质的溶解度就越高，尤其是pH大于8时更加明显。因此在超滤大豆分离蛋白过程中，为了减少物料对膜的污染，应使物料具有较高的溶解度。在超滤大豆分离蛋白过程中，料液pH应控制在8～9较为适宜。

（2）操作温度对超滤过程的影响

7S球蛋白和11S球蛋白是大豆蛋白的主要组分，虽然它们都具有相对稳定的四级结构，但当环境温度发生较大变化时，其肽链会受到过分的振荡，保持蛋白质空间结构的次级键（主要是氢键）会受到破坏，其内部有序排列的解除使一些非极性基团暴露于分子表面，因而改变了大豆蛋白的一些物化特性及生物活性，使它们发生缔合反应，从而影响其溶解度及溶胶液的黏度。蛋白质的溶解度随着温度的提高而降低，但在50℃之前，其溶解度随着温度的提高下降缓慢；当温度超过50℃时，其溶解度下降较为迅速。这是因为在50℃之前，大豆蛋白的 7S 组分和 11S 组分热变性缓慢;而当温度超过 50℃时,蛋白质的热变性程度加剧所致。蛋白质的热变性会直接影响其溶解度以及蛋白溶胶液黏度的变化。当温度低于 50℃时,随温度的提高蛋白质的黏度随之下降,这是因为温度低于 50℃时,蛋白质仅发生轻微变性,温度提高使传质及扩散系数的提高占主导地位,因此黏度逐渐下降;而当温度高于 50℃时,蛋白质热变性程度加剧,同时其传质及扩散系数也随温度的提高而相应提高,这样的相互抵消作用使其黏度有缓慢的上升。所以在实际生产中超滤大豆分离蛋白的操作温度应控制在 50℃左右。

(3)操作压力对超滤过程的影响

超滤初期,膜通量与膜两侧压力差成直线关系,而后膜通量对压力差增加的敏感性降低,形成曲线段,当操作压力超过 0.28MPa 后,膜通量趋于稳定。压力选择 0.25MPa 左右为宜。形成这种现象的原因是因为随压力差的增大,溶质被大量截留在膜的料液侧,使膜表面的溶质浓度增大,形成浓差极化层,因此膜通量的增加趋缓。当膜表面的溶质浓度进一步增大到其凝胶浓度时,膜通量就趋于恒定,这是因为压力差的增加与凝胶层的阻力的增加相互抵消,因而膜通量不再增加。

(4)物料浓度对超滤的影响

进料浓度对膜通量有很大影响,浓度高,料液的黏度高,溶质的相互作用增大,溶质的反向扩散加强,透过阻力增加,造成透过速率下降。因而,在处理分离大豆蛋白浸提液时,其浓度应控制在 13% ~ 14%。

(5)超滤法生产大豆分离蛋白的质量

超滤法避免了碱提酸沉法中酸碱逆变过程,可得到 NSI 很高的(约 95%)产品,同时超滤的有效分离及洗滤过程也可使蛋白质纯度达到 93%。

三、组织状大豆蛋白加工

组织状大豆蛋白是指通过机械或化学方法改变蛋白质组成方式的加工过程。将脱脂大豆浓缩蛋白或分离蛋白加入一定量的水分及添加物,混合均匀后强行加温、加压,压出成型,使蛋白质分子之间整齐排列成同方向的组织结构,同时凝固起来,形成纤维状蛋白,并且具有与肉类相似的咀嚼感。这样的产品称之为组织状大豆蛋白。组织状大豆蛋白结构呈粒状,具有多孔性肉样组织和较高的营养价值,并有良好的保水性和咀嚼感觉。

1.挤压膨化法制取组织状大豆蛋白工艺流程

以组织状大豆蛋白生产的一次膨化工艺为例,参见图 4-6。

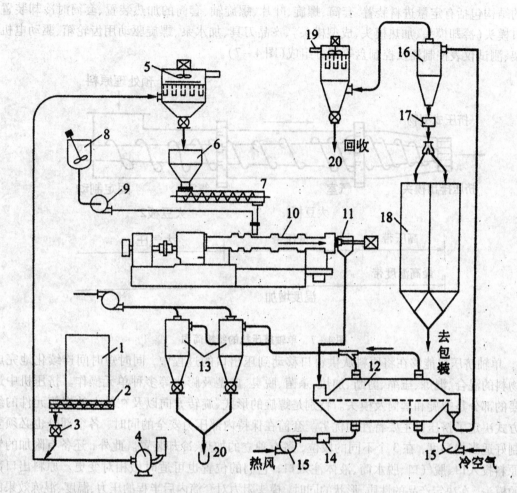

图 4 - 6　组织状大豆蛋白生产的一次膨化工艺示意图

1 - 原料粉储罐，2 - 绞龙，3 - 封闭喂料器，4 - 压缩机，5 - 集粉器，6 - 料斗，7 - 喂料绞龙，
　8 - 溶解槽，9 - 定量泵，10 - 膨化机，11 - 切割刀，12 - 干燥冷却器，13，19 - 集尘器，
　14 - 热交换器，15 - 风机，16 - 成品收集器，17 - 金属探测器，18 - 成品罐，20 - 集粉器。

2. 挤压膨化法制取组织状大豆蛋白操作要点

原料可选用低温脱溶豆粕、冷榨豆粕、脱皮大豆粉、浓缩蛋白、分离蛋白等，但是采用蛋白质变性程度大、氮溶解指数小的脱溶大豆粉生产组织蛋白不易形成组织化，挤出物发散，无法在挤压时成型。因此，采用挤压法生产组织蛋白应选用蛋白质变性程度低、氮溶解指数高的原料，避免使用经加热已变性的大豆蛋白作原料。

以图 4 - 6 为例，具体操作是首先将粉碎至 40 ~ 100 目的原料粉经储罐 1、定量绞龙 2、封闭喂料器 3，由压缩机 4 送入集粉器 5 后，流入膨化机 10 进行膨化，再经切割成型装置成型。经膨化后的产品一般水分含量较高，达 18% ~ 30%，为确保储藏与食用要求，必须脱水使之降低到 8% ~ 13%，故成型后的产品还需经过冷却干燥装置 12 进行冷却干燥，再经提纯分离后，即可进行包装。

3. 主要装置

组织状大豆蛋白制取工艺中的主要装置是挤压机，现有单轴与双轴两种类型。单轴挤压机的结构包括有定量进料装置、套筒、螺旋、叶片、螺旋轴、套筒的加热装置、套筒时冷却装置、出口模头(冷却模头、加热模头、成型模头)、产品刀具、加水泵、螺旋驱动用齿轮箱、驱动电机、机架、测试仪表控制器及控制盘等部分组成(图4-7)。

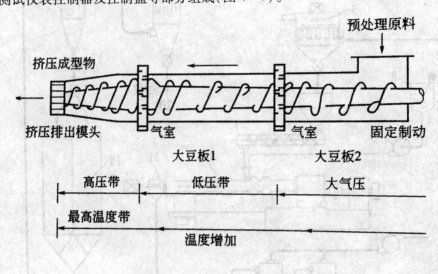

图4-7　单轴挤压机的结构简图

单轴挤压机能够在将原料从供料口移动到压出口的过程中,同时短时间连续化地完成对物料的混合、混炼、压缩、剪断、加热、杀菌、脱臭、成型及膨化等多种单元操作。挤压机中最重要的部分是螺旋和套筒及模头。特别是螺旋的形式、旋转方向以及在轴上的螺旋元件的组合方式决定了挤压机主要特性的优劣。套筒在保持内部压力安全的同时,各个部分也必须要控制好适当的温度,在3个不同的段位,备有独立的加热、冷却装置。此外,还备有附加的辅助原料投入口、脱气口、脱水筒、液体注入口,它们的位置也可适时做相对变更。原料出口部分的模头,在决定产品的性质、形状的同时,模头阻力对套筒内后半程的压力、温度、混炼效果的程度、出口部分的原料流动及压力分布等均有较大的影响,它是影响产品品质的重要部件。

4. 挤压膨化法制取组织状大豆蛋白加工过程中应注意的问题

(1)脱脂大豆粉

脂肪含量在1%以下,蛋白质含量高于50%,纤维含量低于3%,蛋白质分散指数或氮溶解指数控制在50%~70%。

(2)水分调整

对于不同的原料、不同的季节、不同的机型,调粉时的加水量不相同。高变性原料加水量一般多于低变性原料,低温季节的加水量一般比高温季节多一些。组织状蛋白的生产可以采用一次挤压法,原料水分含量应调整到25%~30%;也可以采用两次挤压法,原料水分含量可调整到30%~40%。

(3)pH调整

当pH低于5.5,会使挤压作业十分困难,组织化程度也会下降。随着pH的升高,产品的韧性和组织化程度也慢慢提高;当pH到达8.5时,产品则变得很硬、很脆,并且产生异味;当pH大于8.5时,产品则具有较大的苦味和异味,且色泽变差,其原因可能是由于在碱性、高温条件下的蛋白质和脂肪的分解所造成。

（4）挤压膨化

挤压膨化是生产中最关键的工序。要想生产出色泽均一、无硬芯、富有弹性、复水性好的组织化大豆蛋白，必须控制好挤压工序中的加热温度和进料量。温度的高低决定着膨化区内的压力大小，决定着蛋白组织结构的好坏。低变性原料温度要求较低，高变性原料温度要求较高。一般挤出机的出口温度不低于180℃，入口温度控制在80℃左右。

（5）干燥

可采用流化床干燥、鼓风干燥或真空干燥。干燥时温度控制在70℃以下，最终水分控制在8%～10%。

流化床干燥机见图4-8所示。其工作原理:冷空气经过滤后由鼓风机输送到空气加热器中加热(加热器可以为:蒸汽换热器、导热油换热器、电加热箱、天然气热风炉、燃煤热风炉、燃油热风炉、热水等)，加热后具有一定温度的、动能的热风送入流化床主机下部风室，并以一定速度和流向穿过床板与床板上的物料接触。待干燥的湿物料从干燥设备的一端加入，在振动电机激振力和热风的作用下在床板上跳跃前进呈沸腾状态，在向上跳跃的同时也在缓慢的向干燥设备的另一端移动，床板下部不断送入热风和湿的活性炭接触进行热量和水传递，使湿物料中的湿份(水)吸热汽化，与物料分离被空气带走，物料在床板上跳跃的高度和想另一端移动的速度决定物料的干燥程度，故物料前进的速度和跳跃的高度在一定范围内可以调节。干燥后的物料由流化床末端排出，热风因为热量传递温度下降。干燥后的废气由引风机排出干燥设备，废气从干燥设备内排放时，会将少量较细的物料抽出，此物料虽然极少但是排放会产生空气污染和产品的浪费，所以在废气排放前加有旋风分离器，可以对排出的极少产品进行收集。本设备热风和物料直接接触热效率高，调整参数可得到不同含水率的产品，是晶体粉末颗粒干燥的绝佳选择。

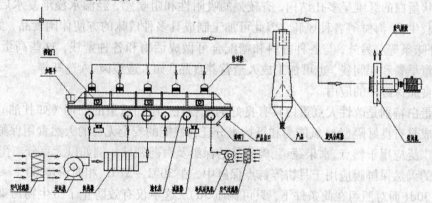

图4-8 流化床干燥流程图

（6）辅料添加

添加2%～3%的氯化钠可以改善口味，强化pH调整效果，提高产品的复水性。另外，根据产品需要可配入食用色素、增味剂、矿物质、乳化剂和蛋白质分子交联强化剂如硫元素(形成二硫键，便于蛋白质分子交联)等，也可加入卵磷脂，以利产品颜色的改善，生产出具有脂肪色的洁白外观的产品。

原料的混合应在调理器中进行。为了提高混合效果，提高混合均匀性以及提高混合物的水合作用，温度控制在60℃～90℃效果比较好。

四、大豆蛋白在食品工业中的应用

1. 大豆蛋白在肉制品中的应用

大豆蛋白在肉制品中的应用已有很长的历史。它能够保留或乳化肉制品中的脂肪，结合水分，并改进组织，是一种较为理想的肉类代替品。火腿肠是西式肉制品中的一种产品，它以其具丰富的营养、食用的方便、独特的风味以及便于携带保存等特点而深受人们的欢迎。

目前灌肠类的研究和开发集中在通过添加天然营养物质从而提高制品的营养效价，进一步满足人们对食品的营养、方便、安全方面的需求，在火腿肠中添加大豆蛋白就是其中的一个研究方向。有试验证明在火腿肠中添加大豆蛋白必须在腌制之前进行，以防止大豆蛋白的抗盐特性，可通过预水合作用添加在肉糜中，以增加大豆蛋白的功效。大豆蛋白的强保水和保油性，使得瘦肉的用量减少，水和脂肪的用量增加，提高了产品的出品率，改善了火腿肠的组织状态和口感，降低了生产成本。并且，添加大豆蛋白使火腿肠的蒸煮时间缩短，因此降低了蒸煮损耗，减少了火腿肠的收缩程度，改善了组织结构，提高了火腿肠的质量。

2. 大豆蛋白在烘烤食品中的应用

大豆蛋白与其他谷物相比，其中的赖氨酸含量较高。将大豆蛋白添加到谷物食品中，可以起到氨基酸互补作用。添加大豆蛋白粉后面包中的蛋白质含量及钙、磷、钾的含量均增加，脂肪、碳水化合物的含量降低，使面包的营养结构更合理。添加脱脂豆粉可显著改善面包蛋白质的质量，且使得面包体积增大、质地松软、产热量下降、风味良好，但添加量过大（8% ~ 12%）会影响面包的焙烤和感官品质，使面包的体积缩小、表皮增厚、色泽加深、质地变硬。另外，由于蛋白质的吸水作用，还可延缓淀粉的老化，延长货架期，使得出品率得到提高。

3. 在休闲食品及人造食品中的应用

组织状蛋白的纤维呈多孔结构，有较强的吸附性和咀嚼感，经温水浸泡复水后，可赋予猪肉、鸡肉、牛肉、海鲜等各种风味，因此可加工制成具多种口味的方便休闲食品，如猪肉脯、牛肉干、虾味条等。另外，与各种香料和糖配合可做成话梅和各种蜜饯，这些高蛋白食品可供学龄儿童早餐和课间餐，也可加工成人造营养食品，如人造瘦肉、人造虾等。

4. 在食品保鲜中的应用

大豆蛋白特别是改性大豆蛋白具有良好的成膜性，添加适量的助剂（如甘油）在一定条件下可制成具有良好隔（绝）氧能力和抵抗水分迁移性能的安全无毒的天然食用保鲜膜，这类保鲜膜可广泛应用于糕点、水果蔬菜、肉制品的保鲜及医药领域。例如以大豆分离蛋白为主要成分制成的天然保鲜膜应用于月饼等糕点保鲜中，在30℃ ~ 37℃，相对湿度80% ~ 90%下可保存28 ~ 30d（而对照组在此条件下，只可保质3d），这不仅有效防止了微生物污染，延长保质期，还可防止食品中香味物质和水分的挥发散失。大豆蛋白能在食品表面形成均匀致密的透明薄膜，还能增强食品外观光泽，从而提高食品品质。

任务3 新兴豆制品加工

本任务将完成时尚豆制品的加工，主要产品包括内酯豆腐、豆乳等产品的加工工艺和操作要点的确定。

任务实施

一、内酯豆腐加工

1. 肉酯豆腐生产的原辅料

（1）凝固剂

①δ-葡萄糖酸内酯

δ-葡萄糖酸内酯（简称GDL）是一种新型的酸类凝固剂，易溶于水，在水中分解为葡萄糖酸，在加热条件下分解速度加快，pH增加时分解速度也加快。加入内酯的熟豆浆，当温度达到60℃时，大豆蛋白质开始凝固，在80℃~90℃凝固成的蛋白质凝胶持水性最佳，制成的豆腐弹性大，质地滑润爽口。GDL适合于做原浆豆腐。在凉豆浆中加入葡萄糖酸内酯，加热后葡萄糖酸内酯分解转化，蛋白质凝固即成为豆腐。用葡萄糖酸酯作凝固剂制得的豆腐，口味平淡而且略带酸味。若添加一定量的保护剂，不但可以改善风味，而且还能改变凝固质量。常用的保护剂有磷酸氢二钠、磷酸二氢钠、酒石酸钠及复合磷酸盐（含焦磷酸钠41%，偏磷酸钠29%，碳酸钠1%，聚磷酸钠29%）等，用量为0.2%（以豆浆计）左右。

②复合凝固剂

所谓复合凝固剂是将两种或两种以上的成分加工成的凝固剂，它是伴随豆制品生产的工业化、机械化和自动化的发展而产生的。如一种带有涂覆膜的有机酸颗粒凝固剂，常温下它不溶于豆浆，但是一旦经过加热涂覆膜就熔化，内部的有机酸就发挥凝固作用。常用的有机酸有柠檬酸、异柠檬酸、山梨酸、富马酸、乳酸、琥珀酸、葡萄糖酸及它们的内酯或酐。采用柠檬酸时，添加量为豆浆（固形物含量10%）的0.05%~0.50%。涂覆剂要满足常温下完全呈固态，而稍经加热就完全熔化的条件，因此其熔点一般在40℃~70℃之间。符合这些条件的涂覆剂有动物脂肪、植物油、各种甘油酯、山梨糖醇酐脂肪酸酯、丙二醇脂肪酸酯、动物胶等。为使被涂覆的有机酸颗粒均匀地分散于豆浆中，可以添加可食性表面活性剂如卵磷脂、聚环氧乙烷、月桂基醚等。

（2）消泡剂

①硅有机树脂

内酯豆腐生产中使用水溶性的乳剂型，其使用量为0.05g/kg食品。

②脂肪酸甘油酯

蒸馏品使用量0.1%。使用时均匀地添加在豆浆一起加热即可。

（3）防腐剂

豆制品生产中采用的防腐剂主要有丙烯酸、硝基呋喃系化合物等。丙烯酸具有抗菌能力强、热稳定性高等特点，允许使用量为豆浆的5mg/kg以内。丙烯酸防腐剂主要用于包装豆腐，对产品色泽稍有影响。防腐剂苯甲酸钠则禁止用于豆制品的制作中。

2. 内脂豆腐生产工艺流程

原料大豆 → 清理 → 浸泡 → 磨浆 → 滤浆 → 煮浆 → 脱气 → 冷却 → 混合、灌装 → 凝固杀菌 → 冷却 → 成品

3. 内酯豆腐生产操作要点

（1）制浆

采用各种磨浆设备制浆，使豆浆浓度控制在 10～11°Bé。

（2）脱气

采用消泡剂消除一部分泡沫，采用脱气罐排出豆浆中多余的气体，避免出现气孔和砂眼，同时脱除一些挥发性的气味成分，使内酯豆腐质地细腻，风味优良。

（3）冷却混合与灌装

根据 δ - 葡萄糖酸内酯的水解特性，内酯与豆浆的混合必须在 30℃ 以下进行，如果浆料温度过高，内酯的水解速度过快，造成混合不均匀，最终导致粗糙松散，甚至不成型。按照 0.25%～0.30% 的比例加入内酯，添加前用温水溶解，混合后的浆料在 15～20min 灌装完毕，采用的包装盒或包装袋需要耐 100℃ 的高温。

（4）凝固成型

包装后进行装箱，连同箱体一起放入 85℃～90℃ 恒温床，保温 15～20min。热凝固后的内酯豆腐需要冷却，这样可以增强凝胶的强度，提高其保形性。冷却可以采用自然冷却，也可以采用强制冷却。通过热凝固和强制冷却的内酯豆腐，一般杀菌、抑菌效果好，储存期相对较长。

二、豆乳加工

1. 豆乳加工工艺流程

大豆 → 清理 → 脱皮 → 浸泡 → 磨浆 → 浆渣分离 → 真空脱臭 → 调制 → 均质杀菌 → 灌装

2. 豆乳加工操作要点

（1）清理与脱皮

清理的目的是除去豆中混杂的沙石、豆壳、杂草等杂质或不合格的大豆，得到纯净的大豆。清理的方法与传统豆腐生产中大豆清理的方法一致。

（2）脱皮

脱皮可以减少细菌量，改善豆乳风味，限制起泡性，同时还可以缩短脂肪氧化酶钝化所需要的加热时间，极大地降低贮存蛋白质的变性，防止非酶褐变，赋予豆乳良好的色泽。

大豆有湿脱皮和干法脱皮两种脱皮的方法。湿脱皮在浸泡后，经过机械摩擦及水漂洗，去除豆皮；干法脱皮是由辅助脱皮机和脱皮机共同完成的，大豆首先干燥到含水 10% 左右，加入脱皮机，向脱皮机中加入干热空气加热，大豆在螺旋输送器推动下，在脱皮的同时完成钝化酶操作。湿脱皮由于耗水量大，水溶性蛋白损失大，已逐渐被干法脱皮取代。

（3）浸泡

目的是软化大豆组织结构、降低磨耗和磨损、提高胶体分散程度和悬浮性，增加得率。通常将大豆浸泡于 3 倍的水中，大豆吸水量为自身重量的 1～2 倍终止浸泡。为缩短浸泡时间，避免由于微生物繁殖导致的腐败，利于规模化、连续化生产，目前一般采用高温浸泡，温度控

制在 80℃ ~85℃，时间为 0.5 ~1h。

（4）磨浆、浆渣分离与酶的钝化

豆乳生产的制浆工序与传统豆制品生产中磨浆工序基本一致，都是将大豆磨碎，最大限度地提取大豆中的有效成分，除去不溶性的多糖和纤维素。磨浆和分离设备通用，但是豆乳生产中制浆必须与灭酶工序结合起来。制浆中必须考虑抑制浆体中异味物质的产生，因此，可以采用磨浆前浸泡大豆工艺，也可以不经过浸泡直接磨浆，并要求豆浆磨得要细。豆糊细度要求达到 120 目以上，豆渣含水量在 85% 以下，豆浆含量一般为 8% ~10%。

大豆经脱皮破碎后，脂肪氧化酶在一定温度、含水量和氧气存在下发挥催化作用，因此，在大豆磨浆时应防止脂肪氧化酶的生理活性作用，使其变性失活。

（5）真空脱臭

真空脱臭的目的是要尽可能地除去豆浆中的异味物质。真空脱臭首先利用高压蒸汽（600kPa）将豆浆迅速加热到 140℃ ~150℃，然后将热的豆浆导入真空冷凝室，对过热的豆浆突然抽真空，豆浆温度骤降，体积膨胀，部分水分急剧蒸发，豆浆中的异味物质随着水蒸气迅速排出。从脱臭系统中出来的豆浆温度一般可以降至 75℃ ~80℃。

（6）调制

豆乳的调制是在调制缸中将豆浆、营养强化剂、赋香剂和稳定剂等混合在一起，充分搅拌均匀，并用水将豆浆调整到规定浓度的过程。豆浆经过调制可以生产出不同风味的豆乳。

①豆乳的营养强化

豆乳中尽管含有丰富的蛋白质和大量不饱和脂肪酸等重要营养成分，但作为植物蛋白由于含硫氨基酸的含量较低，因而应补充含硫氨基酸（如蛋氨酸）。

大豆维生素含量较少，且种类也不全，维生素 B_1 和维生素 B_2 不足，维生素 A 和维生素 C 含量很低，维生素 B_{12} 和维生素 D 几乎没有，为弥补其不足，需要进行营养强化。维生素的添加量以每 100g 豆乳为标准需要补充：维生素 A 880μg，维生素 B_1 0.26mg，维生素 B_2 0.31mg，维生素 B_6 0.26mg，维生素 B_{12} 115μg，维生素 C 7mg，维生素 D 176μg，维生素 E 10μg。添加碳酸钙等钙盐，每升豆浆添加 1.2g 碳酸钙，则含钙量便与牛奶接近。

②赋香剂

添加甜味剂，可直接采用双糖，因为添加单糖杀菌时容易发生非酶褐变，使豆乳色泽加深。甜味剂添加量控制在 6% 左右。若生产奶味豆乳，可采用香兰素调香，也可以用奶粉或鲜奶。奶粉添加量为 5%（占总固形物）左右，鲜奶为 30%（占成品）。生产果味豆乳，采用果汁、果味香精、有机酸等调制。果汁（原汁）添加量为 15% ~20%。添加前首先稀释，最好在所有配料都加入后添加。

③豆腥味掩盖剂

尽管生产中采用各种方法脱腥，但总会有些残留，因此添加掩盖剂很有必要。据资料介绍，在豆乳中加入热凝固的卵蛋白可以起到掩盖豆腥味的作用，其添加量为 15% ~25%；添加量过低效果不明显，高于 35% 则制品中会有很强的卵蛋白味（硫化氢味）。另外，棕榈油、环状糊精、荞麦粉（加入量为大豆的 30% ~40%）、核桃仁、紫苏、胡椒等也具有掩盖豆腥味的作用。

④油脂

豆乳中加入油脂可提高口感及色泽。油脂必须先经乳化后加入。油脂添加量在 1.5% 左右(将豆乳中油脂含量增加到 3% 左右),就可收到明显的效果,添加的油脂应选用亚油酸含量高的油,如豆油、花生油、菜籽油、玉米油等,以优质玉米油为最佳。

⑤稳定剂

豆乳中含有油脂,需要添加乳化剂提高其稳定性。豆乳中使用的乳化剂以蔗糖脂肪酸酯和单甘油酯、卵磷脂为主。卵磷脂的添加量一般为大豆质量的 0.3% ~2.4%,蔗糖脂肪酸酯添加量一般为 0.003% ~0.5%。添加乳化剂之前,先将乳化剂各组分按比例配好,放入可加热容器中,使之熔融,然后充分搅拌,混匀,制得混合乳化剂,使用时,一般按大豆质量的 0.5% ~2% 添加,用 80℃ 以上热水完全将其溶化,加入豆乳中过胶体磨,再均质,可得到最佳乳化效果。

豆乳的乳化稳定性不但与乳化剂有关,还与豆乳本身的黏度等因素有关。因此,良好的乳化剂常配合使用一些增稠稳定剂和分散剂。

常用增稠稳定剂有:羧甲基纤维素钠、海藻酸钠、明胶、黄原胶等,用量为 0.05% ~0.1%。

常使用的分散剂有:磷酸三钠、六偏磷酸钠、三聚磷酸钠和焦磷酸钠,其添加量为 0.05% ~0.30%。

(7)均质

均质处理是提高豆乳口感和稳定性的关键工序。品质优良的豆乳组织细腻,口感柔和,经一定时间存放无分层、无沉淀。均质效果的好坏主要受均质温度、均质压力和均质次数的影响。豆乳生产中通常采用 13 ~23MPa 的压力进行均质,压力越高效果越好,但是压力大小受设备性能及经济效益的影响。均质温度是指豆乳进入均质机的温度,温度越高,均质效果越好,温度应控制在 70℃ ~80℃ 较适宜。均质次数应根据均质机的性能来确定,最多采用二次,经过二次均质后,均质效果不会有明显改观。

均质处理可以放在杀菌之前,也可以放在杀菌之后,各有利弊。杀菌前处理,杀菌能在一定程度上破坏均质效果,容易出现"油线",但污染机会减少,贮存安全性提高,而且经过均质的豆乳再进入杀菌机不容易结垢。如果将均质处理放在杀菌之后,则情况正好相反。

(8)杀菌

豆乳是细菌的良好培养基,经过调制的豆乳应尽快杀菌。在豆乳生产中经常使用三种杀菌方法。

①常压杀菌

这种方法只能杀灭致病菌和腐败菌的营养体,若将常压杀菌的豆乳在常温下存放,由于残存耐热菌的芽孢容易发芽成营养体,并不断繁殖,成品一般不超过 24h 即可败坏。若经过常压杀菌的豆乳(带包装)迅速冷却,并贮存于 2℃ ~4℃ 的环境下,可以存放 1 ~3 周。

②加压杀菌

这种方法是将豆乳罐装于玻璃瓶中或复合蒸煮袋中,装入杀菌釜内分批杀菌。加压杀菌通常采用 121℃,15 ~20min 的杀菌条件,这样即可杀死全部耐热型芽孢,杀菌后的成品可以在常温下存放 6 个月以上。

③超高温瞬时杀菌

这是近年来豆乳生产中普遍采用的杀菌方法,它是将未包装的豆乳在 130℃ 以上的高温下,经过瞬间杀菌,然后迅速冷却、罐装。

超高温杀菌分为蒸汽直接加热法和间接加热法。目前我国普遍使用的超高温杀菌设备均为板式热交换器间接加热法。其杀菌过程大致可分为 3 个阶段，即预热阶段、超高温杀菌阶段和冷却阶段，整个过程均在板式热交换器中完成。

板式换热器见图 4 - 9 所示，主要由传热板片、密封垫、压紧板、夹紧螺栓等主要部件组成。板式换热器是一种通用换热设备，以其独特的优点被广泛应用于医药、食品、核工业、海洋开发及热电厂集中供热等工业部门。可满足各类介质的冷却、加热、冷凝、浓缩、消毒和余热回收等工艺的需求。

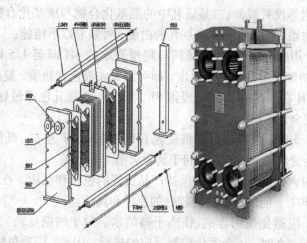

图 4 - 9　板式换热器结构示意图

（9）包装

包装根据进入市场的形式有玻璃瓶包装、复合袋包装等。采用哪种包装方式，决定成品的保藏期，也影响质量和成本。因此，要根据产品档次、生产工艺方法及成品保藏期等因素做出决策。一般采用常压或加压杀菌只能采用玻璃瓶或复合蒸煮袋包装。无菌包装是伴随着超高温杀菌技术而发展起来的一种新技术，大中型豆乳生产企业可以采用这种包装方法。

3. 提高豆乳稳定性和白度的措施

（1）提高豆乳稳定性的措施

影响豆乳（包括其他植物性蛋白饮料）稳定性的因素很多，主要有浓度、黏度、粒度、pH、电解质、微生物、工艺条件、包装方式、环境温度等。

对豆乳的基本要求是：使蛋白质能与水分、油脂、磷脂、添加剂等有比较牢固的结合性能，形成均一的乳状液体。要达到这一要求，可采取如下基本措施：

①控制豆乳中固形物的粒度

在加工中除要求磨浆均细外，还必须通过高压均质处理或利用超声波振作用，便豆乳中的固形物颗粒微细化，使变性的蛋白质与油脂等均匀分散在水中。均质后的粒度要求在 $1 \sim 5\mu m$。

②适当使用稳定剂

豆奶是以水为分散介质，以大豆蛋白及大豆油脂为主要分散相的宏观体系，呈乳状液，具热力学不稳定性，添加乳化稳定剂以提高豆奶乳化稳定性，如使用分离大豆蛋白、乳化剂、蔗糖脂肪酸酯（SE，HLB = 15）、单硬脂肪酸甘油酯（GMS，HLB = 4.3）、黄原胶（XG）等。

③加强水质处理

在水中往往含有大量悬浮物、矿物质、微生物等物质，它们的存在均对豆乳的稳定性有重要影响。因此，在豆乳生产时，除了要合理选择水源外，还应对水进行必要的过滤、软化、灭菌等处理。

此外，还应合理选用添加剂，加强原辅料质量检验；合理选用包装材料（容器），并加强包装前处理；加强生产过程管理，尽可能避免交叉污染的发生等。

（2）提高豆乳白度的措施

导致豆乳白度较差的原因主要有两个方面。一是大豆中的色素物质，如多酚色素（7,4 - 二羟基异黄酮）、花青素等没有脱除；二是豆乳中的氨基化合物与羰基化合物在加热过程中发生羰氨反应产生色素物质。因此，要提高豆乳的白度，可采取以下措施：

①在大豆浸泡时，用酸（如柠檬酸、盐酸等）将浸泡水的 pH 调至 4.5 以下。由于大豆色素物质在 pH4.5 以下的酸性溶液中易于浸出，即可脱去大豆色素物质，提高豆乳的白度。有研究表明，大豆水的 pH 在 3.5～4.5 时，浸泡 8h，所生产的豆乳色泽最好。如浸泡水的 pH 太低，则大豆软化不完全，影响出浆率。

②豆乳 pH 高于 6.5 时，色泽较好。将豆乳 pH 控制在 6.7 左右，既能保证豆乳色泽较好，蛋白质又不易发生变性沉淀，同时有利于消毒灭菌。

③采用超高温瞬时灭菌工艺，有利于保持产品良好的色泽和品质。在 135℃ 保持 6～9s，并迅速降温到 40℃～60℃，能使产品获得较好的色泽和风味。

④在豆乳生产时，应避免使用含钠、铁离子高的水。对于加糖豆乳，加热时更易发生褐变，尤其是在钠、铁离子存在时，还会强化羰氨反应的进行。因此，应避免使用含钠、铁离子高的水。所用金属容器以不锈钢质为好。此外，还应尽可能选用含还原性单糖较少的白砂糖。

⑤在选用浸泡水 pH3.5～4.5 浸泡大豆脱除大豆色素的同时，将加糖时间调整在对豆乳均质并快速冷却 15℃ 时加入事先经过溶解消毒过滤的冷糖液，可避免糖液在煮浆时与豆乳中的蛋白质发生褐变反应。同时控制灭菌时间由原来的 25min 调为 18min（250ml 玻璃瓶装），并利用压缩空气对灭菌柜进行反压降温，可以获得色泽良好的成品如在 121℃ 下杀菌 18min，并以蔗糖或蔗糖加环己基氨基磺酸钠（按蔗糖甜度的 5% 加入）为甜味剂的豆乳其色泽乳白、风味、稳定性很好。

⑥在豆乳中添加适量油脂，可改善产品的色泽和风味，一般可加入玉米油、奶油，为使油脂充分乳化，常加入 0.1% 的单甘酯、大豆卵磷脂等乳化剂。

⑦加入 0.1% 的维生素 C 作为抗氧化剂，也可以在一定程度上阻止豆乳在加入和贮存过程中的褐变。

❖ **思考与练习**

1. 大豆的化学成分有哪些？
2. 大豆蛋白质有哪些功能特性？
3. 大豆中有哪些抗营养物质？
4. 简述传统豆制品生产所需原辅材料及特性。
5. 传统大豆制品主要有哪些？
6. 豆腐生产过程中易出现哪些质量问题。
7. 腐竹生产过程中易出现哪些质量问题。

8. 腐乳的生产工艺过程是什么？

9. 大豆蛋白有哪些类型？

10. 大豆蛋白有哪些加工特性？

11. 分离大豆蛋白的生产原理是什么？

12. 浓缩大豆蛋白加工过程中应注意哪些主要问题？

13. 组织化大豆蛋白的生产工艺是什么？

14. 简述内酯豆腐生产的工艺要点。

15. 简述豆乳生产的工艺要点。

16. 提高豆乳稳定性和白度的措施有哪些？

实验实训八　传统豆腐加工

课前预习

1. 豆腐加工的原理、工艺流程、操作步骤与方法。

2. 按要求撰写出实验实训报告提纲。

一、能力要求

1. 熟悉豆腐加工的工艺原理与工艺条件要求。

2. 学会豆腐加工中大豆浸泡、煮浆、过滤、点浆、成型等基本操作技能。

3. 能够进行产品质量分析，即发现产品质量缺陷，分析原因并找出解决途径。

二、原辅材料

优质大豆，氯化镁，消泡剂。

三、操作步骤与方法

1. 选料：通常采用百粒重 12～15g 的皮色淡黄有光泽的中粒大豆为原料。

2. 浸泡：浸泡的时间与水温和气温相关。冬季水温 5℃～13℃，时间为 13～18h；春秋水温 12℃～18℃，时间为 12～14h；夏季水温 17℃～25℃，时间为 6～8h。泡料的用水量为原料大豆的 2.0～2.5 倍，分次加入。浸泡时需定时搅拌，出料时擦破豆皮，用清水淋洗，沥去余水。泡料后大豆的吸水量为原料大豆的 1.0～1.5 倍，重量为 1.5～1.8 倍。

3. 磨浆：将浸泡过的大豆用浆渣自动分离磨浆机磨浆，磨浆过程中加入蒸馏水，所得豆渣与蒸馏水混合（总的水豆比为 6:1），也逐渐加入磨浆机；两次所得豆浆混合后用 120 目的尼龙网过滤，储放在冷藏箱内（5℃左右），作为生豆浆备用。

4. 煮浆：将煮浆温度加热到 95℃～98℃，维持 3～5min。煮浆开始易产生发泡溢锅，需添加原料量 2% 的消泡剂。

5. 点浆：点浆时应将浆温控制在 80℃左右为宜。豆浆 pH 一般应控制在 6.0～6.5 最为适宜。当 pH 接近 6.0 时，盐卤的添加速度要缓慢，甚至要停下来，若盐卤添加速度过快、太多或太集中，就会造成凝固不均匀，影响豆腐质量。

6. 蹲脑：点浆结束后，应将豆脑静置，不得再搅拌，以便豆花进一步聚集凝固、沉淀，即蹲脑。蹲脑时间一般应控制在 15～25min，不宜过长或过短，蹲脑时间过短，蛋白质凝固物的结构不牢固，保水性差，豆腐缺乏弹性，出品率低；而时间过长，则会使豆脑温度降低，影响下道工序的完成。

7. 成型：加压时要掌握好温度高低和压力大小。一般上包加压的温度以 70℃左右为宜，压力大小因产品含水量要求和厚度而定。要求成品含水量少，压力可适当大些。厚度小时，因排水畅快，压力可适当低些。一般以 50kg/㎡ 左右的压力成型 2h 即可。

8. 冷却、包装：成型取出后，自然冷却至室温，然后进行包装。

四、注意事项

1. 浸泡后的大豆要达到以下要求:大豆要增重1倍,夏季可浸泡至九成,搓开豆瓣中间稍有凹心,中心色泽稍暗;冬季可泡至十成,搓开豆瓣呈乳白色,中心浅黄色,pH约为6。但使用砂轮磨浆时,浸泡时间可缩短1~2h。

2. 点浆操作也是影响点浆效果的重要因素之一。点浆时,要先用铜勺上下搅拌豆浆,使豆浆从底向上翻滚,然后,一边搅拌一边点盐卤,搅拌和加卤均要先紧后慢。当出现50%芝麻大小的脑花时,搅拌要减慢,盐卤流量也相应减小;当出现80%脑花时,应停止搅拌和加卤,使脑花凝固下沉,搅拌时要方向一致,不能忽正忽反,更不能乱搅。

3. 蹲脑后,上层有一层黄浆水,正常的黄浆水应是清澄的淡黄色,这说明点脑适度,不老不嫩。若黄浆水色深黄为脑老,暗红色为过老;若黄浆水为乳白色且浑浊则为嫩脑,这时需再加盐卤补救。

五、产品感官质量标准

1. 色泽:色洁白或淡黄色。
2. 形态:有弹性,薄厚均匀,软硬适宜,质地细嫩,无蜂窝。
3. 内部组织:用刀横断切开,豆腐细密均匀,无大孔洞,无蜂窝。
4. 杂质:表面清洁,四周和底部无油污与杂质。
5. 风味:无杂质,有特有的香气,味正。

六、学生实训

1. 用具与设备准备 分离式磨浆机,水浴锅。
2. 原料准备 优质大豆,蒸馏水,氯化镁,消泡剂。
3. 学生练习 指导老师对设备操作和大豆浸泡、煮浆、点浆、成型等基本操作技能进行演示。学生分组按照豆腐加工操作步骤及方法进行练习。

七、产品评价

指标	制作时间	色泽	形态	口感	内部结构	风味	卫生	成本	合计
标准分	15	20	10	15	20	10	5	5	100
扣分									
实得分									

八、产品质量缺陷与分析

1. 根据操作过程中出现的问题,找出解决办法。
2. 根据产品质量缺陷,分析原因并找出解决办法。

实验实训九　浓缩大豆蛋白加工（稀酸浸提法）

课前预习

1. 浓缩大豆蛋白加工的原理、工艺流程、操作步骤与方法。

2. 按要求撰写出实验实训报告提纲。

一、能力要求

1. 熟悉浓缩大豆蛋白的工艺原理与工艺条件要求。

2. 学会浓缩大豆蛋白加工中豆粕粉碎、浸提、离心分离、喷雾干燥等基本操作技能。

3. 能够进行产品质量分析，即发现产品质量缺陷，分析原因并找出解决途径。

4. 能够通过浓缩大豆蛋白加工的练习，自主完成含水酒精浸提法制取浓缩大豆蛋白的操作。

二、原辅材料

低温脱溶豆粕，37% 的盐酸，蒸馏水，氢氧化钠溶液。

三、操作步骤与方法

1. 低温脱脂豆粕处理：先将低温脱溶的豆粕（豆粕蛋白质含量在 50% 左右）进行粉碎至 0.15～0.30mm。

2. 稀酸溶解：加入低温脱脂豆粕 10 倍的水，不断搅拌下连续加入 37% 的盐酸，调节溶液的 pH 为 4.5～4.6，40℃左右恒温搅拌 1h。

3. 分离、洗涤：将混合物搅拌后，输入离心机中进行分离，分离所得的固体浆状物流入收集器内，在收集器内连续加入 10 倍 50℃的温水洗涤搅拌。然后再输入离心机，分离出第一次水洗废液。浆状物流入二次收集器内，在二次收集器内进行二次水洗。再经离心机分离，除去二次水洗废液。

4. 加碱中和：将所得浆状物收集，加氢氧化钠进行中和处理。

5. 喷雾干燥：送入干燥塔中脱水干燥，即得浓缩大豆蛋白产品。

四、注意事项

1. 低温脱脂豆粕可采用小型粉碎磨进行处理，颗粒大小要控制在 0.15～0.30mm 为宜。

2. 在不断搅拌下连续加入浓度为 37% 的盐酸溶解时，要注意调节溶液的 pH 为 4.5～4.6，不可过高或过低。

五、产品质量标准

产品规格：蛋白质≥65%、水分≤7%、脂肪≤1%、灰分≤4%、纤维总量≤4%。

六、学生实训

1. 用具与设备准备　恒温水浴锅，离心机，喷雾干燥机。

2. 原料准备　低温脱脂豆粕，37% 的盐酸，蒸馏水，氢氧化钠溶液。

3. 学生练习　指导老师对设备操作和样品粉碎、加酸溶解、分离、洗涤、干燥等基本操作技能进行演示。学生分组按照浓缩大豆蛋白加工操作步骤与方法进行练习。

七、产品评价

指 标	制作时间	色泽	形态	有无异味	卫生	成本	合计
标准分	15	30	20	15	10	10	100
扣 分							
实得分							

八、产品质量缺陷与分析

1. 根据操作过程中出现的问题，找出解决办法。
2. 根据产品质量缺陷，分析原因并找出解决办法。

实验实训十　豆乳制作及质量鉴别

课前预习

1.豆乳加工的原理、工艺流程、操作方法与步骤。

2.按要求撰写出实验实训提纲。

一、能力要求

1 熟悉豆乳加工工艺原理与工艺条件要求。

2.学会豆乳加工中的大豆浸泡、脱皮、滤浆、脱臭、调制、均质、灭菌等基本操作技能。

3.能够进行产品质量分析,即发现产品质量缺陷,分析原因并找出解决途径。

二、原辅材料及参考配方

1.原辅材料:大豆、碳酸钙、植物油、麦芽糖、蔗糖酯、奶粉等。

2.参考配方:大豆 5kg,碳酸钙 0.006kg,奶粉 0.03kg, 麦芽糖 0.03kg,蔗糖酯 0.0025kg,植物油 0.0075kg,水适量。

三、生产工艺流程

原料大豆清理 → 浸泡 → 脱皮 → 磨浆、滤浆 → 真空脱臭 → 调制 → 均质 → 杀菌 → 包装

四、工艺操作要点

1.原料大豆清理 剔出大豆中金属、土块、草屑等杂质, 捡出霉变及腐烂的大豆,用清水清洗两遍。

2.浸泡 水量:3 倍大豆量;水温: 80℃ ~85℃, 时间:0.5 ~1h(大豆吸水量为自重的 1 ~2 倍)。

3.脱皮 机械或手工脱出豆皮。

4.磨浆、滤浆 大豆与 8 倍量 80℃ 热水在磨浆机中磨制豆浆后,用超微磨精磨,趁热用离心机过滤。

5.真空脱臭 采用 600kPa 高压蒸汽将豆浆加热到 140℃ ~150℃,导入真空冷凝室,降温至 75℃ ~80℃。

6.调制 经过脱臭的豆浆加入配方中的碳酸钙、麦芽糖、奶粉、植物油及蔗糖酯,边加入边搅拌,混合均匀。

7.均质 在均质机内进行均质,均质参数:温度 70℃ ~80℃,压力 13 ~ 23MPa,均质 2 次。

8.杀菌 121℃保温 15 ~20min。

9.包装 玻璃瓶、聚酯瓶或复合袋包装。

五、成品质量鉴别

1.色泽 乳白色或淡黄色。

2. 滋味 应有清甜醇厚的豆香味和乳香味。

3. 组织状态 豆乳液均匀，口感良好，无分层现象，静止后允许有少量沉淀。

4. 杂质 不允许存在。

六、学生实训

1. 用具与设备准备 浸泡缸、磨浆机、超细磨、离心机、真空脱臭装置、均质机、高压灭菌锅、包装机等。

2. 原辅料准备 大豆、碳酸钙、植物油、麦芽糖、蔗糖酯、奶粉等。

3. 学生练习 指导老师对设备操作和样品清理、浸泡、脱皮、磨浆、滤浆、真空脱臭、调制、均质、杀菌等基本操作技能进行演示。学生分组按照浓缩大豆蛋白加工操作步骤与方法进行练习。

七、产品评价

指 标	制作时间	色泽	形态	口感	有无异味	风味	卫生	成本	合计
标准分	15	20	10	15	20	10	5	5	100
扣分									
实得分									

八、产品质量缺陷与分析

1. 根据操作过程中出现的问题，找出解决办法。

2. 根据产品质量缺陷，分析原因并找出解决办法。

项目五　杂粮食品加工

【学习目标】

1. 了解杂粮食品的分类、化学构成。
2. 掌握杂粮食品加工工艺和加工工艺要点。
3. 熟悉影响产品质量的因素和控制方法。

项目基础知识

杂粮通常是指水稻、小麦、大豆三大作物以外的粮豆薯作物。主要有：谷物类，如玉米、小米、红米、黑米、紫米、高粱、大麦、燕麦、荞麦/麦麸、青稞等；杂豆类，如绿豆、红豆、黑豆、青豆、芸豆、蚕豆、豌豆等；块茎类，如红薯、山药、马铃薯、芋头；木本类，如栗子和橡子。

近几年，我国的糖尿病、肥胖症、心血管疾病、结肠癌等"富贵病"的发病率显著提高。究其原因，主要是常吃太精太细的粮食。据我国营养学家在一次"节粮与营养"研究会上提出的数据表明：粗、细搭配比单吃一种粮食营养价值要高出很多。如单吃大米，蛋白质的利用率只有58%，若与1/3的玉米混合食用，蛋白质的利用率则可提高到71%；面粉、小米、大豆和牛肉如单一食用，其营养价值成分利用率在70%以下，而这4种食品搭配食用则可提高到99%。我国的膳食指南中也提出了"要注意粗细搭配，经常吃一些粗粮、杂粮"的建议。

杂粮中钙含量最多的是籽粒苋，是小麦、大米的近10倍。黍、稗米、大麦、莜麦、木薯中钙含量也较丰富。同时，这些杂粮中的铁含量也超过了大米和小麦。但要注意这些食物中钙、铁的存在状态和植酸对其吸收率的影响，维生素中硫胺素、核黄素的含量也是很丰富的，如大麦中的核黄素为4.8mg/100g，是小麦粉的80倍，大米的48倍；薯类中富含维生素C，这是其他粮食无法比拟的。所以，从营养角度说，杂粮具有很好的利用价值。

目前国内外对杂粮食品的开发主要侧重于以下几个方面。

1. 杂粮面制品的加工

杂粮营养丰富，具有良好的保健功效，直接食用，口感粗糙，味道不佳，所以将一种或几种杂粮与小麦粉搭配制作杂粮面制品是杂粮食品加工的重要内容，并深受欢迎。常见的诸如燕麦饼、麦香包、黑面包、燕麦馒头、莜面团子、莜面猫耳朵、玉米馒头、玉米面蛋糕、豆沙包、玉米窝头、芝麻煎饼；黄米面油糕、豆面糕、红枣切糕；高粱面鱼鱼、高粱面疙瘩等都是人们日常生活中非常喜爱的杂粮食品。

2. 杂粮休闲食品

以马铃薯为原料可制成各种休闲食品,如果脯、薯米(粒)、脱水马铃薯片(条、泥)、薯粉、马铃薯方便面、油炸马铃薯片等。浙江、福建等省出口的"油炸薯片"和"红心地瓜干"在日本和中国香港的市场上供不应求。目前已经上市的非油炸薯片更是备受青睐。以玉米为原料可制成玉米片、玉米方便粥、玉米营养粥、玉米花、玉米面饼干、玉米面脆片等。玉米花丝罐头、甜玉米罐头、玉米笋罐头、玉米笋蜜饯也深受欢迎。

3. 特殊保健杂粮食品

目前研究最多的是荞麦疗效食品。苦荞麦对高血脂、高血压、糖尿病有显著的疗效。研究发现荞麦粉中含8种蛋白酶阻化剂,能阻碍白血病细胞增殖,有望研制成治疗白血病的新药。北京粮食科学研究所利用新工艺研制出三种苦荞粉、疗效粉、颗粒粉,以这三种粉为原料制出复方苦荞双降粉(降血糖,降血脂),并以这种粉制出方便面、空心面、蛋糕、面包、点心等。

4. 杂粮饮料加工

用鲜玉米加工制作液体饮料如玉米杏仁茶和玉米冰淇淋已有报道,也可用小米制冰淇淋,用大麦生产大麦咖啡饮料和大麦保健茶。以荞麦为辅料,制作的荞麦豆乳也是一种很受欢迎的保健饮品。特色饮料格瓦斯源自俄罗斯,以利用面包屑或玉米发酵而成(属于俄式饮料),格瓦斯饮料在国际上是与可口可乐并驾齐驱的两大饮料之一。其具有天然发酵的醇香味,营养丰富,酒精含量低微,除消暑、解渴外还能增进人体消化功能,是既可作饮料又可代酒助兴的良好保健饮料。利用甘薯制作的格瓦斯风味独特,营养丰富,也是一种理想的保健饮品。

5. 其他

大麦、红薯、马铃薯、玉米、小米等可作为酿酒的原料。此外,我国酿制成功的籽粒觅酱油,开创了国内外酱油生产不用人工色素而保证传统酱油色泽的先例,引起了世界的惊奇和关注。

任务1 玉米食品加工

玉米的热量较高,每100g籽粒中含热量1398.4KJ,高于大米、大麦、高粱等主要粮食作物。黄玉米中的维生素 B_1、B_2、B_3、烟酸和铁质等,高于大米 2~4 倍。玉米中还含有不少谷氨酸,经常食用有一定的健脑作用。玉米所含的脂肪为精米、精面的 4~5 倍,而且富含不饱和脂肪酸,其中5%为亚油酸,还含有谷固醇、卵磷脂等,能降低血清胆固醇。常食用有助于预防高血压、冠心病、心肌梗塞,并具有延缓细胞衰老和脑功能退化等作用。

本任务将完成玉米食品的加工,即采用玉米为原料生产方便面、玉米片、方便粥、饮料及即食甜玉米等加工工艺和操作要点的确定。

任务实施

一、挤压自熟玉米方便面

以玉米为原料,采用湿法磨粉与挤压自熟一步成型新工艺,生产碗装或袋装的非油炸玉米方便面，产品的复水性和口感好，面条韧滑又有玉米特有的香味，是极具市场潜力的新一代玉米方便食品。

1. 挤压自熟玉米方便面工艺流程

玉米→ 浸泡 → 沥干 → 磨浆 → 筛分 → 压滤 → 调配 → 挤压成型 → 风干 → 造型 → 烘干 →包装

2. 操作要点

(1)浸泡

将玉米置于水中浸泡，目的在于使玉米粒变软，破坏其蛋白质的网状结构，浸泡时间春秋季约 15～17h，夏季约 12～14h，冬季约 20h 左右。

(2)磨浆与筛分

浸泡好的玉米经锤片式粉碎机磨浆，通过 80 目的振动筛分离收集玉米细粉浆，筛上的粗渣经二次磨碎进一步回收细粉浆，经二次筛分后弃去筛上的粗渣。

(3)压滤及调配

用板框压滤机除去玉米粉浆中的水分，得到湿玉米粉，将玉米粉中加入 15% 的小麦粉和 1% 的食盐，在调粉机中混匀。

(4)挤压成型

混配好的玉米粉在单机自熟式挤压机中一步挤压成丝，筛板孔径为 0.5mm、1mm、1.5mm 或 2.0mm，扁粉为 0.4×3mm，玉米方便面直径以 1.0mm 或 0.4×3mm 为佳，便于复水并能避免浸泡时发黏易断，如作为普通玉米面条煮后食用则可采用孔径大一点的筛板。挤压时的温度应控制在 105℃～120℃范围内，挤出的玉米面条以颜色发黄且微透明为准，若面条发白，说明面条没有充分熟化，需二次回机重新挤条。

(5)风干切断

刚挤出的玉米面条黏度很大，需用风机吹凉定型，避免黏条，冷却定条后用旋转式切刀切断。

(6)装模造型与烘干

将切断后的玉米面条装入方型或圆形模具，经 70℃～80℃热风干燥定型成为干燥的面饼，面块重 80g 或 100g 均可，面块干燥时间约 40～60min。

3. 挤压自熟玉米方便面质量

玉米方便面为均匀的圆条形或方条形，颜色为淡黄色，无异味并稍带玉米清香味，面块水分≤14%，产品保质期 3 个月以上，置于 80℃以上水中复水 3～5min 加调味料即可食用。

二、玉米片

玉米片是世界上最普遍的谷物休闲食品。用于加工玉米片的原料最好选用硬质马齿型玉米，因其角质胚乳含量较高，淀粉糊化后透明度高，产品外观好。玉米含有很大的胚，玉米胚芽会影响淀粉糊化和玉米片的形态，给加工操作过程带来不便，所以生产玉米片多采用脱皮去胚后的玉米糁为原料，下面介绍两种玉米片的加工方法。

(一)焙烤玉米片

1. 焙烤玉米片工艺流程

玉米糁→ 加压蒸煮干燥 → 调质 → 轧片 → 焙烤 → 调味 →焙烤玉米片

2.操作要点

（1）加压蒸煮

将提胚后粒度约为玉米粒 1/3 大小的玉米糁送入旋转滚筒型高压蒸煮锅中，同时加入糖和盐等调味料，再加水使玉米糁含水量达 35% ~45%，用 174kPa 的蒸汽蒸煮 1~2h，至玉米糁完全糊化。判断糊化程度可用目测观察，即玉米糁呈半透明状时便符合要求。

（2）干燥调质

蒸煮结束后，减小蒸锅压力，通过离心作用将玉米糁从网状出口清出，蒸煮过程中黏结成团的玉米糁被打散。接着将玉米糁通过传送带送入烘干机干燥，使水分降至 20% 左右。

（3）轧片

将玉米糁冷却至 30℃ ~40℃ 后送往轧片机压成薄片，轧片机由一对不锈钢光辊组成，轧辊转速为 180~200r/min，将玉米糁轧成 0.7~1mm 的厚度。

（4）焙烤

轧好时玉米片送往烤炉焙烤，经 302℃、50s 或 288℃、2~3min 焙烤，使水分降至 3% 以下，冷却后调味，即可得到色泽金黄、口感松脆的焙烤玉米片。

（二）油炸玉米片

1.油炸玉米片工艺流程

玉米糁→ 酸液浸泡 → 中和 → 水洗 → 沥干 → 磨碎 → 成型 → 焙烤 → 过筛 → 油炸 → 调味 →油炸玉米片

2.操作要点

玉米糁用亚硫酸水浸泡 16~18h，再用石灰水中和，石灰水用量为玉米糁的 0.8% 左右，中和后经水洗、沥干，进入金钢砂磨磨碎成细渣，湿细渣经压制成型，成为边长约 4~5cm，厚为 2~3mm 的三角形片状，进行高温快速焙烤，焙烤温度为 371℃。焙烤后通过带孔钢丝传送带，筛去细碎屑，进入油锅油炸，油炸时间为 1min。油炸后进入调味滚筒中进行调味，调味后包装即为油炸玉米片成品。

三、玉米薄片方便粥

利用挤压膨化技术使玉米产生一系列的质构变化，糊化之后的淀粉不易恢复其老化的粗硬状态，并能赋予产品独特的焦香味道。在玉米挤压膨化的基础上，通过切割造粒与压片成型生产冲调复水性好的玉米薄片粥。产品质地柔和，口感爽滑，易于消化，并具有传统玉米粥的清香风味。

1.玉米薄片方便粥工艺流程

玉米→ 粉碎 → 配料 → 挤压膨化 → 切割造粒 → 冷却 → 压片 → 烘干 →包装

2.操作要点

（1）原料粉碎

选取去皮脱胚的新鲜玉米原料，将原料经磨粉机磨至 50~60 目。

（2）配料

选用转叶式拌粉机配料，转叶转速 368r/min，加水量一般为 20% ~24%，搅拌至水分分布均匀。

（3）挤压膨化

将配好的物料加入单螺杆或双螺杆挤压膨化机后，物料随螺杆旋转，沿轴向前推进并逐渐压缩，经过强烈的搅拌、摩擦、剪切混合以及来自机筒外部的加热，物料迅速升温（140℃～160℃）升压（0.5～0.7MPa），成为带有流动性的凝胶状态，通过由若干个均布圆孔组成的模板连续、均匀、稳定地挤出条状物料，物料由高温高压骤然降为常温常压，瞬时完成膨化过程。

（4）切割造粒

物粒在挤出的同时，由模头前的旋转刀具切割大小均匀的小颗粒，通过调整刀具转速可改变切割长度，切断后的小颗粒形成大小一致的球形膨化半成品，膨化成型的球型颗粒应该表面光滑，无相互黏连现象。

（5）冷却输送

在旋切机落料处，有 1.5m 长水平放置的输送机，输送机由有网孔的钢丝带传动，网带底部装有风机，向半成品吹风冷却，冷却后的温度在 40℃～60℃，水分可降到 15%～18%，半成品表面冷却并失掉部分水分使半成品表面得到硬化，并避免半成品相互黏连结块。

（6）辊轧压片

压片机由一对钢辊组成，钢辊直径 310mm，转速为 60r/min。冷却后的半成品送到压片机内轧成薄片，通过调整钢辊的间隙可调节轧片厚度，一般为 0.2～0.5mm，压片后的半成品应表面平整、大小不致、内部组织均匀，辊压时水分继续挥发，压片后水分可降至 10%～14%。

（7）烘烤

轧片后的半成品水分仍比较高，为延长保质期，需进一步干燥至水分含量为 3%～6%，烘烤后的成品还能产生玉米特有的香味。烘烤操作可采用远红外隧道式烤炉，网带长度 14.5m，烘烤时间为 5～15min。

3. 玉米薄片方便粥产品特点

烘烤干燥后的玉米薄片装袋后佐以甜味或其它风味调料可直接冲调食用。或按一定比例添加奶粉、豆粉、糖粉及各种香料制成不同风味的快餐方便粥增加花色品种。除冲调粥食外，将玉米膨化后不经轧片而直接磨粉制成膨化玉米粉，作为焙烤食品的配料，适用于加工玉米面包、饼干及烧饼等多种食品，而不影响焙烤制品的适口性。

四、玉米胚饮料

玉米胚是玉米粒中营养价值最好的部分，集中了玉米粒中 84% 的脂肪，83% 的矿物质，22% 的蛋白质和 65% 的低聚糖。以玉米胚为原料加工的玉米胚饮料营养丰富，酸甜适口，具有独特的玉米清香风味。

1. 玉米胚饮料工艺流程

玉米胚→ 浸泡 → 磨浆 → 胶磨 → 调配 → 均质 → 脱气 → 灌装 → 杀菌 → 玉米胚饮料

2. 操作要点

（1）浸泡

将玉米粒置于热水中浸泡吸水软化，浸泡水温为 70℃ 左右，浸泡时间 2h。

（2）磨浆

将软化后的玉米胚加 10 倍的水，然后用砂轮磨浆机磨浆。

（3）胶磨

将玉米胚芽浆用胶体磨进一步微细化。

（4）调配

按玉米胚 7%、白糖 10%、柠檬酸 0.1%、乙基麦芽酚 0.01%、黄原胶 0.2%、复合乳化剂 0.25% 调配。配制方法同一般常规饮料，先将白糖用热水溶解过滤后，加入稳定剂；将乳化剂和胚芽浆搅拌均匀后，加至糖浆中；充分搅拌并加水定容后，再加入柠檬酸调至 pH 值为 3.8～4.2。

（5）均质

将调配好的浆料预热至 70℃，用高压均质机均质两次，第一次均质压力为 25～30MPa，第二次均质压力为 15～20MPa。

（6）脱气

在真空度为 0.06～0.09MPa 和 60℃～70℃ 温度条件下进行脱气。

（7）灌装

采用灌装压盖机组进行定量灌装并封口。

（8）杀菌

在杀菌锅中加热杀菌，杀菌条件为 95℃，15～20min。杀菌后迅速冷却至 35℃ 以下，贴标签检验后，即得成品。

五、甜玉米的加工

甜玉米一般分普通甜玉米和超甜玉米两大类。普通甜玉米在乳熟期的胚乳中含有 10% 左右的糖分，相当于普通玉米的 2.5 倍，加上由于水溶多糖引起的黏质，构成了特有的风味。超甜玉米的胚乳成分中，约有 20% 的干物质由糖分构成，10 倍于普通玉米，2.5～3 倍于普通甜玉米，因而吃起来比普通甜玉米要甜得多，其缺点是胚乳淀粉中几乎没有水溶性多糖，风味不佳，并由于贮藏淀粉太少，水分含量高，皮显得太厚。

甜玉米的加工大致有两种途径，一是嫩穗加工，二是切粒加工。嫩穗加工分真空包装带芯玉米和速冻带芯玉米两大类型。切粒加工分甜玉米罐头、冷冻甜玉米和脱水甜玉米三大类型，甜玉米罐头又有整粒玉米型和奶油状玉米羹等类型。

（一）真空软包装整穗甜玉米

采用复合蒸煮袋生产真空软包装整穗甜玉米，要求甜玉米原料颗粒饱满，色泽由淡黄转金黄色的乳熟期玉米，一般采收期在授粉后 16～20d 较为理想。

1. 真空软包装整穗甜玉米加工工艺流程

原料验收→ 剥叶去须 → 预煮 → 漂洗 → 整理 → 装袋 → 封口 → 杀菌 → 冷却 → 干燥 →成品

2. 操作要点

（1）剥叶去须

将玉米剥去苞叶，并除尽须丝。

（2）预煮漂洗

沸水下锅煮 10～15min，煮透为准，预煮水中加 0.1% 柠檬酸和 1% 的食盐。预煮后用流动水冷却漂洗 10min。

（3）整理装袋

将玉米棒切除两端，每棒长度控制在 16～18cm，按长度、粗细基本一致的两棒装袋。切除的玉米棒两端削粒可加工成真空软包装玉米粒产品,制作技术同软包装玉米棒。

(4)封口杀菌

在 0.08 ~ 0.09MPa 下抽真空密封,封口后在 121℃ 高压下杀菌 20min。为防止袋内水分加熟膨胀而破袋,要采用反压杀菌,压力达到 0.2MPa。

(5)反压冷却

冷却时要保持压力稳定,直至冷却到 40℃。

(6)干燥包装

杀菌冷却后袋外有水,须用手工擦干或热风烘干,为避免软包装成品在贮藏、运输及销售过程中的损坏,须对软包装进行外包装,外包装可采用聚乙烯塑料袋或纸袋,然后进行纸箱包装。

(二)甜玉米羹罐头加工

甜玉米羹又称奶油型甜玉米糊,因玉米籽粒全部或其中一半磨碎成奶油状而得名。过熟的甜玉米只能用来加工奶油型甜玉米羹,但以正常乳熟期甜玉米加工为佳。

1.甜玉米羹罐头加工工艺流程

原料验收→ 剥皮去须 → 洗净 → 切粒磨浆 → 二次去须 → 调配加热 → 混合搅拌 → 装罐密封 → 杀菌 → 冷却 →成品

2.操作要点

(1)原料处理

将甜玉米果穗剥皮去须后,用玉米洗涤机洗净。玉米洗涤机是具有高压喷水装置的卧式圆锥形旋转洗净机,水压以 1 ~ 1.7kg/cm² 为好。

(2)切粒磨浆

切粒机械多使用旋转开闭型刀具,旋转式通用刀具带有 6 枚弧形切刀和刮落奶油用的刮刀,二者可分别旋转,并均可按原料直径大小自动开闭。切粒时先用切刀切断果粒的顶部约 2 ~ 3mm 深,再用刮刀刮下籽粒中的奶油;也可从果粒的基部切断,而不使用刮刀。切下的果粒再磨碎成奶油状,或者一半奶油状一半粒状混合制罐。

(3)二次去须

为彻底除去甜玉米糊中残存的花丝、苞叶及穗芯碎片等杂物,应用分段设置的网孔为 6 ~ 16mm 的振动或旋转筛二次去杂。筛网应定期更换,除去附着物后再次使用。

(4)调配加热

在奶油状浆料中加入适量白糖、食盐和玉米淀粉,于 82℃ ~ 93℃ 加热 10min,调制成适当的黏稠度并改进风味。食盐的使用量为 0.5% ~ 0.8%,白糖的用量为 1.8% ~ 2.4%,玉米淀粉的添加量为奶油状原料的 0.3% ~ 0.5%。加入玉米淀粉的目的在于调节产品的黏稠度,不宜过多,否则数月后产品会固结,失去黏性,降低食用价值。

(5)混合搅拌

调配加熟过程中应不断搅拌,并在装罐前进一步充分搅拌混合,使其黏稠度均匀一致,并加热保温在 85℃ 以上。

(6)装罐密封

混合搅拌后趁热装罐,并避免产生气泡。

（7）杀菌

奶油型玉米羹的黏稠度较大，热传导差，密封后必须立即杀菌，若装罐至杀菌的时间太长，会造成罐内温度不匀，不能做到均等杀菌。杀菌温度和杀菌时间视罐头初温和罐型规格而定，如罐头初温在82℃以上，211×304 罐型杀菌条件为 121℃、45min，310×406 罐型为 121℃、65min，303×406 罐型为 121℃、75min。

（8）冷却

杀菌后快速冷却至38℃冷却后放置7天经检验合格即可出厂销售。

（三）甜玉米粒罐头加工

甜玉米粒罐头是将果粒切成近于全粒形，注入一定数量的调味液后，再进行装罐、密封、杀菌的产品，具有与新鲜甜玉米相近的形态和风味。整粒甜玉米罐头的加工工序与奶油型甜玉米羹工艺大致相同，但工艺操作要求较严，加工时注意以下几点：

1. 甜玉米收获期要提早 2~3h，并注意其成熟度的一致性，可把过嫩和过老的果穗挑出，用于奶油型甜玉米羹的加工。

2. 刀切粒时要精密地调整刀具，使切刀尽可能接近穗芯，从基部切断籽粒，并注意不能切偏。

3. 切粒后必须在短时间内清除花丝及穗芯、碎片，方法是先用冷水浸泡漂浮初选，再用振动洗涤机喷水洗净，否则会因花丝及穗芯腐烂变质而产生异臭。

4. 为防止籽粒中的游离淀粉析出，造成汁液混浊，果粒清洗后应置于82℃~93℃的热水中进行漂烫处理。

5. 罐装时应装入2/3 的甜玉米和1/3 的盐水，杀菌过程中玉米粒逐渐吸收部分汁液，重量大约增加10%左右。盐水配制方法为每100L 水中加食盐 1.4~1.8kg，白糖 3.5kg。

6. 装罐后通过普通的排气盒排气，罐中心的温度达82℃以上后，利用真空封口机进行卷边接缝。

7. 封口后应尽快进行杀菌。整粒玉米罐头的热传导性比奶油型玉米羹为好，杀菌相对容易一些，初温60℃，307×409 罐型杀菌条件为 121℃、25min，407×700 罐型为 121℃、35min，603×700 罐型为 121℃、45min。

8. 杀菌结束后，应立即进行快速冷却；降温至38℃。对407×700 以上的罐型，因容易产生罐体变形，应采用反压冷却。

六、糯玉米的加工

糯玉米又称蜡质型玉米，籽粒胚乳全部为角质，断面呈蜡状，淀粉全部是支链淀粉，食用品质较好。

糯玉米的加工利用同甜玉米，既可整穗加工利用，也适于切粒后加工食用。由于糯玉米产量高，收获适期长，且营养损失慢，采收后贮藏时间也比甜玉米长，所以甜玉米加工厂家一般也都同时加工糯玉米产品。

任务 2 高粱食品加工

高粱籽粒含有丰富的营养成分。籽粒中干物质占总量的 85.6% ~ 89.2%，其中淀粉含量 65.9% ~ 77.4%，蛋白质含量 8.26% ~ 14.45%，粗脂肪 2.39% ~ 5.47%。每 100g 高粱米释放的热量为 360KJ，仅次于玉米(362KJ)，高于其他禾谷类作物。高粱用作食物历史久远，东北地区习惯将高粱籽粒碾磨去皮加工成高粱米食用，一般做成高粱米干饭或稀粥，或与豆类混合做成高粱米豆干饭或豆粥。黄河流域则习惯于将高粱籽加工成面粉，做成各种风味的面食。

本任务将完成高粱食品的加工，即采用高粱为原料生产快餐面、小窝头、色素、饴糖等加工工艺和操作要点的确定。

任务实施

一、高粱快餐面

1. 高粱快餐面工艺流程

高粱粉、小麦粉、豆粉、淀粉、水 → 搅拌打糊 → 落浆涂布 → 蒸煮成型 → 冷却切条 → 干燥 → 包装

2. 操作要点

(1) 配料

高粱粉 40，小麦粉 40，大豆粉 10，淀粉 10。

(2) 搅拌打糊

面粉与水之比为 4:6，在搅拌机中打成糊状。

(3) 落浆涂布

打好的粉浆从打糊罐下口落到钢带上，通过涂布成型机刮板均匀地涂布在钢带上，涂布厚度为 1.5mm。

(4) 蒸煮成型

涂布均匀的面糊随钢带进入蒸釜，在 95℃ ~ 100℃ 温度下蒸煮 5 ~ 8min，糊化成型。

(5) 冷却切条

浆料蒸煮成型后，稍加冷却老化后切条，切成 3mm 宽的面条。

(6) 干燥

面条由传送带输送至烘干箱中循环干燥，于 50℃ 下经 80min 干至含水分 14% ~ 16%。整理包装后即为成品。产品具有手工面的口感，且复水性好，用 85℃ ~ 100℃ 开水浸泡 3 ~ 5min，加入调料便可食用。

二、甜高粱茎秆固体发酵酿酒

甜高粱茎秆固体发酵酿酒是一项新兴的工艺，8 ~ 11kg 茎秆可生产 1kg 60° 白酒，还可免去蒸粮糊化过程，工艺简单，成本低，综合效益高。

1. 甜高粱茎秆固体发酵酿酒加工工艺流程

甜高粱茎秆 → 粉碎散加入酵母 → 加入底醅 → 入池发酵 → 蒸酒 → 勾兑调香 → 成品

2. 操作要点

（1）原料收获处理

甜高粱完全成熟后收获，去掉穗和叶子，留下茎秆并粉碎成2cm左右的小段。

（2）加入酵母

在粉碎好的甜高粱茎秆中加入酒用酵母，酵母用量为茎秆重量的0.5%左右。

（3）加入底醅

底醅指前一窖蒸酒所剩的酒糟。底醅含有不挥发性酸和一些香味成分，底醅越久，香味越浓，酿出的酒味道越好。底醅中含有大量的酸，会抑制发酵成酸，使发酵向生成酒精的方向转化，有效地增加出酒率。底醅的用量为茎秆的15%~20%。

（4）入池发酵

将酵母、底醅与甜高粱茎秆混合均匀后，即可入池发酵。入池时要逐层压实，上面用塑料布封严，入池的温度为16℃左右，发酵温度的进程应遵循"前缓、中挺、后缓落"的规律，入池24h温度升高2℃~3℃，48h升高5℃~6℃，发酵的最高温度应在35℃左右，最高不超过40℃，当发酵温度下降到30℃左右就可起窖蒸酒。发酵一般4~5d就可完成。

（5）蒸酒

把发酵好的酒醅直接放入蒸酒罐中蒸酒。先蒸出的酒为酒头，含有乙醛、乙酸、乙醋、甲醇等易挥发的物质，酒味呛鼻，将其放置一段时间后，作调酒用。蒸馏酒乙醇含量高，杂质少，但酒味较淡，一般需要放置一段时间后再调制。后蒸出的酒为酒尾，含有异戊醇等杂醇酒，酒度低，一般返回到酒窖中，重新蒸酒使用。

（6）勾兑调味

新蒸出的酒贮存老熟一段后即可进行勾兑调香，勾兑调香后的酒需短期贮存后方可出厂。

三、天然色素高粱红

随着科学技术时不断发展，天然色素取代化学合成色素已成为历史发展的必然。高粱红色素是一种天然的色素，可用于熟肉制品、果冻、饮料、糕点彩装、畜产品、水产品及植物蛋白着色，最大使用量为0.4g/kg。

1. 天然色素高粱红生产工艺流程

原料选择→去杂→水洗→浸提→过滤→脱水→喷雾干燥→检测→包装→成品

2. 操作要点

（1）原料选择及预处理

选择黑棕色和棕红色高粱壳为原料，将其送入风选机中进行风选，除去碎秆、碎叶及高粱籽粒等，然后利用自来水反复冲洗，利用1‰的盐酸溶液浸泡2h，以除掉杂质杂色。再用自来水彻底冲洗，去掉表皮残留的酸液，沥干水分备用。

（2）浸提

利用7%的食用乙醇在40℃的温度条件下浸泡抽提。高粱壳与乙醇水溶液的比例为1∶10。

（3）过滤

将浸提后的混合物利用250目尼龙纱进行过滤，滤去高粱壳再投入浸提罐中进行第二次浸提。

（4）浓缩

将上述得到的滤液打入浓缩罐中，以达到罐容积的2/3为宜。在80℃的条件下进行真空浓缩，并通过冷凝器冷凝以回收乙醇溶剂。

（5）离心脱水

通过高速离心机对色素溶液进行固液分离，甩出水分以提高色素的浓度。经过脱水后色素浓度应达到10%。

（6）喷雾干燥

将上述物料用泵打入喷雾干燥机中，此时应注意控制流量，在进口温度220℃、出口温度110℃的条件下进行喷雾干燥。

（7）检测和包装

对每班生产的高粱红色素应严格按照国家标准进行卫生指标和质量指标的测定，对符合国家标准的产品进行封口包装。

3. 成品质量标准

（1）主要成分

5.4′－二羟基异黄酮－7－O－半乳糖苷和5.4′－二羟基－6,8－二－甲氧基异黄酮－7－O－半乳糖苷，总称异黄酮半乳糖苷。

（2）感官指标

棕红色固体粉末，具有金属光泽，属于醇溶性色素，本身显微酸性，加微量助剂可变水溶性。高粱红色素对光稳定，色调柔和自然，无特殊气味，易溶于乙醇和水，无沉淀现象，不溶于油脂类。

（3）理化指标

色价：醇溶品 >80，水溶品 >30，pH 值：醇溶品 3~4，水溶品 7~8。砷（以 As 计）≤2mg/kg，铅（以 Pb 计）≤3mg/kg。

（4）卫生指标

细菌总数 <50 个/g，大肠菌群和致病菌不得检出。

四、高粱饴软糖

1. 高粱饴软糖生产工艺流程

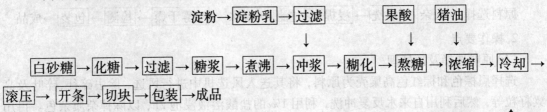

2. 操作要点

（1）原料配方

白砂糖 50kg, 淀粉 3kg, 猪油 900g, 果酸 50g, 香蕉精油 100ml, 水 35L, 食用色素适量。

（2）制糖浆、煮沸

将白砂糖7.5kg加水12.5L进行化糖,一般水温不宜超过80℃。化糖的温度要逐渐升高,以免糖化的不透,糖液在沸腾状态只要保持3～5min即可,待白砂糖全部化净后将糖液经80目筛过滤重新入锅备用。

(3)冲浆、糊化

为避免淀粉发生糊块结疙瘩一般先把淀粉用冷水(加水量22.5L)调成乳状悬浮液,俗称淀粉乳或淀粉稀浆。由于干淀粉混有皮壳、纤维等杂质,故在调成淀粉乳后应静置片刻,便可将浮面的杂质捞去。然后另置一空桶,架上一个80目的罗筛,将淀粉乳搅拌几下,倾入罗筛上过滤入空桶中,过滤完毕取下罗筛,待夹层锅内的糖液沸腾时,便可将淀粉乳均匀地倾入糖液中,倾时可暂时降低蒸汽压力至196kPa,但搅拌仍需照常进行。淀粉乳与沸腾的糖液经搅拌而相互混合后,淀粉颗粒受热和水的渗透开始膨胀,当温度继续上升,淀粉颗粒继续膨胀,体积增大好几倍,膨的颗粒互相接触、交织,因而变成半透明稠厚的淀粉糊。

(4)熬糖、浓缩

淀粉糊化后,要继续加温,黏度会逐渐增高,此时可将因冲浆时而降低的蒸汽压力逐渐调至490KPa,并不停地搅拌(如用大锅熬制、应用长柄铲沿锅底将糖糊均匀铲拌,使糖糊水分得以蒸发排除),使淀粉与糖浆充分混合。此时就可将余下的白砂糖及果酸加入,糖浆可能会暂时停止沸腾,但1～2min后糖浆又开始沸腾,糖的晶粒因受温度和水分的双重作用逐渐溶解,淀粉糊体也会变得稀薄,此时要继续进行搅拌和加温浓缩。几分钟后,糖糊就会又呈黏稠状,这时可将猪油加入,每隔1—2min用木棍挑出糖浆少许,放在冷水中,用手检视糖坯软硬度,或挑取糖浆少许,放在铁板或石板上刮成薄片,冷凝后,揭取糖片检视软硬度。

(5)冷却、滚压、开条、切块

待糖浆熬至所要求的黏度时,即可停止加热,进行冷却。在冷却过程申,边搅拌边加入调制好的食用色素和香精,搅拌均匀,将糖浆倒在冷却操作台上,用木刀刮开摊平,稍冷后,再用木滚筒滚压平整,待完全冷透,已具有显著的凝胶性时,可用刀将糖坯横向划成三四长块,然后逐一加以翻面,继续冷却,使其凝胶性稳定后即可开条切块(如当天不能切制,可移放在木案板上,面上用塑料薄膜遮盖)。在开条切块时可少撒些干淀粉,以免黏连,但不宜过多,否则影响外观,严重的甚至会影响口味。具体规格为3cm×1.2cm×1cm。

(6)包装

将切好的糖块,逐块用包装纸进行包装,包装要端正紧密,外面最好用塑料袋或纸盒再行包装,经过包装后即为成品。

3.成品质量指标

(1)外形　糖体规格3cm×1.2cm×1cm,糖体均匀整齐。

(2)色泽　呈淡黄色,表面稍有白色淀粉。

(3)口味　清淡柔和,在口中柔滑而不黏牙。

任务3 小米食品加工

本任务将完成小米食品的加工，即采用小米为原料生产精制小米、免淘小米、小米锅巴加工工艺和操作要点的确定。

任务实施

一、精制小米与清洁免淘小米

(一)精制小米

精制小米的加工工艺应根据被加工原粮的特性及将要达到的质量指标来确定。首先要分析小米及相关产品的物理特性(表5-1)，而后要考虑谷子生长，收购特点，杂质种类及含量和环境因素等。

表5-1　　　　　　　　　　　小米及相关产品的物理特性

名称	小麦	大米	粟	小米
粒度长(mm)	4.4~8.0	5.0~6.0	2.0~2.5	1.4~1.8
宽(mm)	2.2~4.0	2.0~3.2	1.3~1.9	1.1~1.7
厚(mm)	2.1~3.7	1.1~2.0	0.92~1.4	0.8~1.2
参考值	7×4×3	7×3×2	2.5×1.7×1.2	1.8×1.5×1
密度(g/cm³)	1.27~1.49	1.4~1.5	2.3~3.1	1.0
千粒重(g)	22~41	16~21	2.3~3.1	7.0
容重(kg/m³)	750~800	780~800	600~650	650~780
悬浮速度(m/s)	9.0~11.5	8.5~11.2	8.5	8.5

1.精制小米的加工工艺流程

原粮→进料→振动筛→去石机→砻谷机→小米选糙筛→谷糙分离筛→砂辊米机→小米清理筛→铁辊米机→铁辊米机→小米分级筛→成品→包装

2.操作要点

(1)清理部分

①振动清理筛

选用配有垂直吸风道的TQLZ型振动清理筛，是根据粟谷(谷子)的特点，使其既不堵塞筛孔，又能有效地清除掉大杂、轻杂、瘪谷、稗子等异种杂粮，实际的筛面为，第一层为8×8目，净孔规格为2.53mm;第二层为14×14目，净孔规格为1.44mm，能留住小米，筛出小杂和砂粒。风道的吸口风速为7m/s，能清除轻杂及稗子等轻质异粮。

②分级去石机

小米中砂石很难淘洗干净，影响食欲。结合现在的原粮情况，在工艺中安排了2道TQSX型吸式去石机，选用了有精选功能的双层去石机，去石筛板为5.5×4.7目/cm，能有效地使石、粟分级，确保小米中不含砂石。若选用冲板鱼鳞孔去石筛面，则要求鱼鳞孔的凸起高度为1mm，凸起长度在12mm以上。

（2）砻谷部分

采用脱壳→糙碎分离→选糙 3 步工序来完成

①脱壳机

采用差动对辊的胶辊砻谷机能使粟谷脱壳。脱壳时单位辊流量不大，且料流很薄，使得粟谷脱壳产量不大，脱壳率低，且对胶辊磨损较大，需要外加很大的辊间压力。因此，在砻谷机的选配上采用了并串结合，同时修改了传统砻谷机的运动参数，控制线速在 40m/s 左右，线速差在 5m/s 左右。改变以上参数后，减小了脱壳运动载荷和辊间压力，砻辊胶耗也明显下降，粟谷的脱壳率提高了 30%，砻谷机的脱壳率达到 95% 以上。

②糙碎分离

糙米进碾米机前，增加一道糙碎分离工序，是本工艺的一大特点。由于小米具有粒度小，油性大的特点，进米机前的物料若含有一定量的糙碎和糠皮，则严重影响碾米效果和物料的流动。因此，增加糙碎分离设备，既能提出糙碎和糠皮，又能二次吸走未清除的谷壳，克服了砻谷机谷壳含粮的问题，同时还能二次去石。除掉前面漏网的砂石，使最后成品小米纯净度高、质量好。

③选糙

粟谷的粒度不均匀、且粒度太小，绝对偏差值不大，因此必须采用重力式谷糙分离筛。它可利用粟谷和小米的密度不同，由相互不同的摩擦力，在双向倾斜、补充振动的分离板上进行谷糙分离。这种重力分离机的效果，受谷糙粒度差别的影响很小，但单位工作面积的产量、比按粒度差别分离的平转分离筛要小得多。因此，配备多层分离可保证进料均匀一致。

（3）碾米和分级部分

小米的碾制与大米完全不同。小米的粒度小，油性大，压力稍大极易形成糠疤或油饼，使得小米在碾制过程中绝不能增高温度，碾米室的压力也只能保持很小，电流一般仅上升 5~8A。同时，米糠的缝隙稍大，易产生漏米现象；稍小，又极易堵塞筛孔，使排糠不畅，产生闷车和米中含糠过大。

①碾米机

碾米机仍然采用砂、铁组合，考虑到高精度的小米粒度更小，米糠的油性很大，有些小粒会穿孔或堵塞筛眼，影响出米率。因此，米机的碾白室内要增强翻滚，减少挤压作用，筛孔配备为 0.8~0.9mmH，同时加强喷风和吸糠，形成低温碾米，尽量避免油性物质结疤成块，影响米机的正常工作和成品米的品质。

②分级筛

在碾制的过程中，虽然注意了上面所提到的问题，但还是有很少的糠疤和部分堵塞筛眼现象。对此，增强了分级筛的作用，采用具有风选效果的 MJZ 型分级筛，第一层筛面清除糠疤，第二层筛面去除碎米，通过垂直风道吸走糠粉。实际的筛面配置为：第一层 9×9 目，净孔规格 2.16mm；第二层 22×22 目（0.1mm 不锈钢丝），净孔规格 1.05mm。在第一道米机的后面，由于糠粉含量大，配置一台分级筛，第二台分级筛安装在最后，确保成品米的质量。

3.精制小米质量标准

采用上面的工艺流程就能加工出精制小米了，其小米能达到要求的质量标准（表 5-2）。

表 5 – 2　　　　　　　　　　　　精制小米的质量标准

名　称	加工精度	不完善粒（%）	碎米（%）	杂质（%）			水分（%）	色泽气味口味
				总量	矿物质	粟粒		
一等小米	按标准样品对照检验	2.0	≤4.0	0.5	0.02	0.3	≤14.0	正常
精制小米	高于一等小米标准	1.0	≤4.0	0.1	0.005	0.1	≤14.0	正常

精制小米的精度达到了特制小米的标准——即粒面种皮基本去净的颗粒不少于95%，杂质总量为0.08%，米中未发现砂石，经淘洗煮粥试验，口味纯正，无牙碜感。

（二）精洁免淘小米

1. 精洁免淘小米加工工艺流程

谷　子

原粮→风选→筛理→去石→磁选→砻谷→分离→1碾→2碾→分级→抛光→
分级→包装→成品

2. 操作要点

（1）调整风量

由于谷子颗粒小，比重低，在清杂风选时，要按照生产情况，密切注意风量，才可达到清理效果。

（2）去石

精洁免淘小米的质量指标中，不允许有砂石，因此去石工序十分重要。谷子中的砂石，一定要在砻谷前去除干净，一旦砂石混入小米中，将很难去除干净。

（3）砻谷与碾米

谷子颗粒小，使得胶辊间距相应变小，操作中一定要密切注意两辊间的摩擦力，摩擦力过大会加快胶辊的磨损，应以采用双道砻谷为宜。由于小米不耐碾磨，碾米时米膛压力要小些，防止米粒屑增加，碎米增加，出米率降低。

（4）抛光

抛光工序对加工精洁免淘小米非常重要。小米糠粉含蛋白质与脂肪较高，黏性较大，出糠阻力大，容易堵塞筛板孔眼。所以，抛光机的刷辊要有反吹风机构，这样可提高刷米清糠的效果。

小米抛光时所添加的上光剂，对提高小米的光洁度和日后的贮存保鲜有着十分重要的作用。研制专门用于小米抛光的添加剂配方。该配方经生产考核，效果很好。这种小米上光剂是以水溶性蛋白为主要成分，配一定量的糖类与可溶性淀粉等食用级添加剂组成。

上光剂最适宜的添加量为米重的1%～1.5%（上光剂水溶液）。上光剂的添加可采用打滴、喷雾或打滴与喷雾相结合的方式使用。一般来说，采用打滴与喷雾结合的方式较好，它可使上光剂溶液能与小米最大限度地混合均匀。

具体操作时，将事先配制好的上光剂液体放入水桶内，水桶置于抛光机上部一定高度处,水桶下部装有二个水龙头,用医用胶管与玻璃滴管相连,滴管上方的胶管上有一个螺旋夹,用以控制上光剂的流量,滴管下方再用胶管与电动喷雾器连接。上光剂借助喷雾器的高速旋转而雾化,均匀地喷洒在米粒上,随后,米粒流入抛光机,借助抛光辊的旋转,上光剂均匀地涂刷在米粒表面,上光剂中的水分利用机械运转产生的摩擦热而蒸发(或部分蒸发),上光剂中的蛋白类等固形物则包裹在米粒表面,晾干后形成一层晶莹透亮的薄膜,这种薄膜对米粒有很好的保护作用,米粒不会受温湿度影响产生糠粉,又减少了虫霉的侵袭,增加了米粒的光洁度。添加了这种蛋白类上光剂的小米,能有效地提高贮藏稳定性,延长保鲜期;同时能改善小米的商品质量。

(5)包装

包装对增加产品的保鲜期也有一定的作用。包装袋采用密封性能优良的 PE/PET 复合膜彩印加工而成,每袋净重 1kg,这种包装主要用于国内零售。用于超市销售和外销的免淘小米,先用真空袋包装,外加彩印袋,形成双袋包装。

3. 成品质量指标

小米有国家标准,其代号为 GB11766 – 89。加工精洁免淘小米时,先将谷子加工成符合 GB11766 – 89 质量标准的小米,在此基础上再进行深加工。其具体质量标准如下:加工精度:米皮全部去净的占95%以上。最大限度杂质:总量 0.01%,其中无糠粉、无砂石,谷粒 1～2 粒/g。碎米总量≤10%,其中无小碎米。色泽、气味、口味均正常,水分≤12%。

二、小米锅巴

1. 小米锅巴加工工艺流程

配料→ 淘洗 → 浸泡 → 蒸煮 → 冷却拌粉 → 轧片或挤片 → 切割成型 → 烘干 → 油炸 → 调味 →包装

2. 操作要点

(1)小米锅巴配料 小米 70%,淀粉 20%,大豆 10%,膨松剂和调味料适量。

(2)蒸煮 将小米和大豆浸泡至无硬心后,在蒸箱中蒸煮 20min。

(3)冷却拌粉 将蒸好的物料冷却后,加入淀粉、调料和适量膨松剂,在拌和机中拌匀。

(4)成型 辊轧压片或挤压成带状后再切割成型。

(5)干燥 在 100℃～120℃条件下干燥 10min,使米片含水量降至 10%左右。

(6)油炸 120℃～140℃油中炸制 3min。

(7)调味 采用滚筒调味机喷粉调味。

三、高温膨化小米片

1. 高温膨化小米片加工工艺流程

糖、盐、水
↓

完整米粒→ 洗涤 → 旋转蒸煮 → 干燥 → 匀湿 → 团块破碎 → 干燥 → 冷却 → 干燥 → 压片 → 焙烤 → 整检 →装箱

2. 操作要点

（1）洗涤　精选优质完整小米，要求蛋白质含量7%～8%，用清水淘洗。

（2）蒸煮　采用旋转蒸煮器（0.11～0.18MPa蒸汽，1～2h，含水40%）。

（3）干燥、匀湿　干燥（55℃～83℃，5～6h至含水25%）；匀湿（5～6h）

（4）破碎、干燥　团块破碎后继续干燥至含水21%～22%。

（5）冷却、干燥　继续冷却到50℃，辐射热干燥使含水17%～19%，外层达100℃，呈可塑颗粒。

（6）压片、焙烤　采用对辊压片机将米粒压成薄片，送入燃气回转烤炉中焙烤，要求控制温度250℃～320℃，时间30～45s。

3. 工艺说明

小米蒸煮适当对成品质量至关重要，米粒必须变得松软柔韧均匀，并完成淀粉糊化。蒸煮后的米饭经干燥、匀湿必须分散成单独的颗粒，再经钢制轧辊压成薄片。压好的薄片送往燃气回转烤炉中焙烤，湿润的薄片翻动着通过排列着燃气火焰孔的圆筒、水分降到3%时出炉膨化，冷却至室温后装箱。

四、小米威化饼干

1. 操作流程

2. 操作要点

（1）小米威化饼干配料

小米50kg，小麦粉22kg，白糖20kg，奶油17.5kg，精炼油1.4kg，小苏打0.5kg、钾明矾0.2kg，食用碳酸氢氨0.5kg，水110kg。

（2）原辅料处理

将小米浸泡湿磨成浆状，过100目筛。小麦粉需选用精粉，并过筛去杂。

（3）调浆

将小米浆、小麦粉投入搅拌机，再加入适量水搅拌均匀，最后加入膨松剂继续搅拌至混合均匀。调浆应掌握好浆料浓度和调浆时间，浆料太稀，烘成的单片太薄，容易脆裂；浆料太稠，容易产生缺角的"秃片"；调浆时间过长，还会造成浆料"起筋"，使威化单片不松脆、僵硬。

（4）烘片

将浆料浇到轻盘式威化烧模上，加热烘烤，浇模前应将威化制片机的烤模温度预热至180℃～200℃。

（5）调制馅心

将白糖磨成100～120目的细粉，按糖粉与奶油为1:1的配比搅拌混合，混入大量空气，调制好的馅料洁白疏松，均匀细腻，密度在0.6～0.7g/ml之间。

（6）夹心

按威化单片与夹心馅料为1:3的比例涂夹馅料，注意保持片色均匀一致，形状平整整齐。

（7）切块

在切割机上切块，整理后包装。质软，直接入磨会挤压成饼，影响出粉率和面粉质量。

五、小米方便粥

1. 小米方便粥工艺流程

小米→净化全熟化→速冻→干燥→包装

2. 操作要点

（1）原料选择

选用单一品种新鲜小米，含水量13%左右，去除杂质净化后，入烘箱于80℃烘30min，使水分降到6%左右。

（2）熟化

将失去水分的小米放入沸水中加盖煮沸1min，米水比例为1:4，在95℃以下继续保持5～8min，使米粒既不爆腰，淀粉又基本糊化。此时水被吸完，再加4倍的90℃水，加盖保持5～8min，进一步吸水膨胀和熟化。

（3）速冻

将糊化完毕的米捞到17℃凉水中浸渍1min左右，防止米粒黏结成块，将浸渍过的米捞出用热微风吹干米表水膜，在-30℃速冻4～8h。

（4）烘干

将冷冻后的小米，于80℃烘6～10h，干燥后按20～50g/袋包装成小袋，再装入大袋即为成品。

六、孕产妇型小米粥

孕产妇型小米粥是以小米、大米、大豆、玉米等功能性粮食为主料，辅以具有滋补、催乳功效的大枣、花生、枸杞子、红糖等，并添加微量元素强化剂和调味剂，采用湿法熟化、粉碎、调配等工艺，开发出的一种食用方便、口感绵滑、营养价值高、适合孕产妇食用的即食小米粥。

1. 孕产妇型小米粥生产工艺流程

原料处理→膨化→混合→灭菌→包装→成品

2. 操作要点

（1）孕产妇型小米粥原料配方

小米28%，玉米9%，大米12%，大豆15%，花生7%，芝麻5%，大枣粉9%，枸杞子粉3%，白砂糖7%，红糖5%。添加上述原料0.1%的乙基麦芽酚，0.3%的甜蜜素，0.7%的乳酸钙，适量的硫酸亚铁和葡萄糖酸锌。

（2）原料处理

将大枣和枸杞子洗净后沥干，在65℃的温度下进行干制，并趁热分别粉碎，过50目筛取粉备用；将花生和芝麻分别烘烤或焙炒至有浓郁的芳香味后破碎，使其粒度达到2mm。

（3）膨化

将小米、大米、大豆和玉米按配方的比例混合，加水调成含水量为14%～15%的混合物料，送入膨化机中膨化。膨化的工艺条件为：温度为125℃，压力0.8MPa，转速300r/MIN。混合物料膨化后利用粉碎机将其粉碎成粉状物料。

（4）混合、灭菌

将上述经过处理的小米、大米、玉米及大豆粉和大枣、枸杞子、花生、芝麻等混合均匀，并添加各种添加剂，经紫外线灭菌，灭菌后经过包装即为成品。

七、小米绿豆即食粥

1. 小米绿豆即食粥生产工艺流程

绿豆 → 预处理 → 煮豆 → 蒸豆 → 干燥
                                    ↓
小米 → 预处理 → 煮米 → 蒸米 → 冷水浸渍 → 干燥 → 混合 → 配比 → 成品
                                                        ↑
甘薯淀粉 + 其他辅料 → 混合 → 造粒 → 干燥

2. 操作要点

(1) 速食米的制备

速食米打浆制备工艺条件为：将小米放入温水中浸泡 10min，利用 80℃ 的热风干燥 30min，取出后放入锅中先煮 6~7min，然后利用冷水浸渍 1~2min，再利用 100℃ 蒸汽蒸 10min，取出后在 50℃~80℃ 的干热条件下连续烘干 30min，得到颗粒完整、半透明的速食米，采用上述工艺条件，小米经过一湿一热处理，引起米粒内外的水分平衡在短时间内的突然变化，这种变化引起了米粒内部局限性裂纹的产生，有利于煮米和复水时水分的吸收。

(2) 速食绿豆的制备

① 煮前预处理

绿豆煮前不作任何处理，直接加热软化，需 40~50min 才能软化，虽也可达预期要求，但从能源角度考虑不够合理。所以，将绿豆用 90℃ 的热水浸泡 30min 进行软化，其效果较好。

② 煮豆

热水浸泡后将绿豆取出，放入 100℃ 沸水锅内，保持沸腾状态 13~15min，煮至绿豆无明显硬心又不至过度膨胀为止，切勿煮开花。

③ 蒸豆

将煮好的绿豆沥尽水分，放入蒸汽锅内，用 100℃ 蒸汽猛蒸 10~15min，至绿豆彻底熟化，大部分裂口为止。蒸时一定要保持汽足，使绿豆多余水分迅速溢出，形成疏松多孔的内部结构，以增强其复水性。

(3) 糊料的制备

为防止小米在熟制过程中部分黏性物质随汤流失，降低成品的黏稠性和天然风味，应将煮米的米汤蒸发至适量，然后加入甘薯淀粉进行造粒，放入 80℃ 热风中连续进行干燥。

(4) 配比

将速食米、速食绿豆和甘薯糊料，按 6：2：3 的比例混合进行复水，经沸水煮制 3~5min，就可得到色泽淡黄、悬浮性良好，口感软绵、疏松、耐嚼，美味可口的小米绿豆速食粥。

任务4 荞麦、燕麦食品加工

本任务将完成荞麦、燕麦食品的加工,即采用荞麦、燕麦为原料生产荞麦挂面、荞麦灌肠、荞茶、燕麦片、冷冻莜面及饼干、面包等加工工艺和操作要点的确定。

任务实施

一、荞麦挂面

1. 荞麦挂面加工工艺流程

原辅材料选择→ 计量配比 → 预糊化 → 和面 → 熟化 → 复合压延 → 切条 → 干燥 → 切断 → 计量 → 包装 →成品

2. 操作要点

(1)荞麦挂面配方

荞麦面粉 30% ~50% ,小麦粉 50% ~70% ,瓜尔豆胶 0.3% ~1.0% 。

(2)原料选择

小麦粉达到特一级标准,湿面筋含量达到 35% 以上,蛋白质含量 12.5% 以上。荞麦粉要求粗蛋白≥12.5% ,灰分≤1.5% ,水分≤14% ,粗细度为全部能过 CB30 号筛绢。荞麦粉要随用随加工,存放时间以不超过 2 周为宜。这样生产的荞麦挂面味浓。

(3)预糊化

将称好的荞麦粉放入蒸拌机中边搅拌边通蒸汽,控制蒸汽量、蒸汽温度及通汽时间,使荞麦粉充分糊化。一般糊化润水量为 50% 左右,糊化时间 10min。

(4)和面

将小麦粉加入到预糊化的荞麦粉中,瓜尔豆胶溶于水中后与面粉充分拌匀,加水量为 28% ~30% ,和面时间约 25min。

(5)熟化

面团和好后放入熟化器熟化 20min 左右。促使水和面粉中的蛋白质、淀粉等水合,形成面筋。

(6)压片与切条

通过多道轧辊对面团的挤压作用,将松散的面团轧成紧密的、有一定厚度的薄面片,然后经切条形成面条形状,切刀由两个间距相等的多条凹凸槽的圆辊相互齿合,把面带纵向剪切成面条,紧贴齿辊凹槽的铜梳铲下被剪切下来的面条。要求切出的面条光滑,无并条。

(7)干燥

首先低温定条,控制烘干室温度为 18℃ ~26℃ ,相对湿度为 80% ~86% ,接着升温至 37℃ ~39℃ ,控制相对湿度 60% 左右,干燥至含水 14% 以下。

二、荞面灌肠

1. 荞面灌肠工艺过程

荞麦粉、水→ 调糊 → 装碟 → 蒸熟 → 冷却 →成品

2. 操作要点

（1）调糊 荞麦粉与水的比例以 1∶3 为宜，水温为 35℃ 左右。用水和面时由硬到软，由稠到稀，调成稀面糊。

（2）装碟 将面糊装入瓷碟时，装料高度约 0.5cm 左右。

（3）熟制 于蒸汽加热柜中通入 100℃ 常压蒸汽熟制成型。

（4）冷却 晾透后用热合封口机封口。

三、苦荞麦茶

1. 苦荞麦茶工艺流程

苦荞麦→ 浸泡、淘洗 → 蒸煮 → 过滤 → 干燥 → 粉碎 → 筛分 → 焙烤 → 调配 →包装

2. 操作要点

（1）浸泡与淘洗

苦荞麦经 8～12h 浸泡后，进行多次淘洗，除去附着在籽粒表面的灰尘及沙土、石子等杂质。将淘洗后的苦荞麦放在过滤架（含滤布）中滤去水分。

（2）蒸煮

按苦荞麦∶水 =1∶2 的比例，在 90℃ 水中蒸煮 15min，放在过滤架中滤去水分。

（3）烘干

将蒸煮后的苦荞麦在 60℃～65℃ 条件下，鼓风干燥 90min，除去苦荞麦中的水分。

（4）破碎

用锤片式粉碎机适度破碎，筛除皮壳和 40 目以下细粉。

（5）炒制

将 40 目以上的苦荞破碎粒在 180℃ 温度下烘制或炒制 15min，至表面焦黄，产生焦香味。

（6）调配

炒制后的苦荞麦颗粒茶冷却包装后即为成品。或按苦荞麦颗粒∶枸杞∶金银花∶绿茶 = 100∶3∶6∶3 的比例复配后，采用袋泡茶包装机包装，装箱后贮藏。

四、燕麦片

1. 燕麦片工艺流程

裸燕麦→ 清理 → 碾皮 → 洗麦 → 汽蒸灭酶 → 一次干燥 → 切粒 → 压片 → 二次干燥 → 冷却 →包装

2. 操作要点

（1）清理

我国的燕麦种植一般都在边远山区，多采用广种薄收，不加中间管理的耕种方式，所以燕麦中的杂质较多，给清理工作带来较大困难。燕麦清理几乎包括了经过改造的小麦清理与稻谷清理中的所有有关设备，成为目前粮食加工中最复杂的清理系统。

（2）碾皮

从保健角度看，燕麦麸皮是燕麦的精华，因为大量的可溶性纤维和脂肪都集中在皮层。碾皮的目的是为了增白和除去表层的灰层，因此，燕麦去皮只需轻轻擦除其麦毛和表皮即可，不能像大米碾白一样除皮过多。

（3）洗麦

裸燕麦表皮较脏，即便去皮也必须清洗才能符合卫生要求。燕麦清洗时间较长，应使用洗麦与甩干相结合的特种洗麦机。

（4）汽蒸灭酶

燕麦中含有多种酶类，尤其是脂肪氧化酶，若不进行灭酶处理，燕麦中的脂肪会氧化变质，影响产品的品质和货架期。汽蒸既可灭酶，又使淀粉糊化蒸熟，以提高产品的速溶性，燕麦蒸煮后的水分约在30%左右。

（5）一次干燥

燕麦蒸煮后须干燥至含水15%～16%，以保证轧片的顺利进行，使轧出的麦片薄而不碎。

（6）切粒

燕麦片有整粒压片和切粒压片两种产品。切粒是通过转筒切粒机将燕麦粒切成1/2～1/3大小的颗粒。切粒压片的燕麦片形状整齐一致，并容易压成薄片而不成粉末。专用的切粒机，目前国内还没有厂家生产，需要从瑞士布勒公司等进口。

（7）压片

切粒后的燕麦通过双辊压片机压成薄片，片厚控制在0.2～0.5mm左右。压片机的辊子直径一般要大于200mm。

（8）干燥和冷却

经压片后的燕麦片需二次干燥将水分降至7%～10%，以利于保存。燕麦片较薄，干燥时稍加热风，甚至只鼓冷风就可以达到干燥目的。干燥设备最好选用振动流化床干燥机，干燥之后要冷却至常温。

（9）包装

为提高燕麦片的保质期，包装应采用气密性能较好的包装材料，如镀铝薄膜、聚丙烯袋、聚酯袋和马口铁罐等。

3. 燕麦片产品主要品种

（1）整粒燕麦片

燕麦粒不经切粒直接加工轧成麦片，麦片厚度约0.5mm左右。

（2）中粒燕麦片

燕麦粒经中粒切粒后，再轧成麦片，麦片厚度为0.3mm。

（3）细粒燕麦片

燕麦粒经细粒切粒后，再轧成麦片，麦片厚度为0.2mm。

（4）熟燕麦粉

燕麦片经粉碎筛理而成。

五、冷冻莜面

裸燕麦俗称莜麦，利用莜麦粉生产冷冻莜面工艺简单，食用方便。

1. 冷冻莜面工艺流程

莜麦粉、小麦粉、食盐水→ 和面 → 醒面 → 成型 → 冷冻 →冷藏

2. 操作要点

（1）冷冻莜面配料

莜麦粉 7kg，小麦粉 3kg，食盐 50g，水 7kg。

（2）和面

将莜麦粉和小麦粉混合均匀，加入食盐水调成面团。

（3）醒面

将面团在室温下放置 5～10min，使面团充分吸水胀润。

（4）成型

用压面机将面团挤压成面条。

（5）冷冻

将面条在零下 40℃条件下，冷冻 3～5h。

（6）冷藏

冷冻莜面于零下 18℃条件下保存，食用时汽蒸 15～20min，拌入调料略加调理即可食用。莜面色泽黄褐，具特有的莜麦香味，且蛋白质含量高，营养丰富，十分耐饥。

六、荞麦面包

1. 荞麦面包生产工艺流程

原、辅料处理 → 计量比例 → 第一次面团调制 → 第一次发酵 → 第二次面团调制 →

第二次发酵 → 分块、搓圆 → 静置 → 整形 → 醒发 → 烘烤 → 冷却 → 包装

2. 操作要点

（1）原料配方

小麦粉 450g，苦荞粉 50g，食盐 7.5g，糖 20g，起酥油 20g，脱脂奶粉 10g，酵母 6g，水 400ml。

（2）原、辅料选择与处理

小麦粉选用湿面筋含量在 35%～45% 的硬麦粉，最好是新加工后放置 2～4 周的面粉；荞麦粉选当年产的荞麦磨制，且要随用随加工，存放时间不宜超过 2 周。使用前，小麦粉、荞麦粉均需过筛除杂，打碎团块；食盐、糖需用水化开，过滤除杂；脱脂奶粉需加适量水调成乳状液；酵母需放 26℃～30℃ 的温水中，加入少量糖，用木棒将酵母块搅碎，静置活化，鲜酵母静置 20～30min，干酵母时间要长些；选用洁净的、硬度微酸性的水。

（3）计量比例

按配方比例，称取处理好的原、辅料。

（4）第一次调制面团及发酵

将称好的小麦粉和荞麦粉混合均匀，再从其中称取 50% 的混合粉备用。调粉前先将预先准备的温水的 40% 左右倒入调粉机，然后投入 50% 的混合粉和全部活化好的酵母液一起搅拌成软硬均匀一致的面团，将调制好的面团放入发酵室进行第二次发酵，发酵室温度调到 28℃～30℃，相对湿度控制在 75% 左右，发酵 2～4h，其间揿粉 1～2 次，发酵成熟后再进行第二次调粉。

（5）第二次调制面团及发酵

把第一次发酵成熟的种子面团和剩余的原、辅料（除起酥油外）在和面机中一起搅拌，快要成熟时放入起酥油，继续搅拌，直至面团温度为 26℃～38℃，且面团不黏手、均匀有弹性。然后取出放入发酵室进行第二次发酵。发酵温度控制在 28℃～32℃，经 2～3h 的发酵即可成

熟。判断发酵是否成熟，可用手指轻轻插入面团内部，再拿出后，四周的面团向凹处周围略微下落，即标志成熟。

（6）分块、揉圆、静置

将发酵成熟的面团切成 150～155g 重的小面块，搓揉成表面光滑的圆球形，静置 3～5min，便可整形。

（7）整形

将揉圆的面团压薄、搓卷，再做成所需制品的形状。

（8）醒发

将整形后的面包坯，放入醒发室或醒发箱内进行发酵。醒发室温度控制在 38℃～40℃，空气相对湿度控制在 85% 左右，醒发 55～65min，使其体积达到整形后的 1.5～2 倍，用手指在其表面轻轻一按，按下去，慢慢复原，表示醒发完毕，应立即进行烘烤。

（9）烘烤

将面包坯醒发后立即入炉烘烤。先用上火 140℃。下火 260℃烤 2～3min，再将上、下火均调到 250℃～270℃烘烤定形。然后将上水控制在 180℃～200℃，火控制在 140℃～160℃，总烘烤时间为 7～9min。

（10）冷却、包装

面包出炉后，立即出盘自然冷却或吹风冷却至面包中心温度为 36℃左右，及时包装。

3. 成品质量指标

（1）感官指标

色泽：表面呈暗棕黄绿色，均匀一致，无斑点，有光泽、无烤焦和发白现象。

表面形态：光滑、清洁、无明显散粉粒，无气泡、裂纹、变形等情况。

形状：符合要求，不粘盘、不粘边。

内部组织：从断面看，气孔细密均匀，呈海绵状，不得有大孔洞，富有弹性。

口感：松软适口、不酸、不黏、不牙碜，微有苦荞麦特有的清淡苦味，无未溶化的糖、盐等粗粒。

（2）理化指标

水分：以面包中心部位为准，34%～44%。

酸度：以面包中心部位为准，不超过 6 度。

比容：3.8 以上。

（3）卫生指标

无杂质、无霉变、无虫害、无污染。砷（以 As 计）≤0.5mg/kg。铅（以 Pb 计）≤0.5mg/kg。细菌指标：细菌总数，出厂≤750 个/g，销售≤1000 个/g；大肠菌群＜30 个/100g；致病菌不得检出。

七、荞麦饼干

1. 荞麦饼干加工工艺流程

$$\boxed{辅料}$$
↓

荞麦淀粉的制作→$\boxed{计量配比}$→$\boxed{面团调制}$→$\boxed{辊轧}$→$\boxed{成型}$→$\boxed{烘烤}$→$\boxed{冷却}$→$\boxed{检验}$→包装

2.操作要点

(1)荞麦饼干原料配方

荞麦淀粉990g，糖1200g，起酥油740g，起发粉40g，食盐25g，脱脂奶粉78g，羧甲基纤维素钠84g，水1L，全蛋750g。

(2)荞麦淀粉的制作

用荞麦与水配为1：24的水量浸泡荞麦粉20h后。换一次水再浸泡20h，然后捞出荞麦磨碎，过220目的筛后沉淀24h，除去上部清液，再加水沉淀后过80目的细包布，最后干燥粉碎过筛，备用。

(3)面团的调制

先将全部荞麦粉、糖、起酥油、起发粉、食盐、脱脂奶粉倒入和面机中搅拌混合45min，再加入预先用100ml水所溶解的5.2g羧甲基纤维素钠水溶液，搅拌5min，最后加入750g蛋溶解的3.7g羧甲基纤维素钠，搅拌5min，面团即可调成。

(4)辊轧、成型

将调制好的面团送入饼干成型机，进行辊轧和冲印成型。为防止面带黏轧辊，可在表面撒少许面粉或液体油。此外，为了不使面带表面粗糙、黏模具，辊轧时面团的压延比不要超过1：4。

(5)烘烤

将成型后的饼干放入转炉烘烤温度控制在275℃，烘烤15min，即可成熟。

(6)冷却、检验、包装

烘烤结束后，采用自然冷却或吹冷风的方法，冷却至35℃左右，然后剔除不符合要求的制品，经包装即为成品。

3.产品特点

(1)形态 比同重量的小麦面粉饼干的体积小，中心稍下陷。

(2)质地 颗粒较硬，内部结构潮湿带有韧劲。

(3)色泽 表面浅棕色、饼干心呈深暗色。

八、燕麦面包

燕麦的籽粒蛋白质含量较高，营养全面，所以燕麦粉和小麦粉混合制作面包，可提高面包的营养价值。

1.燕麦面包加工工艺流程

原、辅料处理 → 面团调制 → 面团发酵 → 分块、搓圆 → 中间发酵 → 整形 → 醒发 → 烘烤 → 冷却 → 包装 →成品

2.操作要点

(1)原料配方

燕麦粉2kg，小麦粉3kg，酵母100g，白砂糖250g，食盐100g，起酥油200g。

(2)原、辅料处理

分别按面包原、辅料要求，选用优质小麦粉、燕麦粉及其他辅料，按面包生产的要求处理后，再按配方比例称取原、辅料。

(3)面团调制

将全部卫生、质量合格，并经过预处理过的糖、食盐等制成溶液倒入调粉机内，再加适量水，一起搅拌 3～4min 后，倒入全部面粉（包括小麦粉和燕麦粉）、预先活化的酵母液，再搅拌几分钟后，加入起酥油，继续搅拌到面团软硬适度、光滑均匀为止，面团调制时间为 40～50min。

（4）面团发酵

将调制好的面团置于 28℃～30℃，空气相对湿度为 75%～85% 的条件下，发酵 2～3h，至面团发酵完全成熟时为止。发酵期间适时揿粉 1～2 次，一般情况下，当用手指插入面团再抽出时，面团有微量下降，不向凹处流动，也不立即跳回原状即可进行揿粉。揿粉时用手将四周的面团推向中部，上面的面团向下揿，左边的面团向右边翻动，右边的面团向左边翻动，要求全部面团都能揿到、揿透、揿匀。

（5）切块、搓圆

将发酵成熟后的面团，切成 350g 左右的小块，用手工或机械进行搓圆，然后放置几分钟。

（6）中间发酵

将切块、搓圆的面包坯静置 3～5min，让其轻微发酵，便可整形。

（7）整形

将经过中间发酵的面团压薄、搓卷，再做成各种特定的形状。

（8）醒发

将整形好的面包坯放入预先刷好油的烤盘上，将烤盘放在温度为 30℃～32℃，空气相对湿度为 80%～90% 的醒发箱中，醒发 40～45min，至面团体积增加 2 倍时为止。

（9）烘烤

将醒发后的面团置于烘烤箱中，在 100℃～200℃ 的温度下，烘烤 10～15min，即可烘熟出炉。

（10）冷却、包装

将出炉的熟面包立即出盘进行冷却，使面包中心部位温度降至 35℃～37℃，即可进行包装，包装时要形态端正，有棱有角，包装纸不翘头、不破损。

3. 成品质量指标

（1）色泽：表面呈深黄褐色，均匀无斑、略有光泽。

（2）状态：表面清洁光滑、完整、无裂纹、无变形等，变色低，边不发黏，无毛边。

（3）质地：断面气孔细密均匀，呈海绵状，手压富有弹性。

（4）口感：松软适口，具有燕麦的清香味。

任务5　黑米食品加工

本任务将完成黑米食品的加工，即采用黑米为原料生产粉丝、八宝粥、方便饭等加工工艺和操作要点的确定。

任务实施

一、黑米粉丝加工

1. 黑米粉丝加工工艺流程

黑米清洗、浸泡 → 粉碎 → 添加辅料及拌和 → 造粒 → 蒸料 → 挤丝 → 熟化 → 分丝、干燥 → 分拣、切割、计量 → 包装

2. 操作要点

（1）原料精选

要求选用无虫蚀、无霉变的新鲜黑优黏米为原料。

（2）洗米、浸泡

先将黑米在短时间内用冷水快速冲洗干净，再把洗干净的黑米放入容器内加清水，水层超过若干厘米，浸泡一定时间，感官检查，待能用手指（大拇指与食指）搓成粉状，即可沥水，将浸米水收集贮存备用。

（3）磨浆

将黑米和浸泡黑米后的米水一起进行水磨，保持进料、进水均匀，同时添加增韧剂一同磨浆，将米浆全部通过适宜的筛孔。

（4）压滤

将米浆压滤成一定含水量的板状湿粉，再放入搅拌机中搅拌。搅拌时，可根据需要，加入某些大米本身不具备或缺乏的营养成分，如微量元素等，强化其营养，以适应不同层次的营养需要，经充分搅拌后的米浆，再制成板状湿粉，将压滤过程中压滤出的水收集后，待磨浆工艺时用。

（5）蒸料

将经搅拌后制成的板状湿粉，在蒸料器上用热蒸汽蒸煮一定时间，观察物料糊化状态达到一定的熟度后即可出料。

（6）挤丝、冷却、熟化

将第一次蒸煮后的板状湿粉放入米粉机中挤粗粉丝，然后再挤细粉丝。出丝规格直径为1mm，长为2~3m，要富有弹性，光泽，边挤压出丝，边用鼓风机吹拂，使表面冷却，然后将细粉丝按预定的方案选"型"，再在热蒸汽中蒸煮一定时间，至其完熟为止。

（7）分丝、干燥、冷却

将熟化后的粉丝用机械（或手工）进行分丝，分丝后的湿粉丝在太阳下晒干，或在较低温度、具有一定风速的烘干炉中烘干，待水分达到一定程度时即可冷却。

（8）切割、分拣、计量、包装

冷却后的粉丝，经严格分拣后，按一定规格切割成长20~22cm，计量，小包装。

3. 黑米粉丝技术关键

由于黑米米皮含有丰富的水溶性维生素和色素,因此,冲洗时用冷水快速洗去杂质,以免营养成分溶解流失;黑米浸泡后的浸液含有丰富的水溶性营养成分,为防止变酸,可先收集贮存在液箱中,待磨浆时逐步加入;压滤后的滤液(仍含有各种营养成分),也要收集起来,再加入磨浆,尽可能减少营养成分的流失;粉丝干燥的温度要求控制在一定的温度以下,直至干透为止。

4. 黑米粉丝技术指标

(1)感官指标

①外观:用肉眼观察其表面光滑,条子粗细均匀,排放整齐,不含夹杂物。

②色泽:产品具有正常黑米的固有色泽——黑紫红色,有油润感。

③气味:具有黑米特有的香味与风味,无酸味、霉味、油墨味及其他异味。

④口感:具有天然黑米香味,不黏牙,不夹生,爽滑而可口。

(2)理化指标

水分<14%;断条率<10%;汤汁沉淀物<1~3ml/10g;酸度(pH)3~4。

(3)卫生指标(GB2713-2003)

砷(以As计)≤0.5mg/kg;铅(以Pb计)≤1.0mg/kg;黄曲霉素B1≤5mg/kg;检不出致病菌。

二、黑米八宝粥加工技术

黑米八宝粥属于甜品菜谱,主要原料是黑米、糯米、红豆、花生、桂圆肉、红枣、莲子、芡实;工艺是煮,制作简单。

1. 黑米八宝粥生产工艺流程

黑米淘洗→ 浸泡 → 配料 → 煮制 → 装罐 → 密封 → 杀菌 → 冷却 →成品

2. 操作要点

(1)黑米八宝粥原料配方

水100kg、黑米2kg、紫糯2kg、红糖6kg、红枣1kg、红豆1kg、江米1kg、薏米1kg、莲子0.5kg、桂圆肉0.2kg。

(2)黑米淘洗、浸泡

先用冷水淘洗黑米,然后浸泡于50℃温水中2h,水米比例为2∶1。浸泡的目的是使黑米充分吸水膨胀,便于下道工序加工。浸泡后的水含有大量的黑米紫色素,故不能倒掉,应加入锅中一同煮制。

(3)煮制

将其他原料淘洗干净,在水温达到60℃时连同黑米一起下锅,大火烧开。烧开后煮约15min,加入红糖,然后改用文火慢慢煮制。提早加入红糖可以将沸点提高到103℃左右,这样可以缩短煮制时间。煮制时必须用小火。出锅前30min放入枣及桂圆肉,全部煮制时间大约为1.5h,这时粥汁即成稳定的溶胶状态。

(4)装罐

将成品趁热进行装罐、密封,以保证罐内能形成较好的真空度,罐中心温度为80℃左右。

(5)杀菌

由于该食品酸度较低,并且含有丰富的蛋白质,故应以高温杀菌。杀菌时应将罐瓶倒放,冷却后再正放。这是因为杀菌时罐头顶隙充满蒸汽,冷却后蒸汽冷凝,在食品上层漂一层清水影响感官。

3. 黑米八宝粥成品质量指标

(1)感官指标 具有黑米的特殊香气,色泽紫红,口感黏稠香甜。

(2)理化指标 蛋白质含量≥0.8g/100g。

(3)卫生指标 达到商业无菌的要求。

三、黑米方便饭加工

1. 黑米方便饭工艺流程

黑米→清理→清洗→浸泡→蒸煮→配菜→拌匀→称重→真空包装→高温杀菌→反压冷却→成品

2. 操作要点

(1)米水配比

米水配比对黑米饭的糊化度及米饭返生程度影响极大。通过不同米水配比研究结果表明,米水比在 1∶1.30 以上制成米饭软烂口感不好。米水最佳配比为 1∶(1.20~1.30),制成黑米饭糊化度达85%以上,质量是米质量的 2.2~2.4 倍,成品水分含量为65%~68%,制成黑米饭饭粒完整、均匀,质地柔软,软硬适中,口感好,经6个月贮藏返生率低(30%)。

(2)浸泡温度和浸泡时间

通过浸泡,使黑米中生淀粉充分吸水达到饱和,达到充分润胀,利于后阶段蒸煮过程中传热及淀粉糊化,以保证黑米糊化彻底,防止黑米饭返生。根据不同浸泡温度、时间对黑米吸水率的影响试验结果,确定黑米浸泡最佳条件为常温水(25℃左右),浸泡时间 60~120min,采用该工艺条件进行工业化生产可大大降低能耗。若采用热水浸泡(60℃以上),易使淀粉糊化而发黏,制成的米饭软烂,口感不好,而且使黑米所含丰富的水溶性维生素溶于浸泡液中,营养物质损失增加。

(3)蒸煮温度和时间

黑米淀粉的糊化度代表米饭的成熟度,它随蒸煮时间的延长而增加,对方便饭品质及口感有很大影响。经试验,黑米经高压(0.1MPa)高温(121℃)蒸煮最佳时间为30min,米饭糊化度达到98.5%以上,既保证米饭成熟,又可缩短生产周期,减少能耗。当蒸煮时间少于30min,米饭糊化度低,弹性较差,并有夹生;蒸煮超过30min,由于淀粉已大部分糊化,即使再延长蒸煮时间,糊化度也不会明显增加。

(4)调味配菜

加调味料和配菜,不仅可提高黑米饭的品质、增加营养,而且能有效防止黑米饭返生。经调味配菜后的米饭中所含有糖、油可以充塞在胀润的米料之间形成膜壁,加入的食盐也可以阻止淀粉分子间氢键的形成,而大大减缓成品的返生现象。在成品贮藏6个月后,仍保持柔软和较好的弹性、嚼劲,无返生感。且成品开袋可食,食用极为方便。

(5)装袋及抽真空

将主、辅料拌匀,按规定重量装袋,装袋时要留一定的顶隙度以便使米膨胀到最大限度,制成米饭松软且不易黏袋,装袋时不宜太多,同时注意擦去在封口处油、水,防止热封不严造成杀菌后袋破裂。装好半成品必须进行真空封袋,排尽袋内空气。这样可以有效防止油脂氧化变质,品质降低,同时防止杀菌时造成热传导降低,影响杀菌效果,以及防止加热杀菌时空气受热膨胀,内压增大,引起袋变型,封口处破裂的现象。

(6)杀菌冷却

将封好袋的黑米饭送入带反压装置高压杀菌锅中进行高温杀菌。这是加工黑米方便饭的关键性工序之一。通过高温杀菌一定温度及时间,才能使产品符合卫生质量要求,同时,为了防止蒸煮袋破裂,除了在封口时尽可能排除袋内空气,在蒸汽杀菌过程中应适当采用空气加压杀菌及加压冷却。经试验,在黑米方便饭经 0.1MPa、121℃、30min 杀菌,贮存 6 个月无变质。

(7)防返生剂

由于黑优黏米中的淀粉主要是直链淀粉,因此较易返生。通过对多种防返生剂选用及效果进行反复研究,筛选出高效多功能、安全性高、防返生效果好的单甘酯作为防返生剂。据试验,添加适量防返生剂(贮存 6 个月),可大大延缓黑米饭的老化和硬结,保持米饭的柔软,提高其食用品质和商品价值。

3.黑米方便饭成品质量

(1)质量规格

三层或四层复合蒸煮袋 140mm×160mm 300g(±3%),130mm×170mm 250~260g(±3%)。

(2)感官指标

①色泽

饭粒呈正常紫黑色或紫红色,色泽均匀,有光泽。组织形态:饭粒均匀完整,松软而不烂,主副食混合均匀且易分散,饭粒表面爽滑,有嚼劲及弹性,无发硬回生。包装袋外观平整,封口无皱折,牢固,不漏气。

②气味与滋味

有黑米及辅料天然香味,咸淡可口(黑米八宝饭甜而不腻),具有该品种相应滋味,无异味。

③杂质

无肉眼可见的外来杂质。

(3)理化指标

水分 65%~70%;糊化度 ≥75%;总糖 25%~35%;总酸(以柠檬酸计)≤0.1%;食盐 <2.5%;铅(以 Pb 计)<0.5×10−6;砷(As 计)<0.5×10−6;黄曲霉毒素 B1 <0.5×10−6;食品添加剂按 GB2760 的规定。

(4)微生物指标

细菌总数出厂 ≤750 个/g;销售 ≤100 个/g;大肠菌群 ≤30 个/g;致病菌(指肠道致病菌及致病球菌)不得检出;霉菌出厂 ≤ 50 个/g,销售 ≤100 个/g。

◈ **思考与练习**

1.什么是杂粮食品?杂粮食品有何特点?

2.杂粮食品开发应用的现状如何?

3.精制小米和精洁免淘小米有何区别?

实验实训十一 参观杂粮食品加工企业

一、实训目的

通过参观实训，使学生进一步了解杂粮食品加工工艺流程和技术要点，并对工业化生产有一个系统的了解。同时，通过参观实训培养学生具有良好的职业道德素质，为从事实践工作打下良好的基础。

二、实训内容

1.了解杂粮食品原料的选择及相关技术参数。

2.了解杂粮食品原料的清理流程及操作要要求。

3.了解杂粮食品原料的预处理流程及设备操作要领。

4.了解杂粮食品加工工艺及参数控制。

三、实训思考

1.讨论影响杂粮食品加工品质的因素。

2.写一份观后总结(1000～1500字)。

项目六 功能性粮油食品加工

【学习目标】

1. 了解功能性粮油食品的概念、分类、功效成分和发展趋势。

2. 掌握膳食纤维、功能性低聚糖、大豆肽、木糖醇、大豆磷脂加工工艺和技术要点及在食品中的应用。

项目基础知识

我国粮油资源十分丰富，但长期以来一直只能进行初加工，经济效益差。粮油资源中蕴含着丰富的具有各种生理功效的活性物质，其中大部分是粮油食品加工中的副产品，如果将其加以分离提纯，可作为很好的功效成分应用到功能性食品中，这对提高粮油产品的附加值和综合利用率具有十分重要的意义。随着营养知识的普及和消费水平的提高，人们更加关注膳食和健康的关系。功能性食品（亦称健康食品或保健食品）由于强调机体防御、调节生理节律、预防疾病和促进康复等功能，已成为当今食品开发的热点，被称之为"人类21世纪的主导食品"。

1. 功能性粮油食品的概念

功能性粮油食品是一类功效明确的第三代保健食品，它是以粮油或粮油生物活性物质为主体成分的功能性食品。首先，它是一类食品，具有食品的基本形态。其次，除提供正常的营养功能之外，它还可起到改善或影响机体功能的效果。

功能性粮油食品有别于一般的粮油食品。例如，它所含有的一种或多种生物活性物质的含量要比一般粮油食品要高，应能保证在正常摄食范围内体现出一定的健康效果。当然，有些富含活性物质的粮油食品本身就是功能性粮油食品，如大豆胚芽、燕麦等。

2. 功能性粮油食品的种类

功能性粮油食品可分为两大类。

（1）直接的功能性粮油食品

这类功能性食品是指富含功能性因子或生物活性物质的粮油食品原料或相关产品。

（2）间接的功能性粮油食品

很多粮油食品原料富含有功效明确的生物活性物质，但含量不足以使之产生一定的健康效果，只有功效成分进行分离重组，才可以生产出符合要求的功能性食品。这类功能性食品生产的关键就是功能性因子的分离纯化技术。因而，功能性食品偏重于一种新概念，而不是具体的粮油食品原料或制品形态。可见，功能性粮油食品的产品主要以第二类产品为主。

3. 功能性粮油食品的功效成分

功能性食品中真正起生理作用的成分称为功效成分，或称活性成分，功能因子。富含这些成分的配料，称为功能性食品基料，或活性配料、活性物质。显然，功效成分是功能性食品的关键。

随着科学研究的不断深入，粮油食品中更多更好的功效成分将会不断被发现。目前，已确认的功效成分，主要包括以下几类。

（1）功能性碳水化合物　如活性多糖、功能性低聚糖等。

（2）功能性脂类　如 ω-3 多不饱和脂肪酸、ω-6 多不饱和脂肪酸、磷脂等。

（3）氨基酸、肽与蛋白质　如牛磺酸、大豆肽、乳铁蛋白、免疫球蛋白、酶蛋白等。

（4）维生素和维生素类似物　包括水溶性维生素、油溶性维生素。生物类黄酮等。

（5）矿质元素　包括常量元素、微量元素等。

（6）植物活性成分　如皂苷、生物碱、类化合物、有机硫化合物等。

（7）低能量食品成分　包括蔗糖替代品、脂肪替代品等。

4. 我国功能性食品产业的发展方向

（1）随着消费者的健康意识及知识不断增强，功能性食品市场将大幅度增长，对功能性食品的要求将更高。

（2）发展功能因子明确的功能性食品或其他相关制品将是必然趋势，特别是膳食来源的诸多粮油生物活性物质必将成为制造功能性食品的主要基料。

（3）功能性食品将不再限于特定人群，可以是大多数人群，同时也会有一些针对某些人群（如老年人、儿童）的功能性食品，也就是说，功能性食品将日趋完善，功能及市场将进一步细化。

（4）积极实施品牌战略，组建大中型功能性食品企业集团，是我国功能性食品行业的一个重要趋势。

任务 1　膳食纤维的加工及应用

膳食纤维具有降低机体胆固醇水平，防治动脉粥样硬化和冠心病；降低血糖含量，预防糖尿病；促进排便，改善肠道功能，调节肠道菌群，防治便秘和结肠癌；增加饱腹感，减少摄食量，预防肥胖症，预防胆结石等重要生理功能；现代医学和营养学确认了食物膳食纤维的营养作用同蛋白质、碳水化合物、脂肪、维生素、矿物质、水等，并称之为"第七营养素"。

本任务将完成豆渣食品的加工，即采用豆渣为原料生产食用纤维等加工工艺和操作要点的确定。

任务实施

一、豆渣膳食纤维的加工

豆渣膳食纤维是以大豆湿加工所剩新鲜不溶性残渣为原料,经特殊的热处理后,再干燥粉碎而成,外观呈乳白色,粒度相似于面粉。

1. 豆渣膳食纤维加工工艺流程

湿豆渣→加碱→脱醒→脱色→还原→脱水干燥→粉碎→过筛→挤压→冷却→粉碎→功能活化→包装

2. 操作要点

(1)脱腥、脱色

采用加碱蒸煮脱腥法,可以使用的碱包括氢氧化钠、氢氧化钾、氢氧化钙、碳酸钠、碳酸氢钠等。碱液质量浓度为0.85%,蒸煮温度为110℃,时间为15min,豆腥味需脱除彻底;脱腥后的豆渣加入1.5%的H_2O_2溶液,在40℃下处理1.5h进行脱色处理。

(2)还原、洗涤、干燥、粉碎、过筛

为除去豆渣中残留的H_2O_2H加入亚硫酸进行还原,然后用水洗3~5次。将除去H_2O_2的豆渣进行脱水干燥、粉碎后过80目网筛。

(3)挤压

挤压的作用是为了提高可溶性膳食纤维的含量,改善膳食纤维的色泽、风味和产品品质。粉碎过筛后的物料调整水分至16.8%,然后送入挤压蒸煮设备,在压力为0.8~1MPa、温度180℃左右条件下进行挤压、剪切、蒸煮处理。

(4)冷却、粉碎

经冷却、粉碎后的膳食纤维,其外观为乳白色,无豆腥味,粒度为(100~200目)膳食纤维含量为60%,大豆蛋白质含量为18%~25%。

(5)功能活化

由于膳食纤维表面带有羟基基团等活性基团,会与某些矿质元素结合从而可能影响机体内矿物质的代谢,一般使用亲水性胶体(如卡拉胶)和甘油调制而成的水溶液作为壁材,通过喷雾干燥法制成纤维微胶囊产品,完成功能活化。所得产品入口后能给人一种柔滑适宜的感觉,提高了食用性。此外,还可对多功能大豆纤维粉进行矿质元素的强化。

3. 膳食纤维在食品中的应用

膳食纤维作为一种纯天然产品,在食品生产加工业中应用极为广泛。它可以添加到面包、饼干、面条、糕点、饮料、糖果及各种小食品中。膳食纤维除作为食品添加剂外,还可作为特殊群体的保健食品。

在生产面包、饼干、馒头、蛋糕、桃酥等面制食品中添加面粉质量5%~10%的膳食纤维,可有效提高面制食品的保水性,增加食品的柔软性和疏松性,防止在储存期变硬;挤压膨化食品和休闲食品添加膳食纤维,可以改变小食品的持油保水性,增加其蛋白质和纤维的含量,提高其保健性能;肉类罐头中添加膳食纤维,可改变肉制品加工特性:同时增加蛋白质含量和纤维的保健性能;原味酸奶添加膳食纤维后,可引起酸化速度加快,同时酸奶的黏度明显增加。

任务2 功能性低聚糖的加工及应用

功能性低聚糖具有不被人体消化吸收而直接进入大肠并优先为双歧杆菌所利用的特点，它是双歧杆菌的有效增殖因子；同时能够抑制病原菌和腹泻、防止便秘、保护肝脏等功能、降低血清胆固醇、降血压和增强机体免疫力等多方面生理功效，是一种重要的功能性食品基料。粮油资源中的功能性低聚糖主要包括大豆低聚糖、低聚异麦芽糖、棉籽糖、低聚木糖和低聚龙胆糖等。

本任务将完成大豆低聚糖食品的加工，即采用大豆乳清为原料生产大豆低聚糖等加工工艺和操作要点的确定。

任务实施

一、大豆低聚糖加工

大豆低聚糖的原料是生产浓缩或分离大豆蛋白时的副产物——大豆乳清。大豆乳清根据其来源分为两类，一类是将盐酸和磷酸加入脱脂大豆粉中，利用蛋白质的等电点生产大豆蛋白的副产品，这种乳清中低聚糖含量很低，不适于生产大豆低聚糖；另一种是利用大豆蛋白醇沉淀所得到的乳清，大豆低聚糖含量较高，适于生产大豆低聚糖。由于大豆乳清中含低聚糖约72%（以干基计），以及少量大豆乳清蛋白和 Na^+、Cl^- 等离子成分，因此，应先经一定方法处理除去残留大豆蛋白以及进行脱色与脱盐，接着真空浓缩至含水24%左右即得透明状糖浆产品。也可进一步加入赋形剂混匀后造粒，再干燥得到颗粒状产品。

1. 大豆低聚糖加工工艺流程

残留蛋白
↑
大豆乳清→加热浸提→沉淀→离心→除蛋白乳清→活性炭脱色→过滤→脱盐→
真空浓缩→混合→造粒→干燥
↓   ↓
糖浆状大豆低聚糖   颗粒状大豆低聚糖

2. 操作要点

（1）大豆低聚糖的浸提

大豆低聚糖的提取主要是以乙醇溶液为提取剂。温度较高时，低聚糖的浸出速度快，浸出糖量增加，但温度高于60℃时；总糖的增加并不显著。碱性溶剂能使大豆自身酶钝化，抑制低聚糖水解；且碱性溶剂能使细胞壁溶胀有利于糖分浸出。因此，提取时，应调整提取液温度至60℃，pH为10~12，浸提1.5h左右。

（2）沉淀、离心分离

浸提后浸提液经沉淀、离心分离除去残留大豆蛋白。

（3）脱色

去除蛋白的大豆低聚糖浸出液通常采用活性炭脱色。脱色时应调整除蛋白乳清液的温度为40℃，pH3～4，加入1%（对固形物）的活性炭，吸附40min左右。

（4）离子交换脱盐

活性炭脱色后的糖液中仍然残留有色素和盐类物质，这就需要用离子交换树脂去除这类杂质。一般选用732型阳离子交换树脂和717型阴离子交换树脂进行脱盐。由于柱的脱盐效果随柱温度的增加而增加，但超过50℃时变化平稳；当糖液流速达到或超过35m³糖液/（m³树脂·h）时，其电导率趋于稳定，因此，树脂处理时的温度控制在50℃～60℃，流速为35m³糖液/（m³树脂·h）。

（5）浓缩

将提纯后的糖液真空浓缩到70%（干物质）左右，即可得到糖浆状的大豆低聚糖。浓缩过程糖液沸点控制在70℃左右。如进行喷雾干燥则可获得粉状大豆低聚糖，经造粒可得到颗粒状产品。

3. 功能性低聚糖在食品中的应用

功能性低聚糖作为一种功能性甜味剂，已部分替代蔗糖应用于清凉饮料、酸奶；乳酸菌饮料、冰激凌、面包、糕点、糖果和巧克力等食品中。它不能被人体消化利用，不产生能量，可避免发胖以及降低患龋齿的发病率，还可刺激体内双歧杆菌的生长和繁殖；在面包发酵过程中，大豆低聚糖中具有生理活性的三糖和四糖可完整保留，同时还可延缓淀粉的老化而延长产品的货架寿命。在挂面中加入大豆低聚糖；将增加人们对大豆低聚糖的有效摄入量，从而满足人们对大豆低聚糖的需求，起到保健作用。大豆低聚糖微甜，加入量少将不会影响挂面的风味，经研究得出大豆低聚糖在挂面中的添加量在2%～4%之间是可行的。此外，将酸奶与大豆低聚糖结合起来的产品也很受欢迎。

任务3 大豆肽的加工及应用

大豆肽是大豆蛋白的酶水解产品，通常是由3～6个氨基酸组成的低肽混合物。大豆肽的氨基酸组成与大豆球蛋白十分相似，必需氨基酸平衡良好。

本任务将完成大豆蛋白食品的加工，即采用脱脂大豆粕为原料生产大豆肽等加工工艺和操作要点的确定。

任务实施

一、大豆肽加工

1. 大豆肽的加工工艺流程

脱脂大豆粕→水提取→酸浸提→碱中和→蛋白酶水解→分离→干燥→成品

2. 操作要点

（1）水提取、酸浸提、碱中和

采用65℃的温水浸泡脱脂大豆粕30min，然后进行浆渣分离。在提取液中加入1mol/L

的 HC1 溶液精确控制 pH 为 4.5 以沉淀蛋白质,再用水洗脱大豆蛋白质,使用离心机在 3000r/min 下分离 8min。接着用碱中和,调整大豆分离蛋白液的 pH 为 8.0。最后在 85℃ ~ 90℃加热 10min,以促进下一步水解的有效进行,提高酶解速率。

(2)蛋白酶水解、分离

添入 2% 蛋白酶,经 45℃、pH8.0 水解 4h 后,加酸调 pH 至 4.3 沉淀除去未水解的蛋白质。再加热升温至 70℃,维持 15min 钝化蛋白酶,即可得到大豆蛋白水解液。

(3)精制

主要包括脱苦、脱盐等一系列工序。

①脱苦

在大豆蛋白水解液的精制过程中,脱苦是影响产品最终质量的关键一环。利用疏水性吸附剂将苦味肽选择性地分离出去,是蛋白水解物常用的脱苦方法,其中,最传统最有效的吸附剂是活性炭,其他有效的分离剂包括苯甲醛树脂、玻璃纤维等。同时利用某些物质如谷氨酸二肽、游离甘氨酸、苹果酸、果胶、环糊精等,具有覆盖和包埋苦味的作用,选用适当的包埋剂品种和数量,也可有效降低大豆蛋白水解物的苦味。

②离子交换处理脱盐

脱除离子主要是 Na^+ 和 Cl^-。将酶解液以每小时 10 倍于柱体积流速分别流经 H + 型阳离子交换树脂和 OH^- 型阴离子交换树脂来脱除 Na^+ 和 Cl^-,脱除在 85% 以上。

(4)干燥

先经过 135℃、5s 的超高温瞬时灭菌,然后在 89kPa 的真空度下进行真空浓缩,高压均质,得到固形物含量在 25% ~40% 的大豆肽浓缩液,最后在进口温度 125℃ ~130℃、塔内温度 75℃ ~78℃、排风口温度 80℃ ~85℃ 的条件下进行喷雾干燥,即可得到粉末大豆肽。

3.大豆肽在食品中的应用

在普通食品加工中,利用大豆肽吸湿性能和保湿性能好,可用来生产各种豆制品,可使产品品质和风味更佳,且营养丰富,易于吸收消化;加入到鱼、肉制品中,可明显突出肉类风味,使制品具有弹性、柔软的质地;在发酵工业中,利用大豆肽能够促进微生物生长发育代谢的功能,可以达到提高发酵工业生产效率、稳定品质及增强风味等效果;用于面包,可增加面团的黏弹性,减少面包失水,使面包质地柔软、新鲜、体积增大、香气增加;加人糕点中,可改善口味品质,降低成本,延长保质期,提高产品得率;此外还可用于老年品和减肥食品中。

作为功能性食品基料,由于大豆肽易消化吸收,且吸收速度快,可以将其作为特殊病人营养剂,特别是消化系统中的肠道营养剂,可应用于康复期病人、消化功能衰退的老年人及消化功能未成熟的婴幼儿;由于大豆肽能与人体体内胆酸结合,具有降低人体血清胆固醇、降血压和减肥等功能,可用于生产降胆固醇、降血压、防心血管系统疾病等方面的功能性保健食品;由于大豆肽比蛋白质更容易被吸收,能迅速恢复和增强体力,可用于制备运动食品等。

任务4 大豆磷脂的加工及应用

磷脂是含有磷酸根的类脂化合物,普遍存在于动植物细胞的原生质和生物膜中。磷脂的存在可重新修复被损伤的生物膜,起到延缓衰老的作用。可促进大脑组织和神经系统的健康完善,提高记忆力,增强智力;可促进脂肪代谢,防止出现脂肪肝;可降低血清胆固醇、改善血液循环、预防心血管疾病等。

磷脂还是一种很好的两性表面活性剂,具有乳化特性。通常磷脂添加量达水油混合液的0.05% ~0.1%时,便具有显著的乳化效果。

磷脂一般是自植物油精炼中分离出来的,是制油工业重要的高附加值副产品,我国大部分地区生产大豆油,大豆含有1.2% ~3.2%磷脂,大豆毛油水化脱胶时分离出的油脚经进一步精制处理可得不同品种的大豆磷脂产品。目前,有工业化生产的磷脂产品主要有浓缩磷脂、流质磷脂、精制磷脂等品种。

本任务将完成磷脂食品的加工,即采用大豆油脚为原料生产浓缩大豆磷脂等加工工艺和操作要点的确定。

任务实施

一、浓缩大豆磷脂的加工

浓缩大豆磷脂由于含有油、糖脂、固醇、碳水化合物和水等物质,有异味,通常作为乳化剂,在食品中的添加量较少。

大豆磷脂的加工通常采用大豆毛油水化脱胶的副产品油脚为原料经提纯的方法而得到的产品。

1. 工艺流程

大豆毛油→水化脱胶→分离→脱胶毛油
↓
水化油脚→真空浓缩→脱色→浓缩磷脂

2. 操作要点

(1)水化脱胶

将大豆毛油用间接蒸汽加热至60℃ ~65℃,然后泵入水化锅中,再加入0.2% ~0.8%无水乙酸搅拌5min。在转速80r/min搅拌器的搅拌下,均匀加入油重7% ~10%的65℃ ~100℃的热水,继续搅拌40min,使磷脂充分水化。

(2)分离

待大片絮状沉淀生成时,降低转速再搅拌20min,然后静置5h左右。此时,水化磷脂已全部沉入锅底,可从底部放出含磷脂的油脚。也可不经静置沉淀,直接离心分离油脚。

(3)真空浓缩

首先开动热水泵循环至浓缩锅,当夹套热水温度达到70℃以上时开启真空泵,当真空度达到83.3kPa以上时开启阀门由进料管吸入油脚,同时启动搅拌器搅拌,加料完毕后关闭进料管阀门即可开始浓缩。浓缩时,保持夹套温度为80℃ ~90℃;真空度为90.6kPa,浓缩10

~14h。符合要求后，停止加热并通入冷水冷却至70℃以下放出。这样生产的浓缩磷脂为棕色半固体，水分5%以下。

（4）脱色

若需要浅色浓缩磷脂，一般用磷脂质量2%~4%的过氧化氢处理浓缩物1h，然后加热蒸去多余的过氧化氢即可。为了得到更淡色泽的磷脂，还可在水化脱胶和浓缩脱水过程中加入漂白剂。

二、精制大豆磷脂的加工

作为功能性食品基料的磷脂产品要求纯度较高，而浓缩磷脂因纯度较低，在功能性食品中的使用量受到限制。因此必须经过精制纯化处理。

（1）乙酸乙酯纯化法

将粗磷脂溶于乙酸乙酯中并冷却至－10℃，离心分离后即为高纯度的磷脂，其中磷脂含量为50.8%。由于乙酸乙酯安全性高，用该方法纯化的产品可用于食品和医药。

（2）溶剂纯化法

在浓缩磷脂中加入1~1.5倍的己烷溶剂，在温度50℃下，以200~300r/min的搅拌速度充分搅拌、混匀。然后离心分离出溶有磷脂的溶剂相，再经80℃常压蒸馏回收有机溶剂。加入占磷脂质量1.5%~2%的过氧化氢溶液进行脱色处理，调节pH至4左右，2~3h后加热除去过量的过氧化氢。在脱色后的磷脂半成品中加入等量的乙醚溶解残留的油脂，然后搅拌加入丙酮。丙酮加到一定量时即有沉淀物析出，继续加入丙酮直至上清液无浑浊出现为止。静置1h后除去上层乙醚、丙酮和油脂混合液，将沉淀的丙酮不溶物通过减压蒸馏去除残留的有机溶剂，经脱水干燥后即得纯度较高、无异味的精制磷脂产品。

（3）$ZnCl_2$法

先加入$ZnCl_2$与卵磷脂生成复合物，然后用丙酮沉淀，即可提纯得到精制磷脂。例如，使用95%乙醇与100g粗磷脂（纯度45%）混合后，加入4.5g$ZnCl_2$，使之沉淀，离心分离，收集$ZnCl_2$－磷脂复合物，最后加入丙酮250ml搅拌、过滤后蒸去溶剂，可得到纯度99.6%的磷脂。

（4）CO_2纯化法

将磷脂先用丙酮处理除去脂肪等，这样制得的磷脂约含2.5%的丙酮，在20℃、5.679~6.1MPa压力下用CO_2除去残余的丙酮，可得到纯度很高的磷脂。这种产品中丙酮的残余量不超过2.5mg/kg。

三、大豆磷脂在食品中的应用

大豆磷脂作为一种天然乳化剂，已在糖果、巧克力、乳品、冰激凌、人造奶油、焙烤食品、面条制品等领域中得到广泛应用；其添加量一般不超过1%。作为功能性食品基料，大豆磷脂常与维生素E或小麦胚芽油配合使用。既可防止磷脂中多不饱和脂肪酸的氧化，又增添了维生素E的生理活性。

任务5 木糖醇的加工及应用

木糖醇是一种最常见的多元糖醇，它是人体内葡萄糖代谢过程中的正常中间产物，在水、蔬菜中有少量的存在。人体对木糖醇的吸收较慢，如果一次性摄入过量，会引起肠胃不适或腹泻，因此必须控制每天的食用量，最大允许食用量为 200~300g/d。

多元糖醇是由相应的糖经镍催化加氢制得的，主要产品有赤藓糖醇、木糖醇、山梨醇、甘露醇、乳糖醇、异麦芽糖醇和氢化淀粉水解物等，都属于功能性甜味剂。

本任务将完成木糖醇食品的加工，即采用玉米芯为原料生产木糖醇等加工工艺和操作要点的确定。

任务实施

一、木糖醇的加工

商业化木糖醇生产工艺一般包括4个重要步骤。下面以玉米芯制取木糖醇为例。

1. 提取木聚糖并水解成木糖

（1）原料的水法预处理

玉米芯采用4倍体积的120℃~130℃高压热水处理2~3h，能有效地将玉米芯中的水溶性杂质充分溶出。

（2）玉米芯的常压稀酸法水解

将预处理好的玉米芯投入水解罐中，加3倍体积的2%硫酸溶液搅拌均匀，由罐底通入蒸汽加热至沸腾，持续水解2.5h后趁热过滤，冷却滤液至80℃。滤渣用清水洗涤4次，洗液返回用于配制2%硫酸溶液。

2. 从水解液中分离木糖

（1）中和

目的在于除去水解液中的硫酸，同时伴随着中和过滤过程，除去一部分胶体及悬浮物质。中和温度控制在70℃~80℃。在水解液达到这一温度以后，停止加热，均匀地加入碳酸钙，继续搅拌，并继续保温40~60min。中和终点控制无机酸在0.03%~0.08%，防止乙酸钙的生成。

（2）脱色

中和之后的水解液用活性炭进行脱色。往水解液中加入3%活性炭，在75℃下低速搅拌保持45min，趁热过滤。

（3）浓缩

目前采用双效蒸发工艺，第一效真空度16~20kPa，分离室液温95℃~98℃溶液浓度10%~12%；第二效真空度80~93kPa，分离室液温65℃~70℃，蒸发浓缩终点控制浓度35%左右。蒸发所得木糖浆纯度仅达85%左右。

（4）精制

利用阴离子交换树脂、阳离子交换树脂（体积比1.5：1）进行净化处理，这样流出液的木糖纯度可提高至96%以上，接近于无色、透明，并呈中性。

3. 在镍催化下氢化木糖成木糖醇

向含木糖12%～15%的木糖液中添加NaOH调整pH至8，用7MPa高压进料泵将混合物料通入预热器，升温至90℃，再送到6～7MPa反应器；在115℃～130℃进行氢化反应。所得氢化液流进冷却器中，降温至30℃，再送进高压分离器中，分离出的剩余氢气经滴液分离器，靠循环压缩机再送入反应器中。分离出的氢化液经常压分离器进一步驱除剩余的氢后得氢化液。

4. 木糖醇的结晶析出

(1) 脱色、浓缩

向木糖醇溶液中添加3%活性炭，在80℃脱色处理30min。经阳离子交换树脂脱镍精制后，进行预浓缩使木糖醇浓度增至50%左右，再进行二次浓缩进一步提高浓度至88%以上，此时的产品称木糖醇膏。

(2) 结晶、析出

采用逐渐降温的办法，使木糖醇结晶析出，降温速率掌握在1℃/h。

经过40h左右的结晶过程，木糖醇膏由原来的透明状转变成不透明状的糊状物，温度降至25℃～30℃，借助于离心作用分离出成品木糖醇。

二、木糖醇在食品中的应用

由于木糖醇在人体中的代谢途径与胰岛素无关，人体摄入后不会引起血液葡萄糖与胰岛素水平的波动，可用于糖尿病人专用食品；由于它们不是口腔微生物的适宜作用底物，长期摄入不会引起牙齿龋变；能量值较低，可应用于低热量食品中。但由于不参与美拉德反应，应用于焙烤食品需与其他甜味剂共同添加。

❖ 思考与练习

1. 什么是功能性粮油食品？功能性粮油食品是如何分类的？
2. 功能性粮油食品有哪些常见的功效成分？
3. 膳食纤维、功能性低聚糖、大豆肽各有哪些生理功能？
4. 简述膳食纤维、功能性低聚糖、大豆磷脂加工方法及其在食品中的应用。

实验实训十二　参观磷脂加工企业

一、实训目的

通过参观实训，使学生进一步了解磷脂提取及深加工工艺流程和技术要点，并对工业化生产磷脂有一个系统的了解。同时，通过参观实训培养学生具有良好的职业道德素质，为从事实践工作打下良好的基础。

二、实训内容

1. 了解磷脂原料的选择及相关技术参数。
2. 了解磷脂原料的清理流程及操作要求。
3. 了解磷脂原料的预处理流程及设备操作要领。
4. 了解磷脂提取工艺及参数控制。
5. 了解磷脂提取设备运转性能。
6. 了解磷脂加工工艺及设备操作要求。
7. 了解磷脂品质鉴定方法。
8. 了解磷脂加工的整体设备安装工艺流程和磷脂工厂规划的要求。

三、实训思考

1. 讨论影响磷脂品质的因素。
2. 写一份观后总结(1000～1500字)。

项目七　淀粉及其制品加工

1. 掌握玉米淀粉、薯类淀粉等淀粉的工业提取工艺原理、工艺流程和工艺要点，以及淀粉糖的生产原理和工艺要点。

2. 了解各种淀粉糖的性质及应用，以及果葡糖浆的生产原理及工艺。

项目基础知识

淀粉是食品的重要组分之一，是人体热能的主要来源。淀粉又是许多工业生产重要的原辅料。其可利用的主要性状包括颗粒性质、糊或浆液性质以及成膜性质等。淀粉分子有直链和支链两种。一般地讲，直链淀粉具有优良的成膜性和膜强度，支链淀粉具有较好的黏结性。

淀粉是植物体中储存的养分，存在于种子和块茎中，如谷类（玉米、小麦、水稻等）、（绿豆、菜豆等）、薯类（马铃薯、甘薯、木薯等）等均含有大量的淀粉，淀粉采用湿磨技术，可以从上述原料中提取纯度约为99%的淀粉产品。

大多数植物的天然淀粉都是由直链和支链两种淀粉以一定的比例组成（表7-1），也有一些品种，其淀粉全部是由支链淀粉所组成，如糯米等。

表7-1　　　　　　　　天然淀粉中直链淀粉和支链淀粉的含量　　　　　　　单位:%

淀粉种类	直链淀粉含量	支链淀粉含量	淀粉种类	直链淀粉含量	支链淀粉含量
玉米	26	74	大麦	22	78
蜡质玉米	< 1	> 99	高粱	27	73
马铃薯	20	80	甘薯	18	82
木薯	17	83	糯米	0	100
高直链玉米	50－80	20－50	豌豆（光滑）	35	65
小麦	25	75	豌豆（皱皮）	66	34
大米	19	81			

淀粉糖是以淀粉为原料，通过酸或酶的催化水解反应而生产的糖品的总称。近年来，我国淀粉糖生产发展速度很快，1996年年产量达60万吨，2006年达500万吨，且每年以10%以上的速度增长。目前，我国淀粉糖产业加工品种已发展到24个，如麦芽糊精、液体麦芽糖

浆、果葡糖浆、低聚异麦芽糖50型、糊精、葡萄糖、山梨醇等。由于淀粉口感、功能上比蔗糖更能适应不同消费者的需要，并可改善食品的品质和加工性能，如低聚异麦芽糖可以增殖双歧杆菌、防龋齿，麦芽糖浆、淀粉糖浆在糖果、蜜饯制造中代替部分蔗糖可防止"返砂"，因此，淀粉糖具有很好的发展前景。

一、淀粉的分类和结构

1.淀粉的分类

淀粉在自然界中分布很广，是高等植物中常见的组分，也是碳水化合物储藏的主要形式。淀粉的品种很多，一般按来源分为如下几类。

（1）禾谷类淀粉

这类淀粉主要来源于玉米、大米、大麦、小麦、燕麦、荞麦、高粱和黑麦等。主要存在于种子的胚乳细胞中。淀粉工业主要以玉米为主。

（2）薯类淀粉

薯类是适应性很强的高产作物，在我国以甘薯、马铃薯和木薯等为主。主要来自于植物的块茎（如马铃薯）、块根（如甘薯、木薯等）等。淀粉工业主要以木薯、马铃薯为主。

（3）豆类淀粉

这类淀粉主要来源于蚕豆、绿豆、豌豆和赤豆等，淀粉主要集中在种子的子叶中，其中直链淀粉含量高，一般作为制作粉丝的原料。

（4）其他类淀粉

植物的果实（如香蕉、芭蕉、白果等）、茎髓（如西米、豆苗、菠萝等）等也含有淀粉。

2.淀粉的结构

淀粉是高分子碳水化合物，淀粉的基本构成单位为 D－葡萄糖，葡萄糖脱去水分子后经由糖苷键连接在一起所形成的共价聚合物就是淀粉分子。淀粉属于多聚葡萄糖，脱水后葡萄糖单位则为 $C_6H_{12}O_6$。因此，淀粉的分子式为 $(C_6H_{10}O_6)n$，n 为不定数。组成淀粉分子的结构单体（脱水葡萄糖单位）的数量称为聚合度，以 DP 表示。一般淀粉分子的聚合度为 800～3000。根据淀粉分子结构形式的不同，淀粉分为直链淀粉和支链淀粉两种。

（1）直链淀粉

直链淀粉是一种线形多聚物，是通过 α－D－1，4－糖苷键连接而成的链状分子，呈右手螺旋结构，每 6 个葡萄糖单位组成螺旋的一个节距，在螺旋内部只含氢原子，亲油，烃基位于螺旋外侧。

不同来源的直链淀粉差别很大。不同种类直链淀粉的 DP 差别很大，一般禾谷类直链淀粉的 DP 为 300～1200，平均为 800；薯类直链淀粉的 DP 为 1000～6000，平均为 3000。

（2）支链淀粉

支链淀粉是一种高度分支的大分子，主链上分出支链，各葡萄糖单位之间以 α－1，4－糖苷键连接构成它的主链，支链通过 α－1，6－糖苷键与主链相连，分支点的 α－1，6－糖苷键占总糖苷键的 4%～5%。支链淀粉的相对分子质量为 $1×10^7～5×10^8$。支链淀粉的分支是成簇的并以双螺旋形式存在。

二、淀粉生产的工艺技术

1.淀粉生产工艺原理

在淀粉原料中，除含有淀粉外，通常还含有不同数量的蛋白质、纤维素、脂肪、无机盐和其他物质。生产淀粉就是利用工艺手段除去非淀粉物质，使淀粉分离出来。因此，淀粉生产原理是利用淀粉具有不溶解于冷水、密度大于水以及与其他成分密度不同的特性而进行的物理分离过程。

2. 淀粉生产工艺流程

淀粉生产原料不同，在具体操作上略有差异，但其基本工艺是相同的。

原料处理→ 浸泡 → 破碎 → 分离 → 清洗 → 干燥 →成品整理

3. 操作要点

（1）原料处理

淀粉原料中常夹有泥砂、石块和杂草等各种杂质，均需在加工前予以清除。其方法有湿处理和干处理两种：薯类原料如马铃薯、甘薯可以采用湿法处理，即用水进行洗涤；谷类和豆类通常采用风选或过筛等干法处理。

（2）原料浸泡

新鲜薯类原料含水量较高，可以不经浸泡直接用破碎机进行破碎或打成糊状。谷类和豆类原料含水量低，颗粒坚硬，必须先经浸泡，使其颗粒软化、组织结构强度降低，同时破坏蛋白质网络组织，洗涤和除去部分水溶性物质后，才能进行破碎。

①添加浸泡剂

为了加速淀粉释放以及溶解蛋白质，不同原料在浸泡中选择不同的浸泡剂。例如，玉米和小麦等谷物原料常用亚硫酸水浸泡。在浸泡过程中亚硫酸水可以通过玉米籽粒的基部及表皮进入籽粒内部，利用二氧化硫的还原性和酸性分解性破坏蛋白质的网状组织，使包围在淀粉粒外面的蛋白质分子解聚，角质型胚乳中的蛋白质失去自己的结晶型结构，使淀粉颗粒容易从包围在外围的蛋白质间质中释放出来。在浸泡过程中亚硫酸可钝化胚芽，使之在浸泡过程中不萌发，从而避免胚芽的萌发导致的淀粉酶活化和淀粉水解，同时，利用亚硫酸的防腐作用，抑制霉菌、腐败菌及其他杂菌的生命活力，从而抑制玉米在浸泡过程中发酵，提高淀粉的质量和出品率。

②浸泡方法

浸泡方法可视工厂的设备和生产能力有所不同，一般有静止浸泡法、逆流浸泡法和连续浸泡法。

a. 静止浸泡法是在独立的浸泡罐中完成浸泡过程，原料中的可溶性物质浸出少，达不到要求，现已被淘汰。

b. 逆流浸泡法是国际上通用的方法，又叫扩散法。该工艺是把若干个浸泡桶、泵和管道串联起来，组成一个相互之间的浸泡液可以循环的浸泡罐组，进行多桶串联逆流浸泡。浸泡过程中原料留在罐内静止，用泵将浸泡液在罐内一边自身循环向前一级罐内输送，始终保持新的浸泡液与浸泡时间最长（即将结束浸泡）的原料接触，而新入罐的原料与即将排除的浸泡液接触。在这样的浸泡过程中，原料和浸泡液中可溶性物质总是保持一定的浓度差，采用这种工艺，浸泡水中的可溶性物质可被充分浸提，浓度达到7%～9%，减少了浓缩进出液时的蒸汽消耗，同时因浸泡过的原料中可溶性物质含量降低了许多，使淀粉洗涤操作变得容易。

c. 连续浸泡是从串联罐组的一个方向装入玉米，通过升液器装置使玉米从一个罐向另一个罐转移，而浸泡液则逆着玉米转移的方向流动，工艺效果很好，但工艺操作难度比较大。

（3）破碎

从淀粉原料中提取淀粉，必须经过破碎工序，其目的就是破坏淀粉原料的细胞组织，使淀粉颗粒从细胞中游离出来，以利于提取。破碎设备种类很多，常用的有刨丝机（用于鲜薯破碎刀、锤片式粉碎机（粉碎粒状原料）、爪式粉碎机（用于颗粒细、潮湿、黏性大的物料）、砂盘粉碎机（可磨多种原料）等。

破碎的方法根据原料的种类而定。薯类如马铃薯、甘薯等含水量高的淀粉原料，因组织柔软，可不经浸泡而直接用刨丝机（如图 7 - 1 所示）或用锤击机进行两次破碎，第一次破碎后过筛，分开淀粉乳，将所得的筛上物再进行第二次破碎，其破碎度比第一次更大些，然后再筛去残渣，取得淀粉乳。

图 7 - 1　薯类刨丝机示意图

谷类和豆类原料，应经过浸泡软化后，才能进行粉碎。对于含有胚芽的谷类原料，经浸泡后，最好先经 1~2 次粗碎，形成碎块，使胚芽脱落下来，再通过胚芽分离器将胚芽分离，然后将不含胚芽的碎块用盘磨机磨成糊状，使淀粉粒能与纤维和蛋白质很好地分开。

（4）分离胚芽、纤维和蛋白质

①分离胚芽

谷物原料中的玉米和高粱等带有胚芽，胚芽中含有大量的脂肪和蛋白质，而淀粉含量很少，所以在生产中，经过粗碎后，必须先分离胚芽，然后再经过磨碎；分离纤维和蛋白质。

胚芽的吸水力强，吸水量可达本身重量的 60%，膨胀程度高，含脂肪多，所以，密度较轻。例如玉米胚芽，其相对密度约为 1.03，而胚体相对密度为 1.6。因此，可以利用两者密度的不同而进行分离。

②分离纤维

淀粉原料经过分离胚芽和磨碎或直接破碎后所得到的糊状物料，除了含有大量淀粉以外，还含有纤维和蛋白质等组分。为了得到质量较高的淀粉以及良好地完成分离操作，通常是先分离纤维，然后再分离蛋白质。

分离纤维大都采用过筛的方法，所以称为筛分工序。筛分工序包括清洗胚芽、粗纤维和细纤维以及回收淀粉等操作。目前，大型淀粉厂常用的筛分设备主要是曲筛。

曲筛（图 7 -2）是带有 120°弧形的筛面，又称 120°曲筛，筛条的横截面为楔形，边角尖锐。压力曲筛是依靠压力对湿物料进行分离及分级的设备。物料用高压泵打入给料器，以 0.3 ~ 0.4MPa 压力从喷嘴高速喷出，喷出的料流速度达 10 ~ 20m/s，并以切线方向进入筛面，被均匀地喷洒在筛面上，同时受到重力、离心力和筛条对物料的阻力作用。物料在下滑时颗粒冲击到楔形时尖锐边角被切碎，使曲筛既有分离效果又有破碎作用。在由一根筛条流向另一根筛条过程中，淀粉及大量水分通过筛缝成为筛下物，而纤维细渣从筛上沿筛面滑下成为筛上物，从而将淀粉与纤维分开。

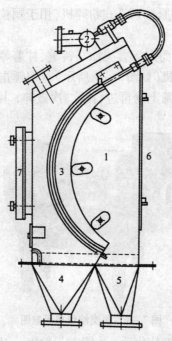

图7-2　压力曲筛结构图

1-壳体，2-给料器，3-筛面，4-淀粉乳出口，5-纤维出口，6-前门，7-后门。

③麸质分离

把蛋白质和细渣同时分离出的混合物常称之为麸质。筛分后所得的淀粉乳，除了含有大量的淀粉外，还含有蛋白质、脂肪和灰分等物质。所以此时的淀粉乳是几种物质的混合悬浮液。由于这些物质的密度不同（淀粉相对密度为1.6，蛋百质为1.2，细渣为1.3，泥砂为2.0），所以它们在悬浮液中的沉速度也不同。因此，利用密度不同使它们分开。其方法主要有静止沉淀法、流动沉淀法和离心分离法等。目前，淀粉厂主要采用离心分离法。静止沉淀法和流动沉淀法淀粉厂已很少采用，基本淘汰。

离心分离法是利用淀粉与蛋白质密度不同的原理进行分离，并借助离心机产生的离心力使淀粉沉降，目前国内外普遍使用碟式喷嘴型分离机（图7-3）。在机座上半部设有进料管和溢流（轻相）出口、底流（重相）出口及机盖。在机座的下半部设有洗涤水的离心泵及电动机的启动与刹车装置。质液由离心机上部进料口进入转鼓内蝶片架中心处，并迅速地均匀分布碟片间，当离心机的转鼓高速旋转（3000~10000r/min）时，带动与碟片相接触的一薄层物料旋转产生很大的离心力。由于待分离物料的密度不同，密度较大的淀粉在较大离心力作用下，沿着碟片下表面滑移出沉降区，经由转鼓内壁上的喷嘴从底流出口连续排出。密度较小的以蛋白质为主的物质离心力也小，沿着碟片上行，经向心泵从溢流口排出机外，排出液中蛋白质占总甘基的68%~75%。

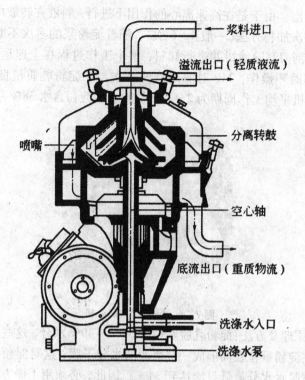

图 7-3　碟式喷嘴型分离机结构示意图

　　使用离心机分离淀粉和蛋白质，一般采用二级分离，即用两台离心机连续操作，以筛分后的淀粉乳为第一级离心机的进料，第二级所得的底流（淀粉乳）为第二级离心机的进料。为了提高淀粉质量，也有采用三级或四级分离操作的。

　　（5）淀粉的清洗和干燥

　　①淀粉的清洗

　　分离去除蛋白质后的淀粉悬浮液中含有干物质的浓度为 33% ~35%，淀粉中仍含有少量可溶性蛋白质、大部分无机盐和微量不溶性蛋白质，为得到高质量的淀粉必须进行清洗。

　　淀粉乳精制常用旋液分离器、沉降式离心机和真空过滤机。在老式工艺中淀粉洗涤多采用真空过滤机进行，现已普遍使用专供淀粉洗涤用的旋液分离器。其原理与操作与胚芽分离基本相同。

　　在淀粉生产中，淀粉洗涤一般是由 9~12 级旋液分离器构成旋流器组，通过逆流方式而完成洗涤作业。

　　②淀粉的脱水与干燥

　　a.淀粉的脱水：精制后的淀粉乳浓度为 20~22°Bé 呈白色悬浮液状态，含水 60% 左右，需要把水分降低到 40% 以下，才能进行干燥处理。淀粉乳排除水分主要采用离心方法，常用设备有卧式刮刀离心机和三足式自动卸料离心机等。大型工厂多采用卧式刮刀离心机。

　　卧式刮刀离心机参见图 7-4 所示。主要结构由机座、电机、转鼓、转动部件、刮刀卸料装置、进料管、洗涤滤网再生进水管等组成。离心机的转鼓为一多孔圆筒。圆筒转鼓内表面铺有滤布。工作过程为将淀粉浆从圆筒口送入高速旋转的带滤网的转鼓筒时，在离心力作用下，固相淀粉迅速沉积在转鼓上形成滤饼，而液相通过滤布、滤网、转鼓小孔甩出后，沿机壳下端切线方向的排液口排出。由于是在高速离心的作用下进行,料液在转鼓内壁面几乎分布成了中空圆柱面。采用多次加料方法(一般4~6次),随着淀粉浆的多次不断加入转鼓内固相淀粉愈来愈厚,然后由刮刀刮除滤饼并进行卸料,整个工作过程在全速运转下自动地按进料、脱水、卸料、进料周期循环操作,24h对滤网清洗一次。在淀粉乳质量良好及浓度为36%~37%的情况下,离心机平均工作周期为2~3min,脱水后淀粉含水38%左右。

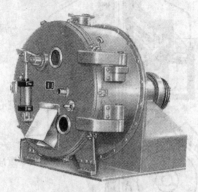

图7-4 卧式刮刀离心机

b. 淀粉的干燥原理及方法:淀粉乳脱水后含36%~40%水分,这些水分被均匀分布在淀粉颗粒各部分,并在淀粉颗粒表面形成一层很薄的水分子膜,这对淀粉颗粒内部水分的保存起着重要作用,机械脱水水分最低只能达到34%。因此,必须用干燥方法除去淀粉脱水后的剩余水分,使之降到安全水分以下。

气流干燥参见图7-5所示,它是松散的湿淀粉与经过净化的热空气混合,在运动的过程中,使淀粉迅速脱水的过程。经过净化的空气被加热至120℃~140℃作为热的载体,这时利用热空气能够吸收被干燥的淀粉中水分的能力,在淀粉干燥过程中,热空气与被干燥介质之间进行热交换,空气的温度降低,淀粉被加热,从而使淀粉中的水分被蒸发出来。采用气流干燥法,由于湿淀粉粒在热空气中呈悬浮状态,受热时间短,仅3~5s,而且120℃~140℃的热空气温度为淀粉中的水分汽化所降低,所以淀粉既能迅速脱水,同时又保证了其天然性质不变。

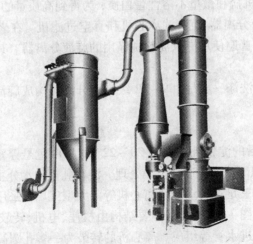

图7-5 气流干燥工艺示意图

　　干燥后淀粉水分为 12% ~ 14%，气力输送到干淀粉仓库，后由包装系统完成干燥后淀粉的包装。

任务1　玉米淀粉的加工

　　本任务将完成玉米淀粉食品的加工，即采用玉米为原料生产玉米淀粉等加工工艺和操作要点的确定。

任务实施

一、加工玉米淀粉

1. 玉米淀粉生产工艺流程

　　玉米淀粉生产的工艺流程大致分为 4 个部分：玉米的清理去杂；玉米的湿磨分离；淀粉的脱水干燥；副产品的回收利用。通过这一加工可获取五种主要成分：淀粉、胚芽、可溶性蛋白、皮渣（纤维）及麸质（蛋白粉）。

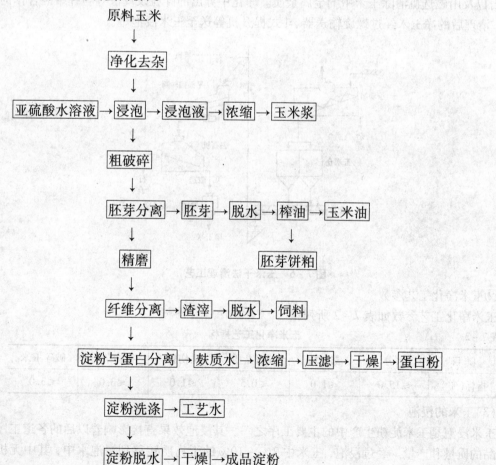

2.操作要点

(1)原料玉米的品质与淀粉生产的关系

①粒度:玉米粒度差别越大,玉米清理和破碎难度也越大。

②密度、容重、千粒重:玉米容重、千粒重、密度越大,产品出品率越高,加工性能越好。

③破碎难易:玉米加工过程中,胚乳易碎,胚不易碎,皮层更不易破碎。角质玉米籽粒较坚实,强度大,不易被破碎,磨碎后细渣较多,渣的流动性较好。粉质玉米籽粒较松散,强度小,易于破碎,磨碎后细渣含量较少。

(2)玉米的净化

收购的玉米原料中含有各种杂质,如破碎的穗轴、秸秆、土块、石块、碎草屑\昆虫尸体、破碎的不饱满的及未成熟的玉米籽粒以及金属杂质等,为了保证产品质量和安全生产,保护机器设备,必须从玉米中清除各种杂质,达到完全净化的目的。否则会给后续的工序带来麻烦,增加淀粉的灰分,降低淀粉的质量。石子、金属杂质还会严重损坏机械设备。

①玉米净化方法

原料清理流程参见图7-6所示。原料玉米从原料储仓由斗式提升机或链条提升机送到振动筛清理玉米中的大杂质及轻杂质,然后入毛玉米仓储存。在玉米浸泡前,经绞龙和斗式提升机将玉米送入旋风分离机,进行风选除尘,清除原料中的轻杂质,然后经比重去石机除去砂石以及用磁选机清除玉米中的金属杂质。净化中分出的碎粒及皮渣等与纤维混合作饲料出售,清理后的净玉米经过螺旋输送器、斗式提升机等送至玉米浸泡罐。

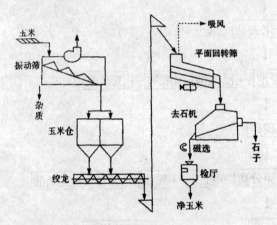

图7-6 玉米干法清理工艺

②玉米净化工艺参数

玉米净化工艺参数如表7-2所列:

表7-2   玉米净化工艺指标

项 目	水分	霉变粒	碎石杂质	烘伤粒	谷物杂质	破碎玉米
指标(%)	≤15.0	≤1.0	≤0.5	≤1.0	≤3.0	≤3.0

(3)玉米的浸泡

玉米浸泡是玉米淀粉生产中的主要工序之一。其浸泡效果直接影响着以后的各道工序以及产品的质量和产量。经过浸泡,玉米中7%~10%的干物质转移到浸泡水中,其中无机盐类可转移 70% 左右，可溶性碳水化合物可转移 42% 左右，可溶性蛋白质可转移 16% 左右。淀粉、脂肪、纤维素、戊聚糖的绝对量基本不变。转移到浸泡水中的还有一半是从胚芽中浸出去。浸泡好的玉米含水量应达到 40% 以上。

①浸泡的工艺参数

玉米籽粒浸泡在含有 0.2% ～ 0.3% 浓度的亚硫酸水中，在 48℃ ～ 52℃ 温度下，保持 60 ~ 72h。

②单个浸泡罐的浸泡工艺过程

浸泡一般采用多罐串联逆流浸泡，一个浸泡罐组由 8 ~ 12 个浸泡罐组成。对浸泡罐组中的每个浸泡罐来说，完整的浸泡过程包括向浸泡罐投入浸泡液和玉米、玉米的浸泡，浸泡液的排放、浸泡玉米的排放四步。在装料之前应向罐内加入约为数罐容积 15% 的浸泡水，通过热交换器加热到 50℃，然后开始投入玉米，投入量达到规定数值后，向罐内加入浸泡水，这样做的目的是保证玉米装到浸泡罐内能呈现松散状态，不会由于浸泡时玉米膨胀对罐壁施加过大压力。玉米装罐时不能过满，要留出 75 ~ 100cm 的高度空间，浸泡水应高出玉米料位 50cm 以上。玉米浸泡时，通过循环泵使罐内浸泡液能自身循环，并通过热交换器控制罐内温度恒定在所要求的范围内。浸泡过程中要定时检查罐内玉米是否全部被浸泡，因为在浸泡过程中玉米料位会由于玉米的膨胀而升高，而浸泡液也会由于玉米吸水而下降，一旦发现浸泡液体下降到玉米料位以下，则必须向罐内补充浸泡水。浸泡过程中罐内的浸泡液会按逆流原理逐步被可溶物含量低的浸泡液所置换。当罐内玉米浸泡达 42h 后，浸泡液应排放，送往蒸发浓缩，浓缩后称为玉米浆，浸后玉米则送至破碎及胚芽分离工序。

③多个浸泡罐串联成的浸泡罐组的浸泡工艺过程

以 8 个罐串联，浸泡时间 42h 为例，逆流浸泡操作过程如下。如果是初次开车或长时间停车，浸泡系统已全部空罐时，往第 1 个罐投料，加入 0.2% ～ 0.3% 新亚硫酸浸泡玉米，每隔 7h 给下一罐投料，加入新酸浸泡玉米，重复上述操作直到第 4 个罐为止。第 5 个罐加料后，开始倒罐，将浸泡时间最长、浓度最高的 1 号罐浸泡液倒入 5 号罐，1 号罐则接收新酸。第 6 个罐加料后，将 2 号罐浸泡液倒入 6 号罐，2 号罐接收新酸。当第 7 罐投料时，则按正常倒罐顺序进行，执行逆流浸泡顺序，首先向 7 号罐投料，浸泡液按 7 号←6 号←5 号←4 号←3 号←2 号←1 号逐次倒罐，1 号罐排放浸泡玉米之后，7 号罐将它的浸泡液排出送至蒸发工序浓缩成玉米浆，往 2 号罐加入新酸，此时 8 号罐为空罐等待进料。第 8 个罐进料后，按 8 号←7 号←6 号←5 号←4 号←3 号←2 号逐次倒罐，2 号罐排放浸泡玉米后，8 号罐将浸泡液排出待蒸发成玉米浆，往 3 号罐内加新酸，此时，1 号罐洗涤后待重新进料。以后的逆流浸泡循环依此类推。由此可见，8 个浸泡罐中的连续逆流浸泡操作，是从最后一罐(浸泡时间最长的玉米)加入亚硫酸液，从最先一罐(浸泡时间最短的玉米)输出浸泡液，连续进行倒灌和不间断地做自身循环。在玉米投料时，使用老浸泡液浸泡新加入玉米;各浸泡罐中自身循环浸泡量为 77%，向下一罐倒出的浸泡液为 23%。时间最长、浓度最高的浸泡液在倒入新加玉米的罐后，自身循环 4h 以上被放出。为了使附在玉米籽粒上的浸泡液排得更彻底，对排放玉米的出料罐，当全部浸泡液都已导入下一罐后，罐内玉米至少要沥水 1h，再排放玉米。最初的开车，因为没有工艺水，浸泡液是由新水吸收二氧化硫制得，整个工厂全部运转后，用湿磨系统产生的洗水(工艺水)代替新水。

④影响玉米浸泡的因素

玉米原料的影响。霉变和虫蛀的玉米籽粒在浸渍时，由于一些可溶性物质容易溶解到浸泡液中，使部分淀粉颗粒和还原糖也游离到浸泡液中，还原糖含量比正常浸泡液高出许多，经蒸发器浓缩时部分还原糖受热变成焦糖。而霉变玉米粒的有色物进入浸泡液，也会使玉米浸泡液颜色加深呈棕色。上述两种情况的综合作用，浸泡液浓缩为玉米浆后为黑褐色，且有臭味。

H_2SO_3 的浓度和加入量。H_2SO_3 的浓度和加入量将直接影响玉米浆的质量和收率，H_2SO_3 浓度由低加高时，浸出蛋白质增多，但增至一定浓度时，SO_2 抑制了乳酸菌的繁殖，浸出的蛋白质反而减少。SO_2 含量控制在 0.15% ~0.20% 之间为好，但考虑到 SO_2 含量与玉米吸水速度因素有关，生产过程中一般选择 0.25% ~0.35%，此时蛋白质分散适当，淀粉易于分离，当 SO_2 的浓度在 0.35% 以上时，因为酸性高，能抑制乳酸发酵。

浸泡时间。浸泡时间的长短对玉米籽粒的吸水膨胀、可溶性物质的浸出量基本成正比关系，但在浸泡前期表现明显，当玉米籽粒吸水达到平衡后，玉米籽粒的吸水量就不再增加，而且略有降低。这是因为随时间延长，蛋白质逐渐变性，减弱与水的亲和力，失去了结合的水分子。玉米籽粒在浸泡 40h 时吸收水分已达最大值，考虑到蛋白质和其他可溶性物质的浸出情况，把浸泡时间一般控制在 50h 左右。

浸泡温度。温度过低，浸泡效率低，杂菌易生长繁殖；温度增高，可使玉米粒的膨胀速度加快，缩短浸泡时间。但超过 55℃，就会抑制乳酸菌生长，超过 60℃ 就会引起蛋白质变性，使蛋白质凝固不易与淀粉分开。工业生产上一般控制浸泡温度在 48℃ ~52℃。

（4）玉米的破碎与胚芽分离

①玉米破碎

玉米破碎的目的就是要把玉米破碎成碎块，使胚芽与胚乳分开，并释放出一定数量的淀粉。在破碎后要尽可能地将胚芽分离出来，因为它所含的玉米胚芽油有很高的商品价值，而且淀粉产品对脂肪含量的要求非常严格，如果胚芽中的油分散到胚乳中，会严重影响淀粉产品的质量。

玉米淀粉生产中常用的破碎设备是脱胚磨也叫齿盘破碎机（如图 7-7 所示）。由于脱胚磨的主要结构为带凸齿的动盘和定盘，所以脱胚磨又称凸齿磨。凸齿磨由齿盘、主轴齿盘间隙调节装置、主轴支承结构、电机、机座等组成，其主要工作部件是一对相对的齿盘，齿盘有多种形式，脱胚磨选用牙齿条缝齿盘，其中一个转动，另一个固定不动，两齿盘呈凹凸形，即动盘和静盘上同心排列的齿相互交错。齿盘上梯形齿呈同心圆分布，在半径较小处，齿的间隙大；半径较大处，齿的间隙小。物料在重力作用下从进料管自由落入机壳内，经拨料板迅速进入动盘与定盘之间。由于两齿盘的相对旋转运动以及凸齿在盘上内疏外密的特殊布置，物料在两盘间除受凸齿的机械作用扰动外，还受自身产生的离心力作用，在动、静齿缝间隙向外运动。玉米粒运动时，最初的齿间距大，玉米成整粒破碎；有利于进料，运动到齿盘外端部时，齿间距变小，物料受离心力较大，粉碎作用加强，这样玉米粒在动、静齿盘及凸齿的剪切、挤压和搓撕作用下被破碎。

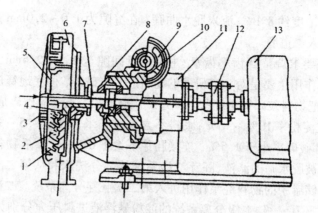

图7-7 齿盘破碎机

1-动齿盘，2-静齿盘，3-螺孔，4-拨料器，5-门盖，6-外壳，7-主轴，

8-注油孔，9-调节手柄，10-轴承座，11-支撑座，12-联轴器，13-电机

进入破碎机的物料，固液相之比应为1:3，以保证破碎要求，如果含液相过多，通过破碎机速度快，达不到破碎效果。如果固相过多，会因稠度过大，而导致过度破碎，使胚芽受到破坏。

②胚芽分离

胚芽分离常用的设备是旋液分离器，破碎的玉米物料进入收集器，在0.25~0.5MPa压力下泵入旋液分离器，破碎玉米的较重颗粒做旋转运动，并在离心力作用下抛向锥体内壁，沿着内壁移向底部流出。胚芽和部分玉米皮壳密度较小，被集中在设备的中心部位，经过顶部中央管溢流排出。

在分离阶段，进入旋液分离器的浆料中淀粉乳浓度很重要，第一次分离应保持11%~13%，第二次分离应保持13%~15%。粗破碎及胚芽分离过程中，大约有25%的淀粉破碎形成淀粉乳，经筛分后与细磨碎的淀粉乳汇合。分离出来的胚芽经漂洗，进入副产品处理工序。

经旋液分离器分离出的胚芽，含有一定量的淀粉乳浆液，应将这部分淀粉乳进行回收，并洗净附着在胚芽表面的胚乳。胚芽与淀粉乳的分离是采用曲面筛湿法筛理，然后用水洗涤胚芽以洗去游离淀粉，目前常用重力曲筛洗涤胚芽。

③玉米破碎、胚芽分离的工艺方法

一般采用二次破碎，二次分离胚芽的方法。二次破碎的作用在于彻底地释放出胚芽。第一次为粗磨，第二次为细磨。使用这种方法破碎的玉米损坏的胚芽少，可改善胚芽悬浮物的分离效果，使工艺过程的每一步都保持低的脂肪含量。二次分离胚芽，可提高胚芽的收率，降低胚芽的破碎率，改善胚芽质量。

第一次破碎首先要求调节凸齿磨齿盘、主轴齿盘间隙至2.5~3cm，然后让浸泡后玉入头道磨，软化的玉米经粗磨破碎后被破碎成4~6瓣，释放出85%以上的胚芽和20%~25%的淀粉，料浆含整粒玉米量不超过1%，浓度7~9°Bé连接胚芽量占过滤稀浆质量不大于2.5%。第一次破碎后的悬浮液流入头道磨储罐，在罐内被胚芽分离系统的回流液、胚芽洗涤系统的洗水混合稀释，稀释后的物料在泵作用下进入旋液分离器进行胚芽初次分离。

初次胚芽分离系统采用了两级，以保证胚芽提取的纯率和提取率。进入初次胚芽一级、二级分离系统的淀粉悬浮液进料压力分别为0.5~0.65MPa和0.12~0.20MPa，从初次胚芽分离器得到的浆料浓度约 8°Bé，流入脱水曲筛，在缝隙为 1.0 ~ 2.0mm 的弧形筛上过滤，滤去粉浆，筛上物流入二道磨。

二次破碎首先要求调整凸齿磨齿盘、主轴齿盘间隙至 2.2 ~ 2.5cm，然后进行第二次破碎。第二次破碎的作用主要是对头道研磨的物料进一步破碎，彻底地释放出与胚乳粒相连接的胚芽，因此，要把物料破碎得更细些。经过二次破碎后，玉米应破碎成 10 ~ 12 瓣，游离胚芽大于 95%，释放淀粉率 10% ~ 15%；浆料不含整粒玉米，浓度 7.5 ~ 9.5°Bé，干物质含量 250 ~ 300g/L，胚芽破碎率小于 1.5%，连接胚芽不大于 0.3%。磨后物料流入第二级磨后储罐，并且罐内物料被脱水筛的滤液、胚芽洗涤系统的部分洗水和从第二次胚芽分离系统返回的回流液所稀释，储罐中的物料经泵作用进入第二次胚芽分离系统。二次胚芽分离系统仍采用两级。进入二次胚芽一级、二级分离系统的淀粉悬浮液进料压力分别为 0.5 ~ 0.65MPa，0.12 ~ 0.20MPa。经二次分离后底流得到的淀粉悬浮液的浓度为 12% ~ 15%；稠度为 280g/L，胚芽含量不应超过 0.5%。顶流（溢流）中纤维含量应尽可能低的，顶部排出的胚芽及其携带的淀粉乳进入重力筛进行洗涤。

胚芽洗涤要在胚芽洗涤曲筛上进行，洗涤曲筛也是重力曲筛，只是筛缝间隙比脱水曲筛要小一些，洗涤用水为 SO_2 含量为 0.025% ~ 0.3% 的亚硫酸水。筛分和洗涤要进行三次逆流洗涤，胚芽从第一级给入，在第三级离开洗涤系统，而洗水从第三级给入，在第一级离开系统将淀粉洗出并与水一起进入精磨前储罐。胚芽洗涤后游离淀粉含量小于 1.0% 洗后的胚芽进入胚芽脱水挤压机。

经过玉米破碎、胚芽分离工序后，提胚率一般要求大于 98%，脱胚后浆液浓度 8 ~ 10°Bé。

(5)玉米精磨与纤维分离

玉米淀粉生产经过破碎和分离胚芽之后，物料中含有淀粉粒、麸质。种皮以及胚乳碎粒，有相当数量的淀粉仍包含在胚乳碎粒和种皮内，以淀粉颗粒状态存在，精磨的目的就是把与蛋白质、纤维结合的豆乳淀粉从中游离出来，最大限度的回收淀粉。

①精磨设备

精磨的主要设备有砂盘磨、锤碎机、冲击磨等。冲击磨又称针磨，是应用更多的精磨。冲击磨又分立式和卧式两类，如图 7 - 8 所示是一种卧式冲击磨的结构示意图，冲击磨的关键部件是动盘和定盘，动盘是一旋转的圆盘，柱形的动针由中心向边缘分布在同心圆周上，并且每后面一排的各针柱之间的距离逐渐缩小。定盘又叫静盘，也装有针柱，一般动盘有四排针柱，定盘有三排针柱，定盘上的针柱与动盘的针柱以相位移状态排列。电机通过液力偶合器与主机直联，驱动主轴与转盘，带动动盘高速旋转。物料由中心口喂入后在离心力作用下向四周分散，进入高速旋转的动盘中心，在动针、定针间反复受到猛烈冲击被打碎。物料中所含淀粉经猛烈冲击振动后，与纤维结构松脱从而被最大限度地游离出来，纤维则因有较强的韧性而不易撞碎，形成大片的渣皮，这种状态要比一般粉碎机所得到细糊状渣皮更有利于筛出游离淀粉。精磨时物料的浓度需用稀浆或工艺水加以调节，使含水量保持在 75% ~ 95% 的范围内，如进料的含水量增加到 80% 以上时，会使精磨的效果变差。精磨前物料的温度为 33℃ ~ 35℃，磨碎后物料的温度为 39℃ ~ 40℃，也就是说精磨情况良好，物料的温度会上升。

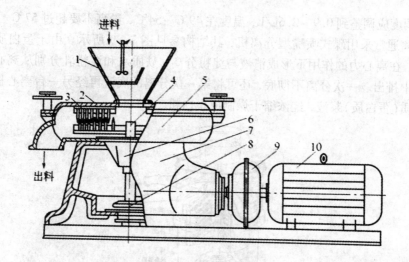

图7－8 卧式冲击磨的结构示意图

1－供料器，2－上盖，3－定针压盘，4－转子，5－机体，6－上轴承座，

7－机座，8－底轴承座，9－液力偶合器，10－电机。

②纤维的分离与洗涤

浆料磨碎以后形成悬浮液，其中含有游离淀粉、麸质和纤维素。为了得到纯净的淀粉，把悬浮液中各组成成分完全分离开来，就要用筛分设备对浆料进行筛理，通常采用压力曲筛对浆料的纤维皮渣进行分离洗涤（压力曲筛的介绍见淀粉的提取工艺部分）。

③精磨与纤维分离、洗涤工艺方法

磨筛工艺流程一般采用1～2级精磨，5～7级逆流洗涤工艺。精磨后的浆料进入纤维洗涤槽，在此与其后洗涤纤维所得的洗涤水一起泵入压力曲筛系统。第一曲筛的筛孔最小为50μm，筛下物淀粉乳进入下道工序处理，第二道至第七道曲筛筛孔为75μm，用于筛理第一道曲筛的筛上物，即每道曲筛的筛上物依次输送到下一道曲筛进一步筛洗，直至将渣滓中的游离淀粉清理干净。而第二道至第七道曲筛的筛下物，则携带着洗涤下来的游离淀粉逐级向前移动，用来稀释和清洗前道曲筛的筛上物渣滓，直到第一级筛前洗涤槽中与精磨后浆料合并，共同进入第一级压力曲筛，分出粗淀粉乳。筛面上的纤维、皮渣经几次筛分洗涤后，从最后二级曲筛筛面排出，然后经螺旋挤压机脱水送入纤维饲料工序。这种逆流筛选工艺可节约洗渣水，并可最大限度地提取淀粉乳，使纤维、皮渣带走的淀粉减至最低限度。

在皮渣筛洗过程中，浆液温度应保持在45℃～55℃，SO_2浓度为0.05%，pH为4.3～4.5，保持一定浓度的SO_2是为了抑制悬浮液中微生物的活动，从第一道曲筛得到的筛下物淀粉乳液应含有10%～14%的干物质，纤维细渣的含量不应超过0.1%，从最后一道曲筛排出的筛上物皮渣中，游离淀粉不应超过4.5%，皮渣中结合淀粉的含量则取决于玉米的浸泡程度以及浆料精磨时的磨碎程度。

（6）麸质分离与淀粉洗涤

①麸质分离

通过曲筛逆流筛洗流程第一道曲筛的乳液中的干物质是淀粉、蛋白质和少量可溶性成分的混合物，干物质中有5%～6%的蛋白质，但经过浸泡过程中SO_2的作用，蛋白质与淀粉已基本游离开来，利用离心机可以使淀粉与蛋白质分离。在分离过程中，淀粉乳的pH应调到

3.8~4.2，稠度应调整到 0.9~2.6g/L，温度在 49℃~54℃，最高不要超过 57℃。

麸质分离通常采用碟式喷嘴型分离机，其结构参见图 7-9 所示。由于蛋白质的相对密度小于淀粉，在离心力的作用下形成清液与淀粉分离，麸质水和淀粉乳分别从离心机的溢流和底流喷嘴中排出。一次分离不彻底，还可将第一次分离的底流再经另一台离心机分离。分离出来的麸质（蛋白质）浆液，经浓缩干燥制成蛋白粉。

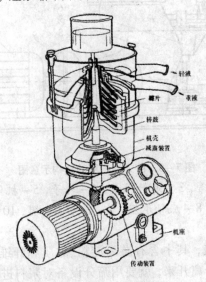

图 7-9　碟式喷嘴型分离机

②淀粉洗涤

分离出蛋白质的淀粉悬浮液含干物质含量为 33%~35%，其中还含有 0.2%~0.3% 的可溶性物质，这部分可溶性物质的存在对淀粉质量有影响，特别是对于加工糖浆或葡萄糖来说，可溶性物质含量高，对工艺过程不利，严重影响糖浆和葡萄糖的质量。通常对生产干淀粉所用的湿淀粉清洗两次，生产糖浆要清洗三次，生产葡萄糖要清洗四次，清洗后的淀粉乳中可溶性物质含量应降低到 0.1% 以下。

为了排除可溶性物质，降低淀粉悬浮液的酸度和提高悬浮液的浓度，可利用真空过滤机或沉浆离心机进行洗涤，淀粉厂多采用多级旋液分离器进行逆流清洗，清洗时的水温应控制在 49℃~52℃。

③麸质分离、洗涤的工艺方法

麸质分离即用分离机对淀粉乳进行初级分离，然后再进行淀粉乳的精制洗涤。在这种工艺中，精磨后的淀粉乳进入第一级分离质，得到的淀粉乳约 11~13°Bé，然后与第二级旋液分离器的顶流混合后用泵送入第一级旋液分离器，第一级旋液分离器的溢流进入中间浓缩机分离出麸质和细淀粉旋液分离麸质和第一级分离机分离出的麸质混合后进入麸质处理工序，细淀粉乳回到第一级分离机前的淀粉罐。第一级旋液分离器的底流经第三级旋液分离器的溢流稀释后用泵送入第二级旋液分离器。底流顺次将淀粉乳送入最后一级旋液分离器，溢流顺次将麸质返回到中间浓缩机。洗水从最后一级泵前加入，精淀粉乳从最后一级底液排出，精淀粉乳浓度为 20~22°Bé。

④淀粉乳工艺指标

淀粉乳工艺指标见表 7-3。

表7-3 淀粉乳工艺指标

项目	细淀粉乳	精淀粉乳
蛋白质含量(以干基计)(%)	6~8	0.4~0.5
SO_2 含量(%)	0.035~0.045	0.001~0.015
可溶性物质含量(%)	2.5~5.0	≤0.25
物料温度(℃)	35~40	40~45
物料浓度(°Bé)	6~7.5	20~22

(7)淀粉乳脱水与湿淀粉干燥

精制后的淀粉乳含水60%左右,需要把水分降低到40%以下才能进行干燥处理,常用脱水设备有卧式刮刀离心机。经过脱水后淀粉含水38%左右。

脱水后的湿淀粉进入干燥机供料器,再由螺旋输送器按所需数量送入疏松器。在疏松器内进入淀粉的同时,送入热空气,这种热空气是预先经过净化,并在加热器内加热至140℃。由于风机在干燥机的空气管路中造成真空状态,使空气进入疏松器。疏松器的旋转子把进入的淀粉再粉碎成极小的粒子,使其与空气强烈搅和。形成的淀粉-空气混合物在真空状态下在干燥器的管线中移动,经干燥管进入旋风分离器,淀粉在这样的运动过程中变干。在旋风分离器中混合物分为干淀粉和废气。旋风分离器中沉降的淀粉沿着器壁慢慢掉下来,并经由螺旋输送器排至筛分设备,从而得到含水量为12%~14%、细度(100目筛上物)小于0.5%,pH为5~6.4,SO_2含量小于40ul/L的纯净、粉末状淀粉。

3.玉米淀粉的质量标准

中华人民共和国国家标准GB12309-90食用玉米淀粉感官和理化指标见表7-4和表7-5。

(1)感官要求 见表7-4。

表7-4 食用玉米淀粉感官指标

项目	等级		
	优级品	一级品	二级品
外观	白色或微带浅黄色阴影的粉末,具有光泽		
气味	具有玉米淀粉固有的特殊气味,无异味		

(2)理化要求 见表7-5。

表7-5 食用玉米淀粉理化指标

项目	等 级		
	优级品	一级品	二级品
水分(%)	≤14.0		
细度(%)	≥99.8	≥99.5	≥99.0
斑点(个/cm²)	≤0.4	≤1.2	≤2.0
酸度[中和100g绝干淀粉消耗0.mol/NaHO溶液的体积(ml)]	≤12.0	≤18.0	≤25.0
灰分(干基%)	≤0.10	≤0.15	≤0.20
蛋白质(干基,%)	≤0.40	≤0.50	≤0.80
脂肪(干基,%)	≤0.10	≤0.15	≤0.25
SO₂(%)	≤0.004		
铁盐(Fe,%)	≤0.002		

任务2 薯类淀粉的生产

马铃薯是多年生草本植物,属块茎类,其主要物质含量随品种、土壤、气候条件、贮存条件及贮存时间而有较大波动。在薯块的化学成分中,淀粉占干物质量的80%,这也是马铃薯作为淀粉原料的主要依据。

本任务将完成马铃薯淀粉食品的加工,即采用马铃薯为原料生产马铃薯淀粉等加工工艺和操作要点的确定。

任务实施

一、马铃薯淀粉生产

1. 马铃薯淀粉加工工艺流程

①马铃薯淀粉生产总体工艺流程

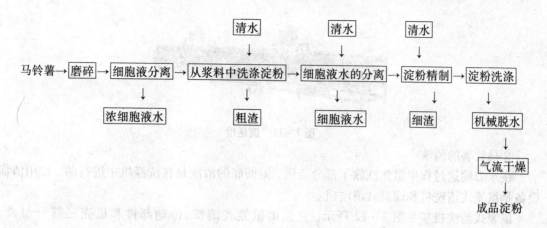

②全旋液分离器法生产马铃薯淀粉的工艺流程：全旋液分离器法是目前马铃薯淀粉生产的较先进工艺，其具体工艺流程如图7－10所示。

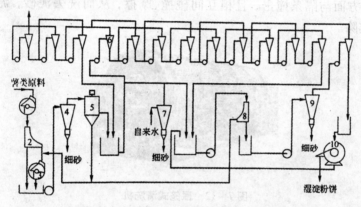

图7－10 采用旋液分离器生产湿淀粉的流程图

1、3－摩碎机，2、8－曲筛，4、7、9－脱砂旋流分离器，

5－旋转过滤器，6－旋液分离器，10－脱水离心机

薯块经清洗称重后进入粉碎机磨碎，然后浆料在筛上分离出粗粒进入第二次破碎，之后用泵送入旋液分离器机组，旋液分离器机组一般安排3~19级，经旋液分离后将淀粉与蛋白质、纤维分开。这一生产工艺特点是，不用分离机、离心机或离心筛等设备，而是采用旋液器，相比之下这是较有效且现代化的淀粉洗涤设备。采用这一新工艺只需传统工艺用水量的5%，淀粉回收率可达99%，节省生产占地面积，还为建立无废水的马铃薯淀粉生产创造条件。

2. 操作要点

（1）原料的输送与清洗

①原料的运送

鲜薯的输送一般采用流水输送槽来完成。输送槽参见图7－11所示，是由具有一定倾斜度的水槽及水泵组成，槽宽23~27cm；深为30~33cm，槽底倾斜度为1%~2%，水流速度为1m/s，槽中操作水位为槽深的75%，用水量一般为物料重的3~5倍，输送途中同时可除去80%的石块和泥土。

图7-11 流送槽

②马铃薯的清洗

在水力输送过程中虽然洗除了部分杂质,但彻底的清洗是在洗涤机中进行的,常用清涤设备是鼠笼式清洗机和螺旋式清洗机。

鼠笼式清洗机参见图7-12所示,它是由鼠笼式滚筒、传动部件和机壳三部分组成。鼠笼一般长2~4m,直径0.6~0.8m,螺距0.2~0.25m。工作时,鼠笼直径的1/3左右浸在水池中,物料由一端喂入。在机器转动时,浸泡在水中的薯块一方面沿螺旋线向另一端运动,另一方面与隔条撞击,且相互间碰撞、摩擦,从而洗去泥砂,泥砂沉积池底,定时从排污口排除。

图7-12 鼠笼式清洗机

螺旋式清洗机有两种形式,即水平式和倾斜式,可以同时完成清洗和输送物料的任务。倾斜式螺旋清洗机参见图7-13所示,主要由螺旋输送器和清洗槽两部分组成。清洗槽与螺旋叶片轴呈夹角,物料与冲洗水成逆流方向运动,故能清洗得更干净。

图7-13 倾斜式螺旋清洗机

(2)马铃薯的破碎

目前马铃薯破碎常用的设备有锉磨机、粉碎机等。

①锉磨机

锉磨机它是通过旋转的转鼓上安装的带齿钢锯对进入机内的马铃薯进行粉碎操作。它由外壳、转鼓和机座组成,转鼓周围安装有许多钢条。鲜薯由进料斗送入转鼓与压紧齿刀间而被破碎,破碎的糊状物穿过筛孔送入下道工序处理,而留在筛板上的较大碎块则继续被破碎,通过筛孔。

②锤式粉碎机

锤式粉碎机是一种利用高速旋转的锤片来击碎物料的设备。薯类淀粉加工厂使用的是切向进料式锤片式粉碎机，它由机体、喂料斗、转盘、锤片、齿板和筛片组成。工作时，物料由喂料斗进入粉碎室，首先受到高速旋转的锤片打击而飞向齿板，然后与齿板发生撞击又被弹回。于是，再次受到锤片打击和与齿板相撞击，物料颗粒经反复打击和撞击后，就逐渐成为较小的碎粒，而从筛片的孔中漏出，留在筛面上的较大颗粒，再次受到锤片的打击以及在锤片与筛片之间受到摩擦，直到物料从筛孔中漏出为止。

薯块在粉碎后，细胞中所含的氢氰酸会释放出来，氢氰酸能与铁质反应生成亚铁氰化物，呈淡蓝色。因此，凡是与淀粉接触的粉碎机和其他机械及管道都是用不锈钢或其他耐腐蚀的材料制成。此外，细胞中的氧化酶释出，在空气中氧的作用下，组成细胞的一些物质发生氧化，导致淀粉色泽发暗，因此，在粉碎时或打碎后应立即向打碎浆料中加入亚硫酸以遏制氧化酶的作用。

（3）细胞液的分离

磨碎后，从马铃薯细胞中释放出来的细胞液是溶于水的蛋白质、氨基酸、微量元素、维生素及其他物质的混合物。天然的细胞液中含干物质 4.5% ~ 7%，占薯块总干物质含量的 20% 左右，细胞液在空气中氧气的作用下发生氧化，导致淀粉的颜色发暗。为了合理地利用马铃薯中的营养成分，改善加工淀粉的质量，提高淀粉产量，应将这部分细胞液进行分离。

分离细胞液的工作主要由卧式螺旋卸料沉降离心机完成。卧式螺旋卸料离心机简称卧螺参见图 7-14 所示，主要是由螺旋推料器、转鼓、差速器以及机座等组成的。螺旋推料器、转鼓是由两个不相同的转速的动力输入，转向一致，但是由于差速器作用而有一定的差转速产生。从进料管中处理液进入离心机转鼓内，可以让转鼓在高速运转所产生的离心力能够让质量大于液体的固形物被甩到转鼓内壁，从而将分离液挤向内层。沉结转鼓内壁的固体，被螺旋推料器推向排渣口排出机之外，而分离的滤液则是通过转鼓大端盖溢流孔排出机外。转鼓以及螺旋推料器都可以通过变频调速而产生不同的转速和差速，能够随着不同物料浓度、流量、泥渣干度的变化而实现无级可调，达到最佳的分离效果达到。特别适于马铃薯淀粉生产工厂使用。通过分离可使沉淀物中干物质含量达到 32% ~ 34%，分离的细胞液中含淀粉 $0.5 ~ 0.6g/L$。

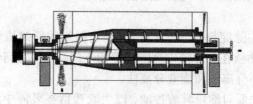

图 7-14 卧式螺旋卸料沉降离心机

（4）纤维的分离与洗涤

马铃薯块茎经破碎后所得到的淀粉浆，除含有大量的淀粉以外，还含有纤维和蛋白质等组分，这些物质不除去，会影响成品质量，通常是先分离纤维，然后再分离蛋白质。纤维的分离与洗涤常采用筛分设备进行，包括平面往复筛、六角筛（转动筛）、高频惯性振动筛、离心筛和曲筛等，较大的淀粉加工厂主要使用离心筛和曲筛。筛分工序包括筛分粗纤维、筛分细纤维、回收淀粉。

①离心筛分离粉渣

离心筛如图7-15所示，它是借助离心力分离纤维的设备，其工作原理是使磨碎的马铃薯浆液由进料口加速后，均匀撒向筛体底部，由于离心筛离心力的作用，物料沿筛体主轴线向上滑移，淀粉和水通过筛孔甩离筛体，汇集于机壳下部排出，而含纤维的渣子体积较大，被筛网所截，留存在筛网上，并逐渐滑向筛体大端，其间再用水喷淋洗涤，将纤维夹带的淀粉充分地洗涤下来。纤维在网面上移动过程中不断脱水，最后由筛体大口滑出，甩离筛体，排出机外，这样就将浆液分成淀粉乳和粉渣两部分。实际生产中使用离心筛多是四级连续操作，中间不设储槽，而是直接连接，粉浆靠自身重力由上而下逐级流下，对留在筛上的物料进行逐级逆流洗涤。破碎的浆料先经孔宽为125~250μm的粗渣分离筛，筛下含细渣的淀粉乳送至孔宽为60~80μm的细渣分离筛，将粗渣与细渣分离的方法可以减少粗渣与细渣上附着的淀粉和改善浆料的过滤速率。一般一级筛进料浓度为12%~15%，二级筛进料浓度为10%~12%，三级、四级筛进料浓度为4%~6%。

图7-15 卧式离心筛

②曲筛分离纤维

此工段是在七级曲筛上进行。在第一次和第二次浆料洗涤时用46#卡普隆网；在第一、二、三、四次渣滓洗涤时用43#卡普隆网，第一次及第二次浆料洗涤得到的淀粉乳进入三足式下部卸料自动离心机分离出细胞液水，然后用清水稀释并在64#卡普隆网曲筛上精制，筛上细渣返回到磨碎后浆料收集器中，再次经过洗涤分离。

(5)淀粉乳的洗涤

筛分出来的淀粉乳中除淀粉外，还含有蛋白质、极细的纤维渣和土沙等，是几种物质的混合悬浮液。依据这些物质在悬浮液中沉降速率的不同，可将它们分开。分离蛋白质有多种方法，比较先进的是离心分离法和旋液分离法。

在分离蛋白质前，先要对淀粉乳液过滤，以去除残留在乳液中的杂物，自净式过滤器可将固体物质与乳液分离。乳液进入进口压力为0.15~0.2MPa的旋流除砂器，将乳液中的微小沙粒除去，使淀粉乳液更加纯净，然后进入淀粉精制工艺。

①离心分离法

由于马铃薯淀粉乳中蛋白质含量比玉米淀粉乳要少，因此，一般只采用二级分离，即用两台分离机顺序操作。进入第一级离心机的淀粉乳浓度为13%~15%，进入第二级离心机的淀粉乳浓度为10%~20%。送入精制工序的淀粉乳中的细渣含量按干物质计约4%~8%，经一级精制的淀粉乳含渣量不高于1%，经二级精制的含渣量不高于0.5%。

②旋液分离法

旋液分离器是此法的主要设备。由于马铃薯淀粉原料中蛋白质含量较低，而且淀粉颗粒也比玉米淀粉粒、小麦淀粉粒要大一些，因此，可有效使用旋液分离器分离淀粉乳中的蛋白质及其他杂质。

在实际生产中，由于每个分离器可处理 300L/h 磨碎乳，因此通常采用多个旋液分流器并联组成一级，19 级串联成整个分离和洗涤系统。清水由最后一级加入，每吨马铃薯约耗水 400L，采用顺次逆流洗涤方式。

旋液分离器中的第 1～3 级用作淀粉、蛋白质与渣的分离；第 4～8 级为淀粉乳浓缩用；第 9～19 级为淀粉乳洗涤用。精制淀粉乳的浓度为 22.5°Bé，蛋白质含量可达 0.5% 以下。

（6）淀粉乳的脱水与干燥

经过精制的淀粉乳水分含量为 50%～60%，不能直接进行干燥，应先进行脱水处理。马铃薯等淀粉的脱水和干燥与玉米淀粉的相似，采用机械脱水处理，主要设备是转鼓式真空吸滤机或卧式自动刮刀离心脱水机，经脱水后的湿淀粉含水量可降低到 37%～38%。

为了便于运输和贮存，对湿淀粉必须进一步干燥处理，使水分含量降至安全水分以下。中、小型淀粉厂使用较广泛的带式干燥机，大型淀粉厂普遍使用气流干燥工艺，马铃薯淀粉干燥温度一般不能超过 55℃～58℃，干燥淀粉往往粒度很不整齐，需要经过磨碎、过筛等操作，进行产品整理以供应市场。带式干燥机得到淀粉，采用筛分方法处理，而气流干燥机得到的淀粉为粉状，可直接作为成品出厂。

二、甘薯淀粉生产

生产甘薯淀粉原料可以是鲜甘薯和甘薯干，因原料有差异，所采用的工艺亦有差别。鲜甘薯由于不便运输，储存困难，必须及时加工，因其季节性强，一般只能在收获后两三个月内完成淀粉生产，采用的方法也多为作坊式生产。以薯干为原料，可采用机械化常年生产，技术也相对此较先进。

1. 以薯干为原料生产甘薯淀粉的工艺流程

甘薯干→预处理→浸泡→破碎→筛分→流槽分离→碱处理→清洗→酸处理→清洗→离心分离→干燥→成品淀粉

2. 操作要点

（1）预处理

甘薯干在加工和运输过程中混入了各种杂质，所以必须经过预处理。方法有干法和湿法两种，干法是采用筛选风选及磁选等设备除去杂质；湿法是用洗涤机或洗涤槽清洗除去杂质。

（2）浸泡

为了提高淀粉出品率和防止薯浆变色及发酵可采用石灰水浸泡；使浸泡液 pH 为 10～11，浸泡时间约 12h，温度控制在 35℃～40℃，浸泡后甘薯片的含水量为 60% 左右。然后用水淋洗，洗去色素和尘土。

（3）磨碎

磨碎是薯干淀粉生产的重要工序。磨碎的好坏直接影响到产品的质量和淀粉的回收率。浸泡后的甘薯片随水进入锤片式粉碎机进行破碎；一般采用二次破碎，即甘薯片经第一次破碎后，筛分出淀粉，再将筛上薯渣进行第二次破碎，然后过筛，在破碎过程中，为控制瞬时温升，根据二次破碎粒度的不同，调整粉浆浓度，第一次破碎为 3～3.5°Bé，第二次破碎为 2～2.5°Bé。

（4）筛分

经过磨碎得到的甘薯糊，必须进行筛分，分离出粉渣。筛分一般进行粗筛和细筛两次处理。粗筛使用 80 目尼龙布，细筛使用 120 目尼龙布。在筛分过程中，由于浆液中所含有的果胶等胶体物质易滞留在筛面上，影响筛分的分离效果，因此应经常清洗筛面，保持筛面畅通。

（5）流槽分离

经筛分所得的淀粉乳，还需进一步将其中的蛋白质、可溶性糖类、色素等杂质除去，一般采用流槽沉淀，淀粉乳流经流槽，相对密度大的淀粉沉于槽底，蛋白质等胶体物质随汁水流出至黄粉槽，沉淀的淀粉用水冲洗入漂洗池。

（6）碱、酸处理和清洗

用碱处理的目的是除去淀粉中的碱溶性蛋白质和果胶杂质。方法是将 1°Bé 稀碱溶液缓慢加入淀粉乳中，使其 pH 为 12，启动搅拌器以 60r/min 转速搅拌 30min，充分混合均匀后，停止搅拌，待淀粉完全沉淀后，将上层废液排放掉，注入清水清洗两次，使淀粉浆接近中性。

用酸处理的目的是溶解淀粉浆中的钙、镁等金属盐类。淀粉乳在碱洗过程中往往增加了这类物质，如不用酸处理，总钙量会过高，用无机酸溶解后再用水洗涤除去，便可得到灰分含量低的淀粉。处理方法是将工业盐酸缓慢倒入，充分搅拌，防止局部酸性过强，控制淀粉乳 pH 为 3 左右、搅拌 30min 左右，完全沉淀后，排除上层废液，加水清洗，直至淀粉呈微酸性；以 pH 6 左右为好。

（7）离心脱水

清洗后得到的湿淀粉的水分含量达 50%～60%，用离心机脱水，使湿淀粉含水量降到 38% 左右。

（8）干燥

湿淀粉经烘房或气流干燥系统干燥至水分含量为 12%～13%，即得成品淀粉。

任务3 淀粉糖浆加工

本任务将完成淀粉糖食品的加工，即采用淀粉为原料生产淀粉糖等加工工艺和操作要点的确定。

任务实施

一、淀粉糖浆加工

淀粉糖浆是淀粉经不完全水解的产品，为无色、透明、黏稠的液体，贮存性质稳定，无结晶析出。糖浆的糖分组成主要是葡萄糖、低聚糖、糊精等。各种糖分组成比例因水解程度和采用糖化工艺而不同，产品种类多，具有不同的物理和化学性质，符合不同应用的需要。在酸作用下，淀粉水解的最终产物是葡萄糖，在淀粉酶作用下，随酶菌种类不同产物各异。一般都采用酸法工艺。

1. 生产工艺流程

淀粉→ 调粉 → 糖化 → 中和 → 脱色 → 浓缩 →糖浆

2. 操作要点

（1）调粉

在调粉桶内先加部分水（可使用离交或滤机洗水），在搅拌情况下加入淀粉原料，投料完毕，继续加水使淀粉乳达到规定浓度（40%），然后加入盐酸调节至规定 pH 值。

（2）糖化

调好的淀粉乳，用耐酸泵送入糖化罐，进料完毕打开蒸气阀升压力至 0.28MPa 左右，保持该压力 3～5min。取样，用 20%碘液检查糖化终点。糖化液遇碘呈酱红色即可放料中和。

（3）中和

糖化液转入中和桶进行中和，开始搅拌时加入定量废炭作助滤剂，逐步加入 10%碳酸钠溶液中和，要掌握混和均匀，达到所需的 pH 值后，打开出料阀，用泵将糖液送入过滤机。滤出的清糖液随即送至冷却塔，冷却后糖液进行脱色。

（4）脱色

清糖液放入脱色桶内，加入定量活性炭随加随拌，脱色搅拌时间不得少于 5min（指糖液放满桶后），然后再送至过滤机，滤出清液盛放在贮桶内备用。

（5）离子交换

将第一次脱色滤清液送至离子交换滤床进行脱盐、提纯及脱色。糖液通过阳－阴－阳－阴 4 个树脂滤床后，在贮糖桶内调整 pH 值至 3.8～4.2。

（6）第一次蒸发

离子交换后，准确调好 pH 值的糖液，利用泵送至蒸发罐，保持真空度在 66kPa 以上，加热蒸气压力不得超过 0.1MPa，控制蒸发浓缩的中转化糖浆浓度在 42～50%左右。可出料进行第二次脱色。

（7）二次脱色过滤

经第一次蒸发后的中转化糖浆送至脱色桶，再加入定量新鲜活性炭，操作与第一次脱色相同。二次脱色糖浆必须反复回流过滤至无活性炭微粒为止，方可保证质量。然后将清透、无色的中转化糖浆，送至贮糖桶。

（8）第二次蒸发

该道操作基本上与第一次蒸发操作相同，只是第二次蒸发开始后，加入适量亚硫酸氢钠溶液（35°Bé），能起到漂白而保护色泽的作用。蒸发至规定的浓度，即可放料至成品桶内。

二、麦芽糊精加工

麦芽糊精的加工有酸法、酶法和酸酶结合法三种。酸法工艺产品，DP1～6 在水解液中所占的比例低，含有一部分分子链较长的糊精，易发生浑浊和凝结，产品溶解性能不好，透明度低，过滤困难，工业上生产一般已不采用此法。酶法工艺产品，DP1～6 在水解液中所占的比例高，产品透明度好，溶解性强，室温储存不变浑浊，是当前主要的使用方法。酶法生产麦芽糊精 DE 值在 5%～20%之间，当生产 DE 值在 15%～20%的麦芽糊精时，也可采用酸酶结合法，先用酸转化淀粉到 DE 值为 5%～15%，再用 α－淀粉酶转化到 DE 值为 10%

~20%，产品特性与酶法相似，但灰分较酶法稍高。下面以大米（碎米）为原料介绍酶法生产工艺。

1. 麦芽糊精的酶法生产工艺流程

原料（碎米）→ 浸泡清洗 → 磨浆 → 调浆 → 喷射液化 → 过滤除渣 → 脱色 → 真空浓缩 → 喷雾干燥 →成品

2. 操作要点

（1）原料预处理

以碎大米为原料，用水浸泡 1~2h，水温 45℃ 以下，用砂盘淀粉磨湿法磨粉，粉浆细度应 80% 达 60 目。磨后所得粉浆，调浆至浓度为 20~23°Bé，此时糖化液中固形物含量不低于 28%。

（2）喷射液化

采用耐高温 α–淀粉酶，用量为 10~20U/g，米粉浆质量分数为 30%~35%，pH 在 6.2 左右。一次喷射入口温度控制在 105℃，并于层流罐中保温 30min。而二次喷射出口温度控制在 130℃~135℃，液化最终 DE 值控制在 10%~20%。

（3）喷雾干燥

由于麦芽糊精产品一般以固体粉末形式应用，因此必须具备较好的溶解性，通常采用喷雾干燥的方式进行干燥。其主要参数为：进料质量分数 40%~50%，进料温度 60℃~80℃，进风温度 130℃~160℃，出风温度 70℃~80℃，产品水分≤5%。

3. 麦芽糊精的应用

麦芽糊精是食品生产的基础原料之一，它在固体饮料、糖果、果脯蜜饯、饼干、啤酒、婴儿食品、运动员饮料及水果保鲜中均有应用。麦芽糊精另一个比较重要的应用领域是医药工业。

通常在采用喷雾干燥工艺生产干调味品（如香料油粉末）时，麦芽糊精可作为风味助剂进行风味包裹，可以防止干燥中风味散失以及产生氧化，并延长货架期，储存和使用更方便；利用麦芽糊精遇水生成凝胶的口感与脂肪相似，可作为脂肪替代品；在糖果生产中，利用麦芽糊精代替蔗糖制糖果，可降低糖果甜度，改变口感，改善组织结构，增加糖果的韧性，防止糖果"返砂"；在食品和医药工业中，利用麦芽糊精具有较高的溶解度和一定的黏合度，可作为片剂或冲剂药品的赋形剂、填充剂以及饮料、方便食品的填充剂。

三、麦芽糖浆（饴糖）加工

生产麦芽糖浆是利用 α–淀粉酶与 β–淀粉酶相配合，首先 α–淀粉酶水解淀粉分子中的 α–1,4–糖苷键，将淀粉任意切断成为长短不一的短链糊精及少量的低分子糖类，然后 β–淀粉酶逐步从短链糊精分子的非还原性末端切开 α–1,4–糖苷键，生成麦芽糖。工业上生产的麦芽糖浆产品种类很多，含麦芽糖量差别也大，但对产品分类尚没有一个明确的统一标准，一般分类法是把麦芽糖浆分为普通麦芽糖浆、高麦芽糖浆和超高麦芽糖浆。三种麦芽糖浆的组成情况见表 7–6。

表 7-6　　　　　　　　　　　麦芽糖浆的主要成分　　　　　　　　　　单位：%

类 别	DE 值	葡萄糖	麦芽糖	麦芽三糖	其他
普通麦芽糖浆	35～50	<10	40～60	10～20	30～40
高麦芽糖浆	35～50	<3	45～70	15～35	—
超高麦芽糖浆	45～60	1.5～2	70～85	8～21	—

（一）普通麦芽糖浆加工

普通麦芽糖浆系指饴糖浆。这是一种传统的糖品，为降低生产成本一般不用淀粉为原料，而是直接使用大米、玉米和甘薯粉作原料。现分别介绍以大米和玉米粉为原料的饴糖加工技术。

1. 大米饴糖加工

（1）大米麦芽糖加工工艺流程

大米→ 清洗 → 浸渍 → 磨浆 → 液化 → 冷却 → 糖化 → 加热 → 过滤 → 浓缩 →成品

（2）操作要点

①原料处理

以碎大米为原料，用水浸泡、湿法磨粉，粉浆细度应80%达60目。磨后所得粉浆，调浆至浓度为20～23？Bé，此时糖化液中固形物含量不低于28%。

②液化

液化有四种方法，即升温法、间歇法、连续法和喷射法。升温法是将粉浆置于液化罐中，添加α-淀粉酶，在搅拌下喷入蒸汽升温至85℃，直至碘反应呈粉红色时，加热至100℃以终止酶反应，冷却至室温。为防止酶失活，常添加0.1%～0.3%的氯化钙。如果用耐热性α-淀粉酶，可在90℃下液化，免加氯化钙。升温液化法因在升温糊化过程中物料黏度上升，导致搅拌不均匀，物料受热不一致，液化不完全，为此常用间歇液化法。即在液化罐中先加一部分水，由底部喷入蒸汽加热到90℃，再在搅拌下连续注入已添加α-淀粉酶和氯化钙的粉浆，同时保持温度为90℃，粉浆注满后停止进料，反应完成后，加热到100℃终止反应。

连续液化法开始时与间歇法相同，当粉浆注满液化罐后，90℃保温20min，再从底部喷蒸汽升温到97℃以上，在搅拌和加热作用下，分别从顶部进料和底部出料，保持液面不变。操作中液化罐内上部物料温度为90℃～92℃，下部物料温度为98℃～100℃，粉浆在罐中滞留时间只有2min，即可达到完全的糊化和液化。

喷射液化法是用喷射器进行糖浆的液化和糊化，适用于耐热性α-淀粉酶使用，设备体积小，操作连续化，液化完全，蛋白质易于凝聚，容易过滤，已在淀粉糖行业中推广使用。

③糖化

糖浆液化后由泵注入糖化罐冷却至62℃左右，添加1%～4%麦芽浆，搅拌下60℃保温2～4h，可使DE值从15%升至40%左右，随后升温至75℃，保持30min，然后升温至90℃保持20min，使酶完全失活。此时麦芽糖生成量在40%～50%左右。增加麦芽用量或延长糖化时间可增加麦芽糖生成量，但由于β-淀粉酶不能水解支链淀粉α-1,6-糖苷键缘故，其麦芽糖生成量最高不超过65%。

④过滤与浓缩

用板框压滤机趁热过滤，滤清的糖液应立即浓缩，以防由微生物繁殖等引起的酸败，糖液浓缩一般采用常压和真空蒸发相结合的方法进行。先在敞口蒸发器中浓缩到一定程度，然后在真空度不低于80kPa下蒸发浓缩到固形物含量为75%~80%。

板框压滤机参见图7-16所示，其工作原理是待过滤的料液通过输料泵在一定的压力下，从后顶板的进料孔进入到各个滤室，通过滤布，固体物被截留在滤室中，并逐步形成滤饼；液体则通过板框上的出水孔排出机外。

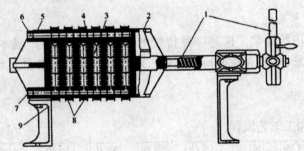

图7-16 卧式板框压滤机结构

1-压紧装置，2-压紧板，3-滤框，4-滤板，5-止推板，

6-滤液出口，7-滤浆进口，8-滤布，9-支架

板框压滤机的排水可分为明流和暗流两种形式。滤液通过板框两侧的出水孔直接排出机外的为明流式，明流的好处在于可以观测每一块滤板的出液情况，通过排出滤液的透明度直接发现问题；若滤液通过板框和后顶板的暗流孔排出的形式称为暗流。

2. 玉米饴糖加工

(1)玉米麦芽糖加工工艺流程

水、氯化钙、α-淀粉酶
↓
玉米粉→调浆→液化→冷却→糖化→过滤→真空浓缩→成品

(2)操作要点

①调浆

先把水放入调料罐，在搅拌状态下以玉米粉和水质量比1∶1.25加入玉米粉，然后加入已溶解好的0.3%的氯化钙，按投料数准确加入10U/g的α-淀粉酶，充分搅拌后利用位差压力流入液化罐。

②液化

调制好的浆料进入液化罐后，调节温度至92℃~94℃，pH控制在6.2~6.4，保持20min，然后打开上部进料阀门和底部出料阀门进行连续液化操作，液化的一般蒸汽压力在0.2MPa以下，1000kg料液约需90min，所得液化液用碘色反应为棕黄色，还原糖值(DE)在15%~20%之间。

③冷却、糖化

液化液泵入糖化罐，开动搅拌器，从冷却管里通入自来水冷却，温度下降到62℃时加入已粉碎好的大麦芽，按液化液的质量加入量为1.5%~2.0%，搅拌均匀后60℃糖化3h，还原糖值达38%~40%。

④过滤和浓缩

糖化液在搅拌状态下使温度升到80℃终止糖化,用过滤机过滤,在过滤液中加入2%活性炭,再次通过过滤机过滤。利用盘管加热式真空浓缩器将糖液浓缩到规定浓度。

(二)高麦芽糖浆加工

高麦芽糖浆是在普通麦芽糖浆的基础上,经除杂、脱色、离子交换和减压浓缩而成。精制过的糖浆,其蛋白质和灰分含量大大降低,溶液清亮,糖浆熬煮温度远高于饴糖,麦芽糖含量一般在50%以上。

生产高麦芽糖浆要求液化液DE值低一些为好,酸法液化DE值应在18%以上,酶法液化DE值只要在12%左右就可以满足要求。虽然生产高麦芽糖浆一般来说不必在液化结束后杀灭残留的α-淀粉酶,而可以直接进入糖化阶段,但如果工艺中要求葡萄糖含量尽量低;则最好要使液化液经过灭酶阶段。在葡萄糖生产中通常采用高温α-淀粉酶一次液化法,但在高麦芽糖浆生产中,两次加酶法可以克服过滤困难的问题。

1. 高麦芽糖浆的加工

将糖化液升温压滤,用盐酸调节pH至4.8,加0.5%~1.0%糖用活性炭,加热至80℃,搅拌30min后压滤,如脱色效果不好,则需进行二次脱色。脱色后的糖液送入离子交换柱以去除残留的蛋白质、氨基酸、有色物质和灰分。离子交换柱可按阳-阴-阳-阴串联。离子交换处理后的糖液在真空浓缩罐中,用真空度80kPa以下条件浓缩固形物浓度达76%~85%即为成品;用真菌α-淀粉酶生产高麦芽糖浆,一般不必杀死液化液带入的残余的α-淀粉酶活力,糖化结束时,除了常规的活性炭脱色和离子交换精制外,也不必专门采取灭酶措施。这样生产的高麦芽糖浆又称为改良高麦芽糖浆,其组成中麦芽糖占50%~60%、麦芽三糖约20%、葡萄糖2%~7%以及其他的低聚糖与糊精等。

2. 高麦芽糖浆制造工艺实例

干物浓度为30%~40%淀粉乳,在pH6.5时加细菌α-淀粉酶,85℃液化1h,使DE值达10%~20%,将pH调节到5.5,加真菌α-淀粉酶0.4kg/t,60℃糖化24h,可得到其中含麦芽糖55%、麦芽三糖19%、葡萄糖3.8%的生成物,过滤后经活性炭脱色,真空浓缩成制品。如糖化时与脱支酶同用,则麦芽糖生成量可超过65%。

(三)超高麦芽糖浆加工

麦芽糖含量高达75%~85%以上的麦芽糖浆称为超高麦芽糖浆,其中麦芽糖含量超过90%者也称作液体麦芽糖。生产超高麦芽糖浆的要求是获得最高的麦芽糖含量和很低的葡萄糖含量。单用真菌α-淀粉酶不能达到此目的,必须同时使用β-淀粉酶和脱支酶,β-淀粉酶的用量也应提高到高麦芽糖浆用量的2~3倍。糖化底物的低DE值和低浓度都有助于提高终产物中麦芽糖含量。一般都是利用耐熟性α-淀粉酶在90℃~105℃下高温喷射液化,DE值控制在5%~10%之间,甚至在5%以下,但DE值过低,会使液化不完全,影响后续工作的糖化速度及精制过滤。如果DE值偏高,会降低麦芽糖生成,提高葡萄糖生成量,因此,在控制低DE值的同时,必须保证糊化彻底,防止凝沉。液化液浓度也不应过高,工业上控制在30%左右,但过低会显著增大后面的蒸发负担。

利用β-淀粉酶和脱支酶协同作用糖化,麦芽糖生成率可达90%以上。这时淀粉液化程度应在DE值5%以下,液化液冷却后凝沉性强,黏度大,混入酶有困难,要分步糖化。先加入两种酶中的一种作用几小时后,黏度降低,再加另一种进行二次糖化。

糖液的精制有多种方法。如用活性炭柱吸附除去糊精和寡糖;用阴离子交换树脂吸附麦芽糖,以除去杂质,再把麦芽糖从柱上洗脱下来;用有机溶剂(如 30% ~50%丙酮)沉淀糖液中糊精,提高麦芽糖得率;应用膜分离、超滤、反渗透等方法也可以分离麦芽糖。

（四）结晶麦芽糖的加工

结晶麦芽糖的纯度一般要求达到97%,而酶直接作用于淀粉所得超高麦芽糖浆纯度一般只有90%,因此,必须对其进一步加以提纯。现在工业规模生产高纯度麦芽糖一般用阳离子交换树脂色层分离法和超滤膜分离法。如用 Dowex Amberlite 离子交换树脂分离含麦芽糖67.6%的高麦芽糖浆,分离后麦芽糖含量可提高到97.5%,三糖和三糖以上组分由31.1%降到1.5%。液体的麦芽糖能经喷雾干燥成粉末产品,水分含量为1% ~3%,这种产品呈粉末状,不是晶体,视密度很低,储存期间易吸潮,以即行包装为宜。

（五）麦芽糖的性质与应用

麦芽糖甜度为蔗糖的40%,常温下溶解度低于蔗糖和葡萄糖,但在 90℃ ~100℃,溶解度可达90%以上,大于以上两者。糖液中混有低聚糖时,麦芽糖溶解度大大增加,并且入口不留后味、良好的防腐性和热稳定性、吸湿性低、水中溶解度小的性质,且在人体内具有特殊生理功能。麦芽糖主要用于食品工业,尤其是糖果业,用高麦芽糖浆代替酸水解生产的淀粉糖浆制造的硬糖,不仅甜度柔和,而且因极少含有蛋白质、氨基酸等可与糖类发生美拉德反应的物质,热熟稳定性好,产品不易着色,透明度高,具有较好的抗砂和抗烊性。用高麦芽糖浆代替部分蔗糖制造香口胶、泡泡糖等,可明显改善产品的适口性和香味稳定性。利用麦芽糖浆的抗结晶性,在制造果酱、果冻时可防止蔗糖结晶析出。利用高麦芽浆的低吸湿性和甜味温和的特性制成的饼干和麦乳精,可延长产品货架期,而且容易保持松脆。除此之外,高麦芽糖浆也用于颜色稳定剂、油脂吸收剂,在啤酒酿制、面包烘烤、软饮料生产中作为加工改进剂使用。

四、果葡糖浆加工

1. 果葡糖浆加工工艺流程

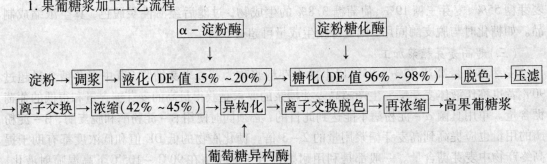

2. 操作要点

（1）淀粉液化和糖化

①调浆与液化

将淀粉用水调制成干物质含量为30% ~35%的淀粉乳,用盐酸调整 pH6.0 ~6.5,加入 α - 淀粉酶,用量为 6 ~10U/g 淀粉,加入氯化钙调节钙离子(Ca^{2+})浓度达 0.01mol/L。粉浆泵入喷射液化器瞬时升温至105℃ ~110℃,于管道内液化反应 10 ~15min,将料液输送至液化罐,在95℃ ~97℃温度下,两次加入淀粉酶,继续液化反应 40 ~60min,碘色反应合格即可。

②糖化

淀粉液化液引入糖化罐，降温至60℃，调整 pH 至 4.5，加入 80U/g 淀粉糖化酶，间隙搅拌下，60℃保温 40～50h，糖化至 DE 值大于 95% 以上，加温至 90℃，将糖化酶破坏，使糖化反应中止。

③糖化液精制

采用硅藻土预涂转鼓过滤机（见图 7－17 所示）连续过滤，清除糖化液中非可溶性的杂质及胶状物，随后用活性炭脱色。用离子交换树脂除去糖液中的无机盐和有机杂质，进一步提高纯度。糖液呈无色或淡黄色，含糖浓度为 24%，电导率小于 5S/m，pH4.5～5.0。真空蒸发浓缩至透光率 90% 以上，DE 值 96%～97%，糖液浓度为异构酶所要求的最佳浓度的 42%～45%。

图 7－17　预涂转鼓真空过滤机

（2）葡萄糖异构化

葡萄糖浓度（干物）为 42%～45%，电导率低于 4×10^{-3}S/m，Ca^{2+} 浓度低于 1.5mg/kg，在异构化酶作用时，糖液应保持 Mg^{2+} 浓度 1.5mmol/L，HSO_3^- 浓度 2mmol/L，pH7.6～7.8，反应温度在 60℃左右。

经异构化反应后的果葡糖液仍含有部分杂质，色泽加深，需再次进行离子交换处理，以除去离子杂质。用柠檬酸溶液调 pH 为 4.5～5.0，使溶液中的果糖保持稳定，在浓缩过程中糖液不会再旁加色泽。然后采用升膜（或其他类型）连续蒸发器进行蒸发，真空度为 0.085MPa 以上，蒸发到糖浓度为 70%～72%（质量分数，25℃为标准），糖分组成果糖 42%，葡萄糖 52%，低聚糖 6%，甜度与蔗糖相等，称第一代产品，又称 42 型高果糖。

（3）果浆与葡萄糖分离

从含 42% 果糖的果葡糖浆中，将果糖分离得到含果糖达 90% 以上的果葡萄浆，其按 1∶（2～3）的比例将其与 42% 果葡糖浆混合，便可以得到 50%～60% 的果葡萄浆，从普通果葡糖浆中分离果糖是制造 55% 以上高果糖浆的先决条件。

（4）果葡糖浆的混合

将 100 份 90 型糖浆与 269.2 份 42 型混合，得到 369.2 份重 55 型产品，主要用于饮料工业。

3.果葡糖浆的性质与应用

果葡糖浆是淀粉糖中甜度最高的糖品，其具有许多优良特性，如味纯、清爽、甜度大、渗透压高,不易结晶等,可广泛应用于糖果、糕点、饮料、罐头以及焙烤食品等中。

果葡糖浆的甜度与异构化转化率、浓度和温度有关。一般随异构化转化率的升高而增加,在浓度为15%、温度为20℃时,42型果葡糖浆甜度与蔗糖相同,55型果葡糖浆甜度为蔗糖的1.1倍,90%的果葡糖浆甜度为蔗糖的1.4倍。一般果葡糖浆的甜度随浓度的增加而提高。此外,果糖在低温下甜度增加,在40℃下,温度越低,果糖的甜度越高;反之,在40℃以上,温度越高,果糖的甜度越低。可见,果葡糖浆很适合于冷饮食品。

果葡糖浆吸湿性较强,利用果葡糖浆作为甜味剂的糕点,质地松软,储存不易变干,保鲜性能较好。果葡糖浆的发酵性高、热稳定性低,尤其适合于面包等发酵和焙烤类食品,可使产品多孔、松软可口。其中的果糖热稳定性较低,受热易分解,易与氨基酸起反应,生成有色物质具有特殊的风味,因此,它可使产品容易获得金黄色外表并具有浓郁的焦香风味。

任务4　粉丝加工

粉丝是我国的传统食品,其特点是洁白光亮、透明、软硬适度、口感爽滑深受欢迎。粉丝的生产具有投资少、见效快、经济效益和社会效益大等特点,适合发展中小型企业特别是乡镇企业来进行生产。

本任务将完成粉丝食品的加工,即采用绿豆、薯类为原料生产粉丝等加工工艺和操作要点的确定。

任务实施

一、粉丝的质量标准

1. 感观指标

要求洁白光亮,味正,粗细均匀,无碎条,无并条,手感柔韧,有弹性,无杂质。

2. 理化指标

粉丝理化指标见表7-7所列。

表7-7　　　　　　　　　　　粉丝的理化指标

项目	指标	项目	指标
淀粉(g/100g)	≥70	砷(以As计 mg/kg)	≤0.5
水分(g/100g)	≤16	铅(以Pb计 mg/kg)	≤1.0
粉丝长度(mm)	≥600	添加剂	GB2760-2001

二、绿豆粉丝加工

1. 绿豆粉丝加工工艺流程

绿豆→浸泡→磨浆→调糊→压丝→漂晒→成品

2. 操作要点

(1)浸泡

将绿豆洗净,分两次浸泡。第一次按 100kg 原料加水 120kg,夏季用的 60℃温水,冬季用 100℃开水,浸泡时间为 4h 左右。待水被豆吸干后,冲去泥砂、杂质,然后进入第二次浸泡(室温即可),浸泡时间夏天为 6h,冬天为 16h,一定要浸透。

(2)磨浆

磨浆时每 100kg 原料绿豆加水 400~500kg,磨成浆后,用 80 目筛网过滤,除去豆渣。经 12~16h 沉淀后,倒掉粉面水和微黄的清液。也可采用酸浆法沉淀,即在浆内加入酸浆水,夏天加 7% 酸浆水,冬天加 10% 左右,15min 即可沉淀,撇去粉面清水。为使粉丝洁白,可采用二次沉淀。最后把沉淀的淀粉铲出,装入袋内,经 12h 沥干水分,即得湿淀粉。

(3)调糊

每 100kg 湿淀粉加 55℃温水 10kg,拌匀调和。再用 18kg 沸水向调和的糊粉中急冲,并迅速用竹竿用力搅拌至浆糊起泡为止,即为黄粉。将黄粉按每 100kg 加入 400~500g 明矾,明矾先用水溶解后再拌入淀粉内,调和均匀。

(4)压丝

先在锅上安好漏粉瓢,锅内水温保持在 97℃~98℃。瓢底离锅水的距离可根据粉丝粗细要求和粉团质量而定,粗粉丝距离小些,细粉丝距离大些。瓢底孔眼直径一般为 1mm。操作时,将粉团陆续放入粉瓢内,粉团通过瓢眼压成细长的粉条,直落锅内水中,当凝固成粉丝浮于锅中水面上时,即可把粉丝捞起。

粉丝加工的压丝工序可分人工和机械两种。人工压丝参见图 7-18 所示。人工漏粉的主要工具是一个葫芦瓢。如果要漏宽粉,就在葫芦瓢下部挖若干整齐、规范的长方形孔。如果要漏细粉,就在葫芦瓢下部挖若干圆形孔。一个瓢能装五斤糊状粉面,为了助力,瓢柄有布套可套在手腕上,一只手紧握瓢柄到开水锅上,一手端瓢,一手拍打葫芦瓢边沿,糊状粉面便成条地漏到开水锅里。火需是阴阳火,把锅中水烧成一半开一半不开,粉要漏在开水中,粉条翻起来就到了不开的水中,一边漏一边用一根木棍把锅中的粉条穿起来提出来,放在冷水里涮一涮,送到房顶的架子上晾晒或冻干,就是粉条成品。

图 7-18 人工压丝制粉

机械压丝是在人工压丝的原理基础上改制而成的，如图7-19所示。

图7-19　机械压丝示意图

（5）漂晒

粉丝起锅后，放入冷水缸中降温，然后把清漂的粉丝挂于竹竿上，放在冷水池或缸内泡1h左右，待粉丝较为疏松、不结块时捞出晒干。晾晒前还要用冷水打湿粉丝，再轻轻搓洗，使之不黏拢，最后晒至干透，取下捆扎成把，即为粉丝产品。

3.绿豆粉丝质量要求

色白如玉，光亮透明，丝长条匀；一泡就软，吃起来润滑爽口，有咬劲；70%的粉丝长度不少于60cm。

三、薯类粉丝加工

1.薯类粉丝加工工艺流程

原料处理→ 打芡 → 和面 → 粉丝成型 → 冷冻 →晾晒

2.操作要点

（1）原料处理

选择无霉烂变质的新鲜薯类用水洗净，去皮，送入钢磨或搓粉机中粉碎。将粉碎料用近3倍的水通过2次过筛，第一次筛孔70~80目，第二次120目，采用酸浆沉淀法经两次沉淀，每次3~12h。再取出中间层的淀粉放进吊包脱水2~3h，到沉淀含水45%~50%，取出晾干至含水量15%~20%。

（2）打芡

在50kg淀粉（含水45%左右）中取出2kg加适量50℃~60℃温水调成糊状，然后迅速倒入1.5~2kg沸水中，并不断向一个方向搅拌成糊。

（3）和面

待芡放冷后，将50~150g明矾连同余下的淀粉一起倒入调粉机里混合，调至面团柔软发光，温度保持在30℃左右，和成的面含水率在48%~50%。

（4）粉丝成型

将面团送入真空调粉机，在大于6666.1kPa的真空中脱出所含气泡，即可直接进行漏粉。粉团的温度保持在33℃~42℃之间，漏瓢孔径7.5mm，粉丝细度应在0.6~0.8mm，漏瓢距开水锅 55~65cm，粉丝漏到沸水中，遇热凝固成丝，应及时摇动，防止粉丝黏结在锅底。粉丝容易煮烂，最好用文火，水温97℃~98℃为宜。锅内水量要适中，保持与出粉口平行，便于拨粉。待粉丝在水中漂起，用竹竿挑起放在冷水缸中冷却，以增加粉丝的弹性。冷缸的水温越低越好。然后将冷却的粉丝用清水稍洗，使粉丝洁白，再于0℃~15℃室温下阴晾。

（5）冷冻

薯类粉丝黏结性强，韧性差，因此需要冷冻。冷冻温度在 -10℃~ -8℃，达到全部结冰为止。

（6）晾晒

将冷冻好的粉丝放在30℃~40℃水中溶化，用手拉搓，待粉丝全部成单丝散开，放在架上晾晒，晒至快干时（含水量10%~13%）放入阴凉库中，包装出厂。

◈ 思考与练习

1.玉米淀粉生产过程中，浸泡的作用是什么？

2.玉米逆流浸泡的优点有哪些？

3.利用曲筛筛洗皮渣的优点有哪些？

4.淀粉的脱水为什么采用气流干燥法？

5.薯类淀粉的提取工艺为什么不同于玉米淀粉？

6.简述果葡糖浆的性质及应用。

7.简述麦芽糊精的制作工艺。

8.简述 α-淀粉酶的性质。

9.简述普通麦芽糖浆的制作工艺。

10.简述龙口粉丝、薯类粉丝的制作方法。

实验实训十三 麦芽糖浆(饴糖)加工(普通麦芽糖浆)

课前预习

1. 普通麦芽糖浆加工的原理、工艺流程、操作步骤与方法。
2. 按要求撰写出实验实训报告提纲。

一、能力要求

1. 掌握普通麦芽糖浆工艺条件要求。
2. 学会麦芽糖浆加工中的液化、糖化、过滤和浓缩等的基本操作技能。

二、原辅材料及参考配方

玉米粉 10kg，α – 淀粉酶 100000U，氯化钙 135g，碘液少许，大麦芽 0.45kg，活性炭 0.45kg。

三、操作步骤与方法

1. 调浆 先把水放入调料罐，在搅拌状态下以玉米粉和水质量比为 1:1.25 加入玉米粉，然后加入已溶解好的 0.3% 的氯化钙，按投料数准确加入 10U/g 的 α – 淀粉酶，充分搅拌后利用位差压力流入液化罐。

2. 液化 调制好浆料进入液化罐后，调节温度至 92℃~94℃，pH 控制在 6.2~6.4，保持 20min，然后打开上部进料阀门和底部出料阀门进行连续液化操作，液化的一般蒸汽压力在 0.2MPa 以下，1000kg 料液约需 90min，所得液化液用碘色反应为棕黄色，还原糖值在 15%~20% 之间。

3. 糖化 液化液泵入糖化罐，开动搅拌器，从冷却管里通入自来水冷却，温度下降到 62℃ 时加入已粉碎好的大麦芽，按液化液的质量加入量为 1.5%~2.0%，搅拌均匀后 60℃ 糖化 3h，还原糖值达 38%~40%。

4. 过滤和浓缩 糖化液在搅拌状态下使温度升到 80℃ 终止糖化；用过滤机过滤，在过滤液中加入 2% 活性炭，再次通过过滤机过滤。利用盘管加热式真空浓缩器将糖液浓缩到规定浓度。

四、注意事项

1. 液化时，一定要调节好温度，不要过高，也不要太低，要保持在 92℃~94℃ 范围。要控制好液化速度，保证还原糖在 15%~20% 之间。

2. 压滤初期推力宜小，待滤布上形一层滤饼后，再逐步加大压力。

五、产品感官质量标准

1. 色泽 呈黏稠状透明液体，无肉眼可见杂质。无色或微黄色或棕黄色。
2. 香气 具有麦芽糖浆正常香气。
3. 滋味 甜味温和、纯正、无异味。

六、学生实训

1.用具与设备准备

粉碎机,液化罐,糖化罐,过滤机,加热式真空浓缩器,台秤,天平,温度计,pH计,烧杯,三角瓶。

2.原料准备

玉米粉10kg,α-淀粉酶100000U,氯化钙135g,碘液少许,大麦芽0.45kg,活性炭0.45kg。

3.学生练习

指导老师对设备操作进行演示。学生分组按照产品操作步骤与方法进行练习。

七、产品评价

指 标	制作时间	色泽	组织状态	气味滋味	杂质	卫生	合计
标准分	5	20	20	25	25	5	100
扣分							
实得分							

八、产品质量缺陷与分析

根据操作过程中出现的问题,找出解决办法

实验实训十四 马铃薯粉丝加工

课前预习

1.马铃薯粉丝加工的原理、工艺流程、操作步骤与方法。

2.按要求撰写出实验实训报告提纲。

一、能力要求

1.掌握马铃薯粉丝的工艺条件。

2.学会马铃薯粉丝加工中的粉碎、打芡、和面、漏丝、晾晒等的基本操作技能。

二、原辅材料及参考配方

马铃薯50kg,明矾、硫黄少量。

三、操作步骤与方法

按照本章第三节"薯类粉丝"加工工艺要点制作。

四、注意事项

1.粉丝成型时,锅中的水温要保持在97℃~98℃为宜,如水温太高,易造成粉丝表面发黏;如水温太低,会影响粉丝的成型质量。

2.在冷冻工序中,粉丝必须彻底冻结,否则粉丝会发黏。

五、产品感官质量标准

1. 色泽　白亮或应有的色泽。

2. 组织形态　丝条粗细均匀，无并丝，无碎丝，手感柔韧，弹性良好，呈半透明状态。

3. 气味、滋味　具有马铃薯淀粉应有的滋味、气味，无异味。

4. 杂质　无肉眼可见外来杂质。

六、学生实训

1. 用具与设备准备

钢磨，调粉机，真空调粉机，筛子，吊包，漏瓢，锅，闷缸，冰柜，竹竿。

2. 原料准备

马铃薯50kg，明矾、硫磺少量。

3. 学生练习

指导老师对设备操作进行演示。学生分组按照产品操作步骤与方法进行练习。

七、产品评价

指标	制作时间	色泽	组织状态	气味滋味	杂质	卫生	合计
标准分	5	20	20	25	25	5	100
扣分							
实得分							

八、产品质量缺陷与分析

根据操作过程中出现的问题，找出解决办法。